U0633875

JIANGXINORMALUNIVERSITY

江西师范大学博士文库专项资助成果

基于素质结构模型的科技创新型人才评价

——以广东、江西两省高校为例

ASSESSMENT OF SCIENCE AND
TECHNOLOGY INNOVATIVE
TALENTS BASED ON COMPETENCE
STRUCTURE MODEL
——TAKING GUANGDONG AND JIANGXI
PROVINCE'S UNIVERSITIES AS EXAMPLE

黄小平 著

中国社会科学出版社

图书在版编目（CIP）数据

基于素质结构模型的科技创新型人才评价：以广东、江西两省高校为例/黄小平著 . —北京：中国社会科学出版社，2017.2
（江西师范大学博士文库）
ISBN 978 - 7 - 5161 - 9557 - 4

Ⅰ.①基…　Ⅱ.①黄…　Ⅲ.①高等学校—技术人才—综合评价—研究—中国　Ⅳ.①G316

中国版本图书馆 CIP 数据核字（2016）第 325536 号

出 版 人	赵剑英
责任编辑	郭晓鸿
特约编辑	席建海
责任校对	周　昊
责任印制	戴　宽

出　　版	中国社会科学出版社
社　　址	北京鼓楼西大街甲 158 号
邮　　编	100720
网　　址	http://www.csspw.cn
发 行 部	010 - 84083685
门 市 部	010 - 84029450
经　　销	新华书店及其他书店

印刷装订	北京君升印刷有限公司
版　　次	2017 年 2 月第 1 版
印　　次	2017 年 2 月第 1 次印刷

开　　本	710×1000　1/16
印　　张	22.25
插　　页	2
字　　数	301 千字
定　　价	82.00 元

序

近些年来，"科技创新""创新型国家"与"科技创新型人才""拔尖人才培养"等相关议题，成为举国上下热议的话题。人们从不同的需要、差异性的视角出发，在网络、报纸杂志、电视、广播等媒介上不断发表见解，与不同意见者展开讨论和辩论。在认真比较这些言论之后，我们很容易发现，大多数讨论并没有建立在对相关概念的严格分析基础上，观点提出者既缺少相关理论知识的储备，也没有运用科学的研究方法，由此陷入"真理越辩越不明"的尴尬境地。

本书作者对何为"科技创新型人才"产生了怀疑。他追问到，我们几乎都在提"科技创新型人才"，也都在探讨科技创新型人才的培养问题，但是何谓科技创新型人才？科技创新型人才有哪些构成要素及其行为有何特征？构成其素质结构的"黑箱"（black box）是否被揭示出来了？从素质评价的角度来看，科技创新型人才与一般性科技人才有何区别？如何判断哪些人是科技创新人才，哪些人不是，评价的标准是什么？是否存在一个科学的、客观的评价标准？对于诸如此类的问题，绝大多数议者语焉不详。实际上，要准确回答上述问题，就必须把人才的素质结构和要素构成进行解构，运用人才学和教育评价学的理论，采用一定的科学方法，透过复杂的表象去发现科技创新人才评价中最为关键的内在素质和行为特征。美国教育家约翰·杜威说："探究起于思维的困境。"为了走出这个困境，寻得对上述问题的满意回答，作者将"科技创新人才的素质结构与评价"作为博士学位论文的选题，并在博士毕业之后继续钻研，还在博士学位论文研究基础上，成功申请了"2015年度江西省科技厅软科学研究项目"，六载春秋，始成此书。

在我看来，此书具有以下特点：

第一，理论充分。我认为，本书研究不同于一般研究的泛泛之谈，一个特别重要的原因在于作者有着比较充分的理论准备。与本研究密切相关的理论主要有三种：素质模型理论、创造力理论和教育测量与评价理论。其中素质模型理论是人力资源管理中的经典理论，而创造力理论则源于创造心理学。可见，这三种理论跨越了管理学、心理学和教育学三大学科领域，对这三种理论的准确把握实属不易。然而，作者不仅理解了这三种理论且将之应用于具体问题分析之中，颇为难得。

第二，方法恰当。理论需要与具体的研究方法相结合，才能产生可靠的研究结论。作者的研究与某些研究的不同之处，不仅在于充分的理论准备，也在于他并不是空谈理论，把理论与具体方法相割裂，而是将理论融会贯通，使之成为分析问题、处理数据、得到结论的科学工具。应该说，本书作者将理论研究与实证研究、质性研究与定量研究相结合，从多学科交叉的视野对科技创新型人才的素质结构及其创新行为特征进行了科学、深入的分析，其对于具体研究方法的把握是准确的，对于理论与方法的结合是有着清醒自觉的。

第三，结论可靠。结论的可靠与否，源自方法是否科学。运用科学方法，加之审慎、严谨的观察和分析态度，由此得到的结论才是可靠的。唯有可靠的结论，才有理论和实践上的真正价值。通过科学分析，本书提出了"高校科技创新型人才五因子素质结构模型"，编制了"高校科技创新型人才素质及其行为特征评价问卷"。这两个成果，无论对于进一步推进科技创新型人才的素质结构特点的理论研究，还是对于相关部门对人才的鉴别和培养，都具有十分重要的价值。

科技创新关乎国力之强弱，人才培养关乎社稷之安危。在实现伟大"中国梦"新时代背景下，党的十八大提出"实施创新驱动发展战略"，创新驱动成为引领发展的第一动力。因此，有关科技创新人才的研究有着重要的战略价值和实际意义。黄小平是我的博士生，读书时就异常勤奋，很有科研素养与禀赋。当然，相比于国内外权威的专家学者，他在科学研究经验和学养上无疑还有不足。尽管他对科技创新人才的研究取得了一定成绩，但还有很长的路要走。希望他戒骄戒躁，在科技创新人才研究上更上一层楼！

胡中锋

2016 年初夏于广州大学城

前　　言

　　高校科技创新型人才在整个国家创新体系建设中发挥着举足轻重的作用，已有文献研究对科技创新型人才内在素质结构的研究和探讨并不多见，也不充分和深入，因而对人才素质结构的内部状态以及创新过程的行为特征没有充分挖掘和揭示，因此难以提出切实可行的创新型人才培养及开发的对策和方法，所建立的人才素质评价指标和体系也欠科学。因此，本书希冀通过对科技创新型人才素质结构特征的探查和解构，从而为科技创新型人才的甄选与测评、激励和开发提供相关的理论参考依据。

　　本书以高校科技创新型人才作为研究对象，以人力资源管理理论中经典的素质模型理论、创造心理学中的创造力理论、教育测量与评价理论与方法作为主要理论与方法基础。采用理论研究与实证研究、质的研究与量的研究相结合的方法，充分运用多学科交叉的研究视角和思路对科技创新型人才的素质结构及其创新行为特征进行了研究，提出了科技创新型人才素质结构的五因子素质模型，并按照教育与心理测量学的质量检测方法，分别对五因子素质模型进行了探索性因素分析，运用结构方程模型（Structural Equation Model，SEM）的方法对模型进行了验证性因素分析，对五因子的各个维度因子及其整个模型进行了拟合度的统计检验。实证研究结果表明：五个维度因子及其建构的五因子素质结构模型与实测数据均具有较好的拟合，编制开发的"高校科技创新型人才素质与行为特征评价问卷"具有良好的结构效度和信度，能够用于科技创新型人才素质的测量与评价，并能够有效区分一般科技人员的素质及行为特征。本书最后部分对五因子模型的素质结构及其相互关系进行了理论阐释和探讨，并对科技创新人才培养及其评价提出了相应对策与建议。

具体而言，本书主要按照以下研究路径和思路来开展：

第一，本书在国内外文献研究的基础上，对科技创新型人才相关的关键概念进行界定和定义，对涉及与科技创新型人才相关的素质建模理论、创造力理论、研究方法进行了详细阐述，指出了现有研究存在的不足，并提出了本书研究的具体思路、研究意义和价值。

第二，本书采用内容分析方法和技术对《院士思维》一书进行了详细考察分析，采集符合本研究所需要的科技创新型人才素质要素及其特征，对素质特征词的概念及其关键行为特征进行了详细定义和描述，并编制了素质特征词典，从而为编制"科技创新型人才素质特征调查问卷"以及开展后续访谈做好了前期研究准备，同时为构建素质结构模型提供了主要参考依据。

第三，运用质性访谈方法，采用关键行为事件访谈（Behavioral Event Interview，BEI）技术，对24名高层次科技创新型人才进行质性访谈研究。运用质的研究方法，分析访谈资料，从而在理论上初步建构了高校科技创新人才素质结构模型。

第四，本书通过理论建构的素质结构模型，编制了"高校科技创新型人才素质与行为特征评价调查问卷"，分批采集研究数据并分别进行探索性因素分析，建立结构方程模型（Structural Equation Model，SEM）进行验证性因素分析，最终建构了"高校科技创新型人才五因子素质结构模型"。该素质结构模型由5个因子维度构成，具体包括57项关键素质特征（详见本书第六章表6-1）。这5个因子分别是：以问题解决为导向的专业能力、强基础的认知智力和灵活多样化的思维方式、独立进取的个性品质和内在动机、科学创新所秉持的核心价值观、学术共同体内交流与协作倾向。

第五，运用教育测量学的质量检测指标及其方法，对编制的"高校科技创新型人才素质与行为特征评价调查问卷"进行了效度和信度检验。结果显示问卷具有良好的建构效度和建构信度。

第六，从理论上对素质结构模型中 5 个因子之间的相互关系进行了阐释和讨论，并对科技创新型人才培养和素质测评提出了对策和建议。

因此，总结本书研究，其创新点主要体现在以下几个方面：

1. 在对文献调查研究的基础上，编制了高校科技创新型人才素质词典，对科技创新型人才素质特征及关键行为特征进行定义和描述，使人才的素质与具体行为标准相对应起来，并从量化分析的角度进一步解释创新主体行为背后潜在素质要素对科技创新型人才创新行为和结果的影响及其效应。

2. 本书通过行为事件访谈技术（BEI），运用质性访谈研究和量化分析相结合的方法，最后构建高校科技创新型人才五因子素质结构模型，该模型的建立可对科技创新型人才素质结构进行有效识别和细致探查，并可以通过建立具体的观测指标进行测量和评价。

3. 编制的"高校科技创新型人才素质及其行为特征评价问卷"经过严格的实证研究和检验并经最后修订而成，量化研究结果显示其具有较高的结构效度和建构信度，因而可以为科技创新型人才素质与行为特征测评提供一种实践参考模式及高绩效科技创新行为目标的参考指向和标准，进而可以为科技创新型人才素质评价、培养、培训与开发提供一定的参考和借鉴。

黄小平

2016 年于江西师范大学瑶湖校区

目　　录

绪　论

第一节　研究背景

人类社会的文明史，实际上是科技、政治、经济、社会、文化制度的创新史。人类社会整个科技文化结构中发生的每一处新变化、新革命无不浸润着人类不断创新的脚步和印迹。没有人类社会在其历史进程当中的每一步创新，断然不会凝聚成今天高度发达的科技文明和信息社会。

在科学领域，托马斯·库恩在《科学革命的结构》一书中阐述的最为重要的一个观点是：科学革命是科学新范式的确立进而引起科学世界观革命的发生。[①] 进一步说，科学革命产生的最重要影响便是科学家世界观的改变，以及在新范式确定之下新的科学世界观促进科学的进步与发展。这种新范式的确立从本质上来说是通过不断的科学创新从而带来科学史上的革命，这种革命就是要打破旧有的科学研究范式，确立新的"科学共同体"以及新的科学范式。革新和变化的过程实际上是科学内部结构的不断创新的过程，这种过程引发的将是整个人类科技史的伟大变革。如从"地

---

① 参见［美］托马斯·库恩《科学革命的结构》，金吾伦、胡新和译，北京大学出版社2013年版，第92、111页。

心说"至"日心说",从牛顿的经典力学到爱因斯坦的相对论、从量子论的提出到量子力学,极大地促进了原子物理、固体物理和原子核物理等科学的发展,无一不是科学革命的重要体现。可见,推动科学革命发生的最直接动力就是科学创新。

从世界范围来看,科技创新以及高素质科技创新型人才的培养已经成为各国制定国家发展战略的最重要内容。例如美国政府提出要把保持美国在科学知识最前沿的领先地位作为国家的战略目标;英国政府提出要确保科学基础的优异和强大,使英国成为全球科技的领先者和全球经济的知识中心;加拿大政府提出的目标是使加拿大成为世界上最具创新精神和创新能力的国家;日本政府提出了以科技创新立国和知识产权立国的国家战略,以确保日本拥有自己的关键技能和核心科技;韩国政府则提出了必须在国家层次上制定和执行以科技为基础的政策,为国家发展探索新的道路①。为确保以科技为先导的发展战略得以有效推进,很多国家纷纷采取各种措施来保障国家创新战略的实现,这些举措主要集中在注重加强与科技创新相关的制度建设和环境建设、利用优惠政策从世界各地广揽高层次科技人才等,尤其是注重将培养具有自主创新能力的高素质科技人才队伍纳入国家发展的重要议程。

例如,美国为了在基础教育和高等教育中加强学生的科学技术素质培育,先后颁布了《2061 规划:全民的科学》(*Project* 2061:*Science For All Americans*)(1989)、《美国 2000 年教育法案》(*Goals* 2000:*Education Act*)(1994)、《不让一个孩子掉队》(*No Left Behind Act*)(2002)、《国家创新教育法》(*National Innovation Education Act*)(2006)、《2020 工程师:新世纪工程愿景》(*The Engineer of* 2020:*Vision of Engineering in the New Century*)(2004)等一系列教育发展规划,其目的就是通过吸收和培养世界一

---

① 晋和平:《超前部署基础科学和前沿技术,提高持续创新能力》,新华网(http://news. xinhuanet. com/newmedia/2006－03/22/content_ 4331667. htm)。

流的杰出科技人才为美国服务，从事"科技创新"活动从而维护美国在世界政治和经济舞台上的中心和霸主地位。

其他国家如日本于 2002 年制订了"21 世纪卓越研究教育中心规划""新兴领域人才培养计划"；2003 年制订了"240 万科技人才开发综合推进计划""科学技术人才培养综合计划"。韩国于 1999 年、2001 年、2004 年分别制订并实施了"21 世纪韩国智囊团项目""国家战略领域人才培养综合计划""理工科人才培养、支持计划"。澳大利亚于 2000 年和 2001 年分别制订并实施了《高等教育质量保证框架》、"支持澳大利亚的能力：面向未来的创新行动计划"。① 这些国家亦都将国家科技发展的重点指向培养高素质的"科技创新人才"等方面。由此看出，科技创新以及高素质的科技创新人才培养已经成为各国制定国家发展战略的重点内容和时代主题。

17 世纪，西方科学技术开始大规模传入中国。19 世纪中叶，发端于西方的近代科学技术与科学不断向中国传播，中国开始走上系统吸收国外先进科技知识和以跟踪与模仿为特征的科学技术发展道路。至 20 世纪末，我国已经显著缩小了与世界先进水平的差距，尤其在航天科学领域，我们已经跃升为世界航空大国。但总体上还是模仿创新，重大科学原创还不多，科技创新能力还不够强。如何实现从模仿创新为主到自主创新为主的跨越，支撑当前进步，引领未来发展，成为我国当代科学工作者的重要历史使命，也成为政府战略目标和全社会普遍关注的焦点。

我国自 20 世纪 90 年代就提出"科教兴国战略"（1995）、"人才强国战略"（2003）以及"国家创新体系建设"（2003）。在 2006 年 1 月召开的全国科学技术大会上，提出了提高自主创新能力、建设创新国家的重大战略任务，对走中国特色自主创新新道路做出了战略部署。2006 年 2 月，我国颁布了《国家中长期科学和技术发展规划纲要（2006—2020 年）》，提

---

① 廖志豪：《基于素质模型的高校创新型科技人才培养研究》，博士学位论文，华东师范大学，2012 年，第 2 页。

出了"自主创新，重点跨越，支撑发展，引领未来"作为新时期科技工作的基本指导方针，并提出了"到2020年，使我国自主创新能力显著增强，科技促进经济社会发展和保障国家安全能力显著增强，基础科学和前沿技术研究综合实力显著增强，取得一批在世界具有重大影响的科学技术成果，进入创新型国家行列，为全面建设小康提供强有力的支撑"[①]。2007年10月，党的十七大报告进一步明确将"提高自主创新能力，建设创新国家"列入国家发展战略的核心以及提高综合国力的关键、"建设创新型国家、关键在人才，尤其在创新科技人才"[②]。2010年6月中共中央、国务院颁布了《国家中长期人才发展规划纲要（2010—2020年）》[③]，进一步明确了我国未来十年创新型科技人才的培养目标是提高自主创新能力、建设创新型国家，以高层次创新型科技人才为重点，努力造就一批世界水平的科学家、科技领军人才、工程师和高水平创新团队，注重培养一线创新人才和青年科技人才，建设宏大的创新型科技人才队伍。2011年4月，教育部、财政部在《关于实施高等学校创新能力提升计划的意见》中提出了"高等学校创新能力提升计划"（也称"2011计划"）[④]，并于2012年5月7日正式启动，这项计划的核心是以"人才、学科、科研"三位一体的创新能力来促进面向科学前沿、文化传承创新、行业产业以及区域发展重大

---

① 中华人民共和国国务院：《国家中长期科学和技术发展规划纲要（2006—2020年）》，中华人民共和国中央人民政府网站（http：//www.gov.cn/jrzg/2006-02/09/content_183787.htm.）。

② 胡锦涛：《坚持走中国特色自主创新道路　为建设创新国家而努力奋斗》，人民出版社2006年版，第7—8页。

③ 中共中央、国务院：《国家中长期人才发展规划纲要（2010—2020年）》（http：//www.gov.cn/jrzg/2010-06/06/content_1621777.htm）。

④ 教育部、财政部：《关于实施高等学校创新能力提升计划的意见》。"高等学校创新能力提升计划"也称"2011计划"，是继"985工程""211工程"之后，针对新时期中国高校已进入内涵式发展的新形势，中国高等教育系统又一项体现国家意志的重大战略举措。该名称源自2011年4月24日，胡锦涛主席在清华大学百年校庆上的讲话。该战略工程于2012年5月7日正式启动。2011计划以人才、学科、科研三位一体创新能力提升为核心任务，通过构建面向科学前沿、文化传承创新、行业产业以及区域发展重大需求的四类协同创新模式，深化高校的机制体制改革，转变高校创新方式（http：//www.moe.gov.cn/publicfiles/business/htmlfiles/moe/A16_zcwj/201204/134371.html）。

需求的四类协同创新模式的推进，深化高校的机制体制改革，转变高校创新方式。

2012 年 11 月 8 日，胡锦涛在中国共产党第十八次全国代表大会上所作的报告中提到的以"创新"为主题词汇的关键词达 58 处，以"科技创新"为关键词的有 4 处，以"人才"为关键词的就有 25 处，并提出"科技创新是提高社会生产力和综合国力的战略支撑，必须摆在国家发展全局的核心位置。要坚持走中国特色自主创新道路，以全球视野谋划和推动创新，提高原始创新、集成创新和引进消化吸收再创新能力，更加注重协同创新"①。这些党和国家制定的战略方针、规划纲要都是我国应对世界科技信息革命带来的挑战而作出的积极回应和战略性部署。"创新""自主创新""科技创新""创新型科技人才的培养""创造力"等相关词汇已深入人心，并成为我国经济和社会发展中使用频率最多的关键词。

高等学校在发挥科技创新能力方面具有举足轻重的作用。国际经济合作组织（Organization for Economic Co-operation and Development，简称 OECD）将高校纳入国家创新体系的重要组成部分，创新是这个体系变化和发展的根本动力②。高校历来被赋予三大基本功能：人才培养、科学研究、社会服务。要实现这三大功能，其核心即在于"创新"。高校在创新型科技人才培养方面具有强有力的支撑作用并正在"逐步形成以卓越的科学研究带动拔尖创新人才的培养、以优秀的人才推动创造高水平科研的氛围"③。比如 2009 年由教育部联合中组部、财政部于 2009 年启动的"基础

---

① 中华人民共和国中央政府网站：《中国共产党第十八次全国代表大会报告》（www. gov. cn/ldhd/2012 – 11/08/content _ 2259783. html）。

② OECD 于 1996 年提出，国家创新体系是政府、企业、大学、研究院所，中介机构等为了一系列共同的社会目标和经济目标，通过建设性的相互作用而构成的机构网络，其主要活动是启发、引进、改造传播新技术，创新是这个系统变化和发展的根本动力。

③ 中国政协新闻网：《科教协同，助推高校创新》（http：// cppcc. people. com. cn/n/2012/0830/c34948 – 18869709. html）。

学科拔尖学生培养试验计划"（简称"珠峰计划"）①，该计划是国家为回应"钱学森之问"而出台的一项人才培养计划，旨在培养中国自己的学术大师，首批进入该试验计划的高等学校已达到 20 所，并在以下七个方面进行改革：学生遴选体现优秀性、教师配备体现高水平性、培养模式体现个性化、学术环境和氛围体现自由开放民主、管理制度体现灵活性、条件支持体现优先性、国际合作体现开放性。

高校具有人才培养、科学研究以及服务社会三大功能，在科学研究方面注重原始创新，并努力担当起将科研成果转化为现实生产力的重要社会责任。在社会服务方面主要体现在面向社会主义现代化和全面建设小康社会的要求，培育"产、学、研、用"相融合的实体，建立高效的科技创新孵化体系，探索出协同创新的发展之路。而要实现高校的这三大功能，其根本在于人才，尤其是要体现和发挥创新型科技人才在高校科技创新中的作用，确保科技人才在服务地方经济社会、促进协同创新等方面担负起应有的社会责任和历史使命。

从我国创新型科技人才的创新能力现状来看，据中国科协发展研究中心的报告，我国在世界 34 个国家的国家创新能力综合指数排名第 23 位②。根据著名的英国经济学人智库（EIU）于 2009 年发布的《全球最具创新力国家最新排名》（*A New Ranking of The World's Innovative Countries*），在其研究的 82 个国家和地区中，我国的创新能力居第 54 位，处于中等偏下的水平。这些数据表明我国的创新能力不强，与发达国家相比，差距非常明显。代表科学最高贡献具有原始创新意义且作为"科学上杰出成就的试金石"③ 以及"科学成就的最高象征"④ 的诺贝尔自然科学奖于 1901 年设立

---

① 千人计划网：http：//www. 1000plan. org/news。

② 中国科协发展研究中心：《国家创新能力评价报告》，科学出版社 2009 年版，第 29—35 页。

③ Harriet Zuckman. *Scientist Elite*：*Nobel Laureates in the United States*. New York：The Free Press, A Division of Macmillan Publishing Co. Inc. ,1977 ,p. 58.

④ Harriet Zuckman. *Scientist Elite*：*Nobel Laureates in the United States*. New York：The Free Press, A Division of Macmillan Publishing Co. Inc. ,1977 ,p. 25.

以来至今已有 113 年的历史，然而到目前为止仅有一位中国籍科学家获得过一次诺贝尔自然科学奖。2005 年钱学森提出发人深省的"钱学森之问"，为我国如何培养具有创新性"杰出人才"敲响了警钟。

中国在国际和世界舞台上日益发挥着重要角色的同时，但原始创新、自主创新能力与世界发达国家相比仍存在巨大的差距。如今站在新的历史时期，必然要以"自主创新"和"创新驱动"为发展契机，从而实现中华民族伟大复兴的"中国梦"。我们不能仅依靠引进高层次科技人才，还要具备自主培养创新型人才的能力，而能否培养和造就适合我国所需的科技创新人才，则要充分解决在人才评价机制中阻碍人才成长和培育的瓶颈性因素。因此，要科学地对人才培养进行专门研究，其中最重要的一个内容就是对科技创新型人才的科学评价，从人才评价的内部要素出发，找出人才素质构成的素质要素及其行为特征，从而为我国科技人才的开发、培养、培训测评及为提升人才资源质量提供参考依据。

从以上分析可以看出：

第一，创新是一个国家和民族发展的强大动力和源泉，以科技创新为引领的各项创新活动是一个国家和地区进步发展的支撑性条件，并在国家经济和社会发展全局中处于核心主导地位。

第二，高等学校作为一个国家和地区创新体系中的重要组成部分，是一个国家和地区科技创新的主体，对发展经济、科技具有促进引领、辐射全局的作用。因此，高校自身必须以提高"科技创新能力"为核心，在"人才培养、科学研究、社会服务"三大社会功能方面担当着重要的历史和社会使命。

第三，高等学校是创新型科技人才的聚集地，大学科技人才资源是科技创新活动的基础，亦是生产力要素中最活跃和最积极的因素。因此，为更好发挥人才对经济、社会、文化发展的作用，有必要对创新型人才进行研究。

第二节　问题的提出

一　从国内和国际两个研究视角来看

国内众多学者探讨较多的是高等学校如何培养科技创新能力人才的问题，如邢亮、乔万敏《文化视阈下的高校创新》等，刘彭芝《关于培养创新人才的几点思考》，岳晓东等《创新思维的形成与创新人才的培养》，这些研究的焦点和重点全部指向科技创新型人才如何培养并提出了不同的培养模式和方法策略。有的研究者对科技创新型人才的素质特征进行了探索和评价，如赵伟等在《创新型科技人才评价理论模型的构建》提出并建立了人才评价的理论模型，李思宏、罗谨琏等在《科技人才评价与选拔体系构建思路》中提出了创新人才建构的评价体系。但总的来说，他们构建的评价维度大多比较笼统，所建构的维度仍然缺乏实证依据，其主要问题是缺少调查研究、质性访谈及以实证数据作为支撑，建构的人才评价模式没有从人才的内部结构上去提示创新型科技人才应该具备何种素质结构。因此对于"创新型科技人才的素质结构"的认知仍然处于一种未知的内部状态。对科技人才的素质特征的正确把握是科学评价创新型人才的重要前提。因此，就这一点而言，如果对科技创新人才自身所具备的素质结构维度缺少科学探索和有效建构，那就较难回答如何培养"科技创新型人才"这类问题。

国内虽然引介了一部分有关"如何提升创造力""提升创新思维"[①]

---

① ［英］约翰·阿代尔：《创造性思维艺术——激发个人创造力》，吴爱明、陈晓明译，中国人民大学出版社 2009 年版。

"创造力如何开发"①"创新者如何思考"② 等著作，但并没有对创新型科技人才这类群体有针对性研究，特别是未对创新人才内在素质要素进行研究，了解这些成分及关键性素质要素的构成是理解创新型人才素质结构的前提和基础，基于此才能更好地回答如何培养创新人才的问题，否则便成了"空中楼阁""无源之水""无本之木"。同时以此为基础编制的人才评价量表则有利于对创新型科技人才进行甄别和评价。因此，构建科技创新型人才素质结构是对人才评价最基本，却又是最重要的部分。

　　国际研究视角主要集中于对个体、发明家、科学家、天才等具有卓越创造力的个体所必备的因素和成分（这些成分大体上包括智力、领域专业知识、认知风格、思维风格、人格、动机等）的研究，围绕着以创造力为主题的有关内容来开展研究，研究成果也较多，具有代表性的著作有霍华德·加德纳的《大师的创造力——成就人生的 7 种智能》，包括自我认知智能、逻辑·数学智能、空间智能、语言智能、音乐智能、身体—动觉智能，以及人际智能，每位大师对应于一种智能，揭示了创造性人格的基本特征和创造过程③。罗伯特·斯腾伯格主编的《创造力手册》汇聚了众多杰出的研究者在创造力研究方面所得出的研究成果，为我们理解创造力的理论和方法提供了广泛的研究视域④，也为本书提供了强有力的理论基础。斯腾伯格在《创意心理学》中提出了影响创造力的六大心理资源：智力、知识、思维风格、人格、动机、环境，这些因素是影响创造力的重要因素，了解这些因素有助于一个人"变得更有创造力"和"富有创意"⑤。

---

　　①　陈吉明主编：《创造力开发与实践》，武汉理工大学出版社 2009 年版。

　　②　[日] 大前研一：《创新者的思考——发现创业与创意的源头》，王伟、郑玉贵译，机械工业出版社 2013 年版。

　　③　[美] 霍华德·加德纳：《大师的创造力——成就人生的 7 种智能》，沈致隆等译，中国人民大学出版社 2012 年版。

　　④　Sternber, R. J.（Ed.）, *Handbook of creativity*, New York：Cambridge University Press, 1999.

　　⑤　[美] 罗伯特·斯腾伯格、陶德·陆伯特：《创意心理学》，曾盼盼译，中国人民大学出版社 2009 年版。

后来，斯腾伯格又提出"智慧"的概念，并揭示了智慧、智力和创造力之间的关系，如他在《智慧　智力　创造力》一书中专门提到了智慧、智力和创造力之间的关系，他认为智慧属于"实践性方面"，比之于传统智力注重"分析方面"，创造力侧重于"创造性方面"，以及成功智力更为重要。他将智慧定义为通过对来自个人内部、人际的以及个人以外的短期和长期利益的平衡来达到一种共同利益的实现。智慧来源于对成功智力和创造力的运用，知道如何做出选择以及评判往往比创造力本身更为重要①。

然而，以上关于创造力的研究成果只是解释了科技创新型人才从事科学创新的可能性和必要性，而科学创新结果则受到多种因素的影响，更为重要的是科学创新能力水平的发挥还受到各种不同因素交互作用的影响。因此，虽然这些研究成果为本书提供了一定的借鉴和启发作用，但这些研究成果都不能直接应用于我国创新型科技人才评价的实践。

一方面，科技创新型人才概念和对象是我国特别提出来的，国际上并没有对这个概念进行过专门研究。国外研究视域很广，包括创造力研究的方法、创造力的起源、创造力、自我与环境的关系以及创造力在不同情境、组织、文化下如何提升和开发的问题，并没有对高校创新型科技人才这个特殊群体对象进行专门系统的研究。

另一方面，科技创新型人才成长成才并最终形成其特有的素质结构还受到特有的地域、教育背景、生活生长的环境和文化、价值选择等多个因素的影响，以植根于中国本土文化的创新型科技人才作为研究对象，更贴近中国的国情和文化情境。

总的来说，创造力的有关理论与方法为本研究提供了一定的理论基础。从创造力对创新的重要作用而言，创新型人才必然是需要有创造力的，即没有创造和创新能力，没有科学创新的成果，不能称之为创新型人

---

① ［美］罗伯特·斯腾伯格：《智慧　智力　创造力》，王利群译，北京理工大学出版社2007年版，第226页。

才。因此创造力和创新性是创新人才的必要条件。然而，并非具备创造力就一定能够实现创新。能不能实现创新？如何实现创新？创新受到哪些内在素质和行为特征的驱动和影响？创新行为与素质要素之间具有何种关联？创新人才素质结构包含哪些重要品质，在行为特征上具有何种具体关键行为特征和共性特点？创新过程又受哪些内在素质要素特征的支配和影响？各个内在要素在人的素质结构中重要性程度如何？各个要素如何对创新过程起重要作用？要作出对此类问题的回答还需要借鉴其他学科的研究思路和研究视角。

二　从人才素质测评的视角来看

人才测评的体系及其评价维度需要建立在对人的素质结构要素及其行为特征关系的深刻认识和正确把握的基础之上，而现有研究中存在的问题是对于人才素质的构成要素本身没有认真把握或者没有做深入细致的探查和研究就急于去建构人才评价体系来对人才进行评价，这样建构的评价体系必然是不完整的，也不尽科学、合理。因此，本书认为将对人的内部素质结构要素的把握作为人才测评的基点和依据极为必要，这对于人才的开发、选拔、提供合理的评价方案都有重要意义。因此，有必要对创新人才的内在素质结构进行详细剖析和科学建构，进而找出影响创新型科技人才素质结构中最本质、最核心的要素特征，本书认为这是科学有效构建人才评价体系的逻辑起点和重要依据。

因此，本书拟通过建构科技创新型人才内在素质结构模型，在实证研究的基础上，进而开发建立科技创新型人才与行为特征的评价问卷，力图对科技创新型人才的创新行为特征有比较深刻的描述。同时，使开发的问卷具有能够鉴别、区分一般性科技人才的功能，为我国高校创新型人才的评价提供参考依据。

第三节　研究目标与内容及关键点

一　研究目标

（1）运用多学科研究的视角对现有文献进行全面研究和分析，对"创新""创造力""创新型人才""科技创新型人才""创新型科技人才"等概念进行分析和界定。在此基础上，对现有文献进行综合性分析，形成构建高校科技创新型人才素质结构的理论基础及其方法。

（2）运用内容分析、质性研究和量化研究相结合的方法，以高校科技创新型人才为研究对象，探索并构建高校科技创新型人才素质结构模型。

（3）编制问卷，收集数据并通过实证研究验证科技创新型人才素质结构模型构建的合理性和科学性。

（4）开发"科技创新型人才素质与行为特征评价问卷"，为科技创新型人才测评提供参考依据与政策建议。

二　研究内容及关键点

（一）对国内外文献进行综合分析和全面详细的考察，运用多学科的研究视角，为人才素质模型的建构奠定理论与方法基础

本书研究涉及核心概念的界定，比如"创新性人才""科技创新型人才""素质特征"等。"科技创新型人才素质结构"本身是个抽象的概念，对模型的构建需要结合心理学、管理学、组织行为学、心理与教育测量

学、教育评价学、数理统计学等多学科研究视角来进行建构。因此要对现有文献中关于"科技创新型人才"素质特征、人才评价的理论与方法进行反思性研究，并合理进行选择，阐述科技创新型人才素质模型的理论和方法基础。

（二）编制科技创新型人才的素质特征词典，初步构建科技创新型人才的素质结构维度

本书要对"科技创新型人才"的素质特征和关键行为特征给出科学合理的定义和描述，编制科技创新型人才素质特征词典，为构建"科技创新型人才素质结构模型"进行初步的探索。

（三）量化研究与质性研究以及其他研究方法的相互整合

1. 文献分析不仅需要对现有文献中的核心概念、理论和研究方法作系统、深入、全面的梳理，还需要对现有理论的科学性、合理性、准确性、实用性等做出评价和选择。

2. 运用内容分析法、质性访谈的方法以及量的研究方法构建素质模型。

（1）本书运用内容分析法对现有的文本资料进行详细分析，其目的是：一方面采集科技创新型人才素质的构成要素及行为特征；另一方面对科技创新型人才素质及行为特征进行详细描述和刻画，试图为素质模型的初步构建及探索性研究做好充分的准备。

（2）运用质性访谈的方法，初步建立科技创新型人才素质结构的理论模型。

（3）建立结构方程模型（Structural Equation Model，SEM）验证建构科技创新型人才素质结构模型的合理性。

（4）结合实际情况，综合考查素质结构模型中的各种因素构成及其关

键行为特征，主要是综合运用量化研究和质性研究的方法，科学分析因素与因素之间、因素内部之间的各种关系，保证模型建构与实际数据之间的契合，这是本书研究中的重点和难点。

3. 编制科技创新型人才素质特征与行为评价问卷。

问卷编制和检验过程需要运用人才评价学、管理心理学、组织行为学、现代教育与心理测量学、多元统计学及计算机科学等多个学科或交叉学科，问卷的检验要运用心理统计与测量的方法，数据分析还要运用计算机编程技术，因而保证了问卷最终具有量化研究的基础。

(四) 本书研究的难点

1. 访谈对象的确立以及施测样本的可获得性。

第一，在质性研究阶段需要对受访者进行访谈，而访谈对象属于高层次的科技创新型人才，如何获得研究对象的支持和参与，是本书研究中的难点所在。

第二，由于创新型科技人才的素质结构模型的构建、开发"高校科技创新型人才素质与行为特征评价问卷"等内容都是以访谈和实际调查研究数据来进行的。因此，界定科技创新型人才的标准以及在采集数据样本、充分考虑行为样本 (Behavior Sample) 的代表性、可行性、数据采集的可能性是本研究要着力解决的重点和难点。

2. 质性访谈需要掌握访谈的技巧。

在质性研究中，对受访者进行访谈需要掌握必备的访谈技巧及提问技术，获得受访对象支持也是本研究考虑的重点和难点。

第四节　研究方法、实验方案及可行性

一　研究方法

本书主要采用质性研究与量的研究相结合的方法，采用理论研究与实证研究相结合的方法，运用专业数据统计分析软件对数据进行分析。

具体使用的方法包括：文献分析法、内容分析法、质性访谈法、问卷调查法、统计分析法，总的来说，是充分运用量化研究与质性研究相结合的方法来检验模型建构的完备性。具体而言：

（一）　文献分析法

对国内外的文献资料进行系统、深入、全面的分析，对现有理论的科学性、合理性、准确性、实用性等方面进行分析，形成对本研究中相关问题的研究视角和思路，并通过对已有研究理论与方法的反思来构建本书研究的理论与方法。

（二）　内容分析法

内容分析方法是对各种资料、记录的内容和形式、心理含义及重要性进行客观、系统和数量化分析的一种研究方法。具有质性分析的属性和特征，又有量化研究的属性。可以对文本资料进行详细的考察分析，从而对科技创新型人才的素质要素进行采集，为建构人才素质模型进行初步的探索性研究，为编制素质特征评价问卷、质性访谈的前期研究做好准备。

（三）问卷调查法、质性访谈法

结合内容分析以及文献调查分析结果，编制"科技创新型人才素质结构调查问卷"，在问卷正式定稿和开展抽样调查之前，本书研究者将与相关人员进行访谈、个案研究，最后依据访谈内容建立研究架构，开发"高校科技创新型人才素质与行为特征评价问卷"并进行实际数据的调查，通过结构方程模型与实测数据的拟合检验进一步修订问卷，最后对编制开发的问卷定稿。

（四）量的研究方法

1. 本书要建构创新型人才的素质结构模型，开发形成"高校科技创新型人才素质与行为特征评价问卷"，运用统计与测量方法，比如，运用多元统计学的方法和理论分析调查的数据，主要有信度、效度、差异分析、相关分析、多元回归分析、探索性因素分析以及验证性因素分析。要对"高校科技创新型人才素质与行为特征调查问卷"的质量指标进行考查分析，运用现代教育与心理测量理论的数据处理技术和方法，对模型的各项参数进行拟合性检验。

2. 用结构方程分析软件 LISREL8.70 或 AMOS17.0，对问卷进行验证性因素分析（Confirmatory Factor Analysis，CFA），建构结构方程模型（Structural Equation Model，SEM）。运用该方法分析的一个重要特性，是其假设因果模型必须建立在一定的理论上，因而它是一种用以验证某一理论模型或假设模型适切性的先进统计技术，可以同时估计模型中的测量指标和潜在变量、估计测量过程中指标变量的测量误差，也可以评估测量模型的信度和效度。

因此，本书拟对"高校科技创新型人才素质结构"的各种因素进行考查分析。比如对结构模型的维度以及因素与因素之间的关系进行分析和探讨。本书所使用的统计软件有：SPSS13.0、LISREL8.70、AMOS17.0 等，对数据的具体分析和处理还要运用一些编程技术。

二 研究方案及可行性

根据以上研究方法，本书执行的技术路线如图 0-1 所示。具体而言，采取以下步骤开展：

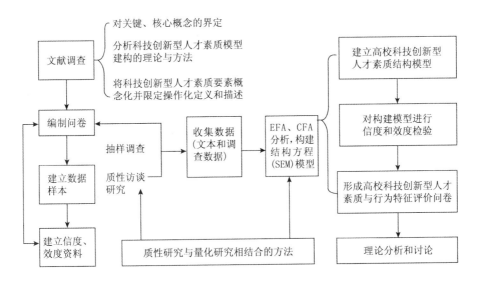

图 0-1 本书技术路线图

(一) "科技创新型人才" 的文献综述

国外学者的研究较少，国内许多研究者虽然已经做了一些尝试和探索，但是对于何为"科技创新型人才"，如何对其进行科学定义和概念化并给出操作性定义，科技创新型人才具有哪些素质结构和行为特征，科技创新型人才的结构变量及其影响因素有哪些，如何在实证研究基础上建构"科技创新型人才素质结构模型"，编制开发高校科技创新型人才素质与行为特征评价问卷，都需要对现有中外文献进行全面考察和梳理。

因此，结合国内外文献综述，对文献中所涉及的"创新""创造力"

"创新型人才""科技人才""科技创新型人才"以及与之相关的基本概念进行全面梳理，综合分析现有"科技创新型人才"测评理论与方法，是展开本研究的一项基础性准备工作。

（二）在文献研究基础上，归纳和总结科技创新型人才的素质及要素特征

1. 编制问卷。利用心理学的有关理论，如创造力理论；管理学理论，如组织行为学的有关理论；心理与教育测量学、教育评价学的理论与方法，并在这些理论的框架下编制"高校科技创新型人才素质结构调查问卷"，在广东、江西两省共25所高校开展问卷调查并收集有效问卷，利用数据分析软件进行统计分析。

2. 运用行为事件访谈法（Behavioral Event Interview，BEI）收集分析资料，建立"科技创新型人才"素质结构模型。

本书最后确定了对国家杰出青年基金获得者、长江学者、中科院院士等一批高层次科技创新型人才进行访谈，运用质性访谈的方法，进一步搜集"高校科技创新型人才的素质结构"关键行为特征和素质结构要素。结合质的分析结果，对科技创新型人才素质结构要素详细分类、归纳和编码，建构"科技创新型人才"的素质结构模型。

3. 检测问卷编制的质量，建立问卷的信度和效度资料。

评价和分析调查问卷项目编制的质量指标（信度、效度），删除"结构不良"（structure ill）的题目，修订并完善调查问卷，再对被试者进行实测，重新评价调查问卷的信度和效度，直至所修订问卷达到预期目标。

在收集数据时，选择一批样本调查，并对研究数据进行探索性因素分析（Exploratory Factor Analysis，EFA），初步建立起"科技创新型人才素质结构"的结构维度和假设；再选择另一批样本数据，进行验证性因素分析（Confirmative Factor Analysis，CFA）。主要以结构方程模型（Structural Equation Model，SEM）建立"科技创新型人才素质结构模型"，运用验证性因素分析方法对"高校科技创新型人才的素质结构模型"进行验证，考察模型建构与实际研究数据的拟合性。

（三）编制开发"高校科技创新型人才素质特征及行为评价"问卷

分别选择两个独立的样本——高层次科技创新型人才与一般的科技人员，通过两组人员的问卷作答分数考察两组人员的平均分是否存在显著性差异，从而说明问卷实证效度，并为人才素质测评提供参考测量指标和评价标准。总之，素质结构模型与问卷编制的研究都有实证研究资料的支撑，真正做到将质性研究与量的研究相结合，弥补当前研究中的不足。

第五节　研究价值、意义及创新

一　学术价值

目前，国内学者对于"创新型人才"的界定众说纷纭，尤其对何为"科技创新型人才"，尚未形成统一认识。因此，对"科技创新型人才"的评价体系和维度也莫衷一是，从国内外学者的文献梳理中，作者发现对于该方面的研究主要集中于以下方面：

第一，大多数学者从不同的学科视角如心理学的创造力理论、组织行为学人才测评理论、经济学、教育管理等学科视角来界定"创新型人才"以及"创新型科技人才"的基本特征等概念。国内有许多文献侧重于"科学创造力""创新型人才培养"等方面的研究，却较少对"科技创新型人才"这类群体进行专门研究和探讨。

　　有些学者对"科技创造力"结构进行了分析和探索，较有代表性的如胡卫平、林崇德等人对于科学创造力的研究，他们的研究主要侧重于科学思维能力①。胡卫平、罗来辉等建构了中学生科学思维能力的结构，并通过调查分析，确定了中学生科学思维能力的具体表现，提出中学生科学思维能力是由内容、方法和品质构成的有机整体，对该能力的测量必须同时考虑这三方面的因素②。

　　胡卫平从心理学角度研究青少年科学创造力的内涵、表现和发展以及青少年科学创造力的培养，旨在引起全社会对培养青少年科学创造力的广泛重视③。胡卫平、林崇德提出了青少年科学思维能力的结构模型，该模型由内容、方法和品质组成三维立体结构。并指出青少年科学抽象思维能力和科学形象思维能力的发展具有不同的特点和评价方法。要以智力差异为前提，从科学思维品质和非智力因素入手，培养青少年的思维能力④。纵观这些研究，主要有以下几个问题：一是研究对象侧重于中小学生，研究方法采用国外或改编的"创造力量表"，解决的问题主要是"科学创造力"的培养和提高。二是仅构建了创造力的某一个层面，如科学思维能力的维度，而实际上影响个人科学创造力的因素是多个维度的，既受到内部因素如智力技能、知识、人格、思维风格、动机、科学道德和价值等因素的影响，又受到外在因素如家庭和社会教育环境、组织创新气氛、创新文化等的影响，因此所构建的模型尚需进一步讨论。

　　第二，国内研究者中，较有代表性的"创新人才研究"是林崇德等人主持的教育部哲社课题"创新人才与教育创新研究"⑤，该课题组运用了定

①　胡卫平、林崇德：《青少年的科学思维能力研究》，《教育研究》2003 年第 12 期。
②　胡卫平、罗来辉：《论中学生科学思维能力的结构》，《学科教育》2001 年第 2 期。
③　胡卫平：《论科学创造力的结构》，《教育科学研究》2001 年第 4 期。
④　胡卫平、林崇德：《青少年的科学思维能力研究》，《教育研究》2003 年第 12 期。
⑤　林崇德：《创新人才与教育创新研究》，经济科学出版社 2009 年版。

性和定量的研究技术收集数据，揭示了创新人才的特征模型，制定了创造力量表，这一研究成果的直接服务目标是提高广大"中小学生的创新素质"，对我国基础教育中的中小学生的创新特点及规律进行了有益的探索和研究，取得了开创性的研究结论，但是并未针对"科技创新型人才"这一群体进行专门研究。因此，研究结果及相关的结论不能泛化到本研究的对象上。

第三，国内大部分研究者虽然提出了"创新型人才"的评价体系及其相关维度的建构理念、框架及其方法，但是未对"科技创新型人才"的素质结构要素特征以及要素之间的关系进行分类、比较和鉴别，故而无法全面、系统、科学、有效地建立相应的评价指标，指标构建大都基于理论分析，缺少实证分析。另外，有的研究者虽已进行了一定的实证研究，但也仍然停留在"探索性"的前期研究阶段，没有建立相应的结构模型去验证或讨论其科学性和合理性，致使研究结果缺少相应的信度和效度指标。还有的研究不够深入和具体，主观性较强，缺少实践操作性，科学性尚需进一步讨论。

第四，"科技创新型人才"是我国政府提出的特有概念，开展该方面的研究不能脱离中国文化及其特有的社会环境因素，正如创造力系统模型提出者米哈里·奇可森特米海依指出的那样，"创造力只有在具有文化准则的系统中才能获得承认，并且它也只有在获得同事的支持时才能造成新的突破，一言以蔽之，创造力不可能在真空中产生"①。就这个意义而言，研究科技创新型人才需要结合本土文化环境进行综合考察和分析。

第五，在心理学研究领域，国外已有文献讨论较多的是"创造力"的相关理论。从吉尔福特提出要重视"创造力"有关理论和方法的研究以来至今已有 60 多年的历史。这些创造力理论包括"创造力的本质""创造力

---

① ［美］罗伯特·J. 斯腾伯格主编：《创造力手册》，施建农等译，北京理工大学出版社 2005 年版，第 276 页。

的研究方法""创造力的起源""创造力、自我与环境"以及"如何促进创造力"等相关主题，研究内容和范围非常广泛，对于本书具有一定启发和借鉴意义，但是这些理论主要是从心理学角度思考和论述"创造（新）型人才"的理论与方法，研究方法侧重于使用心理测验和测量方法，研究对象也是国外的，并非"中国文化"环境中产生的科技创新型人才，也没有提供我国需要的人才评价理论与实践模式。

因此，针对上述国内外研究存在的问题与不足，本书提出前文所述三个方面的研究目标，以期丰富和发展科技创新型人才测评以及创造力研究的理论和方法，为创新型人才评价的实践提供借鉴，这亦是本研究的重要学术价值。

二　现实意义

"问渠那得清如许，为有源头活水来。"在知识经济时代背景下，人才资源是最重要的人力资本，科技创新型人才更是人才资源中最有价值、最宝贵的智力资本和人才资源，是国家实现可持续发展的强大动力，也是实现"中国梦"的智力基础。社会主义各项事业的进步是依靠科技、知识、方法、制度不断创新来完成的，因而创新离不开科技创新型人才的贡献以及一大批杰出的科技创新型人才的脱颖而出。因此，探讨与研究科技创新型人才素质结构内部各因素之间的关系，开发科技创新型人才测评量表，是培养、使用、评价、鉴别科技创新型人才的关键所在。本研究具有以下重要意义：

第一，有利于加强人才评价工作的开展。

人才是关系我国未来经济社会发展的决定性因素。科技创新型人才评价对于人才的发现、培养和使用有着至关重要的作用，主要体现在以下方面：

（1）从发现和鉴别角度来看，科技创新型人才评价是发现创新型人才的基本方法，开发相应的科技创新型人才素质特征与评价工具能够科学、客观地评价人才的当前状态和发展潜质。

（2）从培养角度看，评价和鉴定科技创新型人才，给如何培养科技创新型人才提供了参考和目标指向，通过评价科技创新型人才可以发现人才的特长与不足，用人单位可根据评价结果并结合发展需要制订人才培养计划并实施特定措施保障人才的培养。

（3）从使用方面来看，人才评价为人才使用提供了基本的依据，用人单位可以根据人才评价所提供的评价信息选拔合适的人才。

第二，有利于推动人才强国战略的实施。

通过评价科技创新型人才，可完善人才激励机制，有利于科技创新型人才的脱颖而出，推动人才强国战略的实施；通过科技创新型人才评价，在全社会形成尊重劳动、尊重知识、尊重人才、尊重创造的氛围，充分发挥各类人才的积极性、主动性、创造性，形成人才辈出、人尽其才的新局面。

第三，有利于经济、社会的和谐发展。

社会的每一步发展都依赖科技、管理、体制、机制的创新，而这些创新都离不开创新型人才创新水平和创新能力的发挥。科技创新型人才评价对促进创新型人才群体成长、形成与发展有至关重要的作用。通过科技创新型人才评价，评价客体会依据评价标准，将评价目标要求转变成努力方向，激励和造就大量创新型人才，为工业转型升级、经济社会发展提供有力的人才保证，促进经济社会持续、健康、和谐的发展。

三 本书创新之处

第一，理论创新。

本书运用多学科、交叉学科研究视角，如运用人才测评理论、创造心理学相关理论、心理与教育测量以及教育评价视角建构"科技创新型人才素质结构模型"，并运用实证研究的方法去验证研究假设，使模型更具有理论和实证研究的基础，开发的科技创新型人才素质结构与行为评价量表具有信度和效度保证，更具科学性和实践操作性。

第二，方法和技术创新。

1. 本书运用量化研究和质性研究的方法，在整个研究过程中始终强调量化研究和质性研究相结合，尤其是运用结构方程模型（SEM）的方法，补充了现有创新型人才评价方法的不足。

2. 建立结构方程模型（SEM）可以有效评价建构的共同因素模型与实际取样数据之间的契合性，并对整个研究假设模型的拟合性进行检验。因此，两种方法的综合运用，能使各项研究目标不仅有量化分析的基础，又有质性分析的理论基础。

第三，研究结果的针对性和实践性。

本书在理论分析基础上，构建高校科技创新型人才素质结构模型，并通过质性研究和量性研究相结合的实证研究方法，开发高校科技创新型人才素质与行为特征评价量表，对科技创新型人才行为与素质特征之间的关系进行详细刻画和描述，可以为创新型人才选拔和测评提供服务，为高校科技创新型人才培养和评价提供实践模式和评价标准，研究更具针对性和实践性。

第一章　文献综述

第一节　相关概念及内涵的界定

一　创新的概念

"创新"，在英语中为"innovation"，它起源于拉丁语，原意有三层含义，第一层含义是更新；第二层为创造新的东西；第三层则指改变。在1912年，哈佛大学教授熊彼特（Schumpeter，1883—1950）在德文版《经济发展理论》一书中，第一次把"创新"这个概念引入了经济领域①。他从经济的角度提出了创新，他认为创新就是建立一种生产函数，实现生产要素的从未有过的组合，即"从技术上以及经济上考虑，生产意味着在我们力所能及的范围内把东西和力量组合起来，每一种生产方式都意味着某种这样的特定组合"，而创新的表现形式就是新的组合，这种组合不是小步骤地从旧组合中调整而来，而是在间断的、突变的或者说是革命性的变化中完成的。熊彼特从企业的角度提出了创新的五个方面：

---

① ［英］大卫·史密斯：《创新》，秦一琼译，上海财经大学出版社2008年版，第2页。

一是产品创新，就是指要生产出一种新的产品（采用一种新产品）；

二是工艺创新，就是采用一种新的方法（采用一种新方法）；

三是市场创新，就是指市场的开辟（开辟一个新市场）；

四是要素创新，控制原材料或者半成品的一种新的供应来源（控制一种新的供应来源）；

五是管理创新，即建立起一种新的生产经营组织形式（建立一种工业的新的组织）。

从以上创新的内容和形式来看，熊彼特主要是从经济发展的理论视角提出创新的理论。其最大的贡献是引导经济学家从知识生产、技术进步、人力资本的全新角度重新解释经济增长的动因，从而突破了仅从自然资源、劳动力、资本积累角度解释经济增长的旧框架。

美国管理大师德鲁克（Peter Drunker）也曾经在20世纪50年代，把创新的概念引入管理领域，形成了管理创新。他认为，创新就是指赋予资源新的创造财富能力的一种行为。德鲁克认为创新包括技术创新和社会创新两种类型：前者是指在自然界中为某种自然物寻找到新的应用场所，并赋予其新的经济价值，这种创新必须以科学技术为基础方可发生；后者是指在社会经济领域创造一种新的管理机构、管理方式或者管理手段以求在资源配置过程中获取更大的经济价值或社会价值。

从以上关于创新的定义中不难发现，创新运用于经济领域时产生了商业和经济的价值，只有当一种新的技术、发明、想法（创意）或一种新的东西出现在消费市场或以新的方式被生产出来，才可谓创新。

随着科技与经济社会的快速发展，创新的范围不断向政治、经济、科技、教育、文化、军事、思维等社会生活各方面渗透并扩展，并由此衍生了与创新相关的诸多概念，如知识创新、技术创新、产业创新、体制创新、管理创新、教育创新、文化创新、区域创新体系、国家创新体系、思维创新。凡是有人类活动存在，就存在创新的活动。综合国内外学者对创新给出的不同定义，现归纳如下：

① 创新就是在众人或采纳方眼里的新思想、新实践或新事物。[①]

② 创新是把感悟和技术转化为能够创造新的市场价值、驱动经济增长和提升生活标准的新的产品、新的过程与方法以及新的服务。[②]

③ 创新就是将发明转化为可代销售的商品，只有当新的东西出现在消费市场或以新主方式被生产出来，才可谓创新。[③]

④ 创新就是成功的创意。[④]

⑤ 创新是指一种创造和采用新知识的过程。[⑤]

⑥ 创新是将新的元素应用在生产、分销和消费产品与服务中。[⑥]

⑦ 创新是第一次将新的工艺和产品投入生产或使用。[⑦]

⑧ 创新是在已知信息的基础上，通过思考活动或者实施行为而产生有价值性新成果的活动。[⑧]

⑨ 创新即是探究事物运动客观规律以获取知识，传播和运用知识以提取新的经济、社会收益和提高人类认识世界水平的过程。[⑨]

目前，关于"创新"概念的界定，国内学术界公认来源于熊比特的创新理论，其国际社会认同的特指英文是"Innovation"，侧重于"推陈出新"，并有别于"创造"（Creation）和"发明"（Invention）。而国际社会对于"创新"（这里仍理解为 Innovation）的定义比较权威的有两个：

---

① Rogers, E. M., *Diffusion of Innovation*, 4th edn., The Free Press, NY, 1995, p. 11.

② 吴江：《尽快形成我国创新型科技人才优先发展的战略布局》，《中国行政管理》2011 年第 3 期。

③ ［英］大卫·史密斯：《创新》，秦一琼译，上海财经大学出版社 2008 年版。

④ DTI. *Succeeding through Innovation*, *Creating Competitive Advantage through Innovation: A Guide for small and Medium Sized Business*, London: Department of Trade and Industry, 2004.

⑤ Rogers, E. M., *Diffusion of Innovation*, 4th edn., NY: The Free Press, 1995, p. 11.

⑥ Betje, P., *Technological Change in the Modern Economy: Basic Topics and New Development*, Edward Elgar, Cheltenham, 1998.

⑦ Freeman, C. and L. Soete., *The Economics of Industrial Innovation*, 3th edn., Continuum, London, 1997.

⑧ 苑玉成：《创新学理论体系的构建》，《唐山师范学院学报》2003 年第 6 期。

⑨ 李庆领等：《实践是创新的基石》，《中国教育报》2007 年 7 月 3 日。

一是 2000 年联合国经合组织（OECD）《在学习型经济中的城市与区域发展》报告中提出的：创新的含义比发明创造更为深刻，它必须考虑在经济上的运用，实现其潜在的经济价值。只有当发明创造引入经济领域，它才称为创新。

二是 2004 年美国国家竞争力委员会向政府提交的《创新美国》计划中提出的：创新是把感悟和技术转化为能够创造新的市值、驱动经济增长和提高生活标准的新的产品、新的过程与方法和新的服务。可见，"创新"的含义较广，既包括人类社会和文化的革新与改造，也包括科学与技术的发现和发明。

从以上关于创新的概念和定义中，可以将创新的本质内容归纳为三个层面：

第一个层面：创新就是创造新的知识或是"相对于已有的事物，对原有的事物进行改造、重新组合、延伸，从而创造出不同于原来事物的新事物"。

第二个层面：创新可以在运用和传播知识的过程中获得收益，这种收益既包括经济收益，也包括社会收益。

第三个层面：创新可以提高人类对整个自然界和社会的认知水平，使人类的知识系统不断得到丰富和改善，并进一步用以认识世界和改造世界。

从广义的角度看，创新其实就是创造出前所未有的东西，创新的内容和层次、形式非常广泛，只要有人类活动的印迹，就会存在创新活动、创新内容的层次丰富多样。因此，创新过程实际上包含了对特定的活动主体对于客体进行改组、改造、革新的活动和行为，它既可以是一个以技术为内涵的概念，也可以是一个非技术内涵的概念。从结果上表现为创新成果能够极大地满足人们的多种需要，产生巨大的经济效益和思想成果，产生强大的发展动力，促进社会生产方式的变革，并促进社会持续不断地向前发展。

二　创新型人才的内涵

我国从 20 世纪 80 年代中期开始倡导培养创新型人才或创造型人才以来，有关"创新型人才特征及内涵"①②③ 及 "创新性人才的培养"④⑤⑥ 的论文和论著不胜枚举。但对于什么是创新（创造）型人才，大家的观点并不一致。具有代表性的观点认为，创造型人才是指富于独创性，具有创造能力，能够提出、解决问题，开创事业新局面，对社会物质文明和精神文明建设做出创造性贡献的人。这种人才一般是基础理论坚实、科学知识丰富、治学方法严谨、勇于探索未知领域；同时，具有为真理献身的精神和良好的科学道德。他们是人类优秀文化遗产的继承者，是最新科学成果的创造者和传播者，是未来科学家的培育者⑦。而创新型人才是指具有创造精神和创造能力的人，它是相对不思创造、缺乏创造能力的比较保守的人而言的，这个概念与理论型、应用型、技艺型等人才类型的划分不是并列的。实际上，不论是哪种类型的人才，皆须具有创造性⑧。

从以上创新型人才的定义描述来看，国内学者主要是从创造性、创新意识、创新精神、创新能力等角度阐释创新人才或创造型人才培养的。他们认为只要专门培养人的创造性、创新意识、创新精神、创新能力等素质，创新人才的培养便可大功告成。虽然也有个别专家的

---

①　段晓红、张国民：《简论创新人才及品质特征》，《山西农业大学学报》（社会科学版）2004 年第 3 期。

②　梁拴荣、贾宏燕：《创新型人才概念内涵新探》，《生产力研究》2011 年第 10 期。

③　钟德康：《创新型人才的特征与培养开发》，《西南石油大学学报》（社会科学版）2009 年第 3 期。

④　李嘉曾：《高等教育大众化与建立创新人才培养机制》，《科学学与科学技术管理》2001 年第 7 期。

⑤　龚怡祖：《关于创新人才培养理念的探讨》，《中国大学教学》2003 年第 10 期。

⑥　和学新：《基于创新人才培养的教育理念探讨》，《中国教育学刊》2008 年第 8 期。

⑦　吴贻春、刘花元：《论创造型人才的培养》，《南京师范大学学报》（社会科学版）1985 年第 2 期。

⑧　庄寿强、戎志毅：《普通创造学》，中国矿业大学出版社 1997 年版。

定义、解释涉及基础理论知识、个性品质和情感等因素，但并没有形成主流。①

在国外的有关文献中，并未发现与"创造型人才"或"创新型人才"对等的概念，所涉概念较多的是"创造力"（creativity）或叫"创造性人才"（creative talents），如刘宝存认为，一些相关的概念如"creative mind""creative man""critical thinking"等，大都是从心理学的角度研究创造性思维、创造性人格及个性的特点。国外对创新人才的理解比我国要宽泛一些，他们大都是在强调人的个性全面发展的同时突出人才的创造性、独立性、主动性、个人的创造精神、创新意识以及培养智慧和独立思想的高水平人才②。这从国外有关大学教育培养目标的阐释中可以清晰地看出来，如英国的牛津、剑桥两所大学深受纽曼大学理念的影响，把探测、挖掘和开发学生的潜在能力，激励个人的创造性精神作为大学教育的指导思想，培养出一代代高水平的人才。

国内外对创新人才的理解有一些共同点，即都强调创新人才必须具有创造性、创新意识、创新精神、创新能力等素质，但是又有很大的差异，主要表现在以下几个方面：

其一，国内明确提出了"创新性人才（创新人才）""创造型人才"的概念，而国外有创造力、创造性思维、创造型人格等概念。

其二，国内对创新人才的理解大多局限于"创新"上，对人才的知识结构、能力结构、个性品质、影响创新性人才的非智力因素等特征要素等方面关注不够。国外则非常重视强调培养创造性、创新意识、创新精神、创新能力等素质特征，强调创造性人才个性的自由发展。同时，国外学者很注重从社会心理学的视角对"创造性个体"的影响因素进行

---

① 刘宝存：《创新人才理念的国际比较》，《比较教育研究》2003 年第 5 期。

② Sternberg R. J., "Implicit Theories of Intelligence, Creativity and Wisdom", *Journal of Personality and Social Psychology*, Vol. 49(3), Sep 1985, pp. 607 – 627.

深入的探讨。如国外创造力理论中用个案研究法和进化系统观的视角研究那些天才式的创造大师。比如加德纳（Gardner）研究了弗洛伊德、爱因斯坦、毕加索、斯特拉文斯基、艾略特、格雷厄姆和甘地7人的创造力及其智能因素，既关注了这些天才在实际创造性工作中的细节、创造大师认知过程的特殊性，又关注这些天才式人物产生的历史情境、家庭背景，还关注了创造大师的个性、动机、社会交往以及情感等方面的特点，揭示出个人才华、领域和评估系统之间的相互作用关系，从而揭示出创造力的本质①。

其三，国内对创新人才的理解表现出很强的实用性，但缺乏支持其概念的理论基础，大多数学者是从"实用"或者国家和地区发展需要的角度提出"创新性人才"应该具备的特征。而国外对创新人才的理解，多是把当代社会对创新的需要融入全面发展的人才培养理念之中的产物。

因此在对创新型人才内涵的理解上，应该坚持以下四点基本认识：

1. 创新型人才是与常规人才相对应的一种人才类型。根据人才的类型可以把人才划分为创新人才和常规人才两种。所谓创新人才，具有创新意识、创新精神、创新思维、创新能力并能够取得创新成果，对认识和改造自然、认识和改造社会，对人类的进步做出了一定贡献的人才，即创新人才是以其创造性的劳动成果对社会的进步与发展产生积极性贡献作为其判断依据。正如美国哈佛大学校长普西所指出的："能否进行创新并取得成果，是一流人才与三流人才之间的分水岭。"②

2. 创新型人才具有优良的素质结构，这些素质结构不同于一般人才的素质结构，其中应当或者主要包括：专业技能、知识储备、人格个性、思

---

① ［美］霍华德·加德纳：《大师的创造力》，沈致隆译，中国人民大学出版社2011年版。

② 吴江：《尽快形成我国创新型科技人才优先发展的战略布局》，《中国行政管理》2011年第3期。

维类型、动机、情感和价值观等多个组成要素，这些维度或维度群同时还包括多个构成要素，这些重要的素质结构及要素是区别一般性人才的基础和内在标准。

3. 创新型人才并不是凭空产生的，除了受到自身内在素质的影响外，同时还必然受到个体以外文化和社会事件等外在因素的影响，应当用系统论的视角来综合分析创新型人才成长的生活环境、社会影响事件、文化氛围、学科及专业背景等相关因素的影响和作用。

4. 创新型人才是一个历史概念，具有社会性和时代性，因此也具有相对性。在不同的历史时期，人们对创新型人才的理解会有所不同，人才的评价标准以及构成的内在要素会有一些差异。从这个角度而言，创新型人才的评价及其构成要素并不是绝对的，具有时代性及历史阶段性特征。

三　科技人才、科技创新性人才的概念

科技人才是我国人才学研究中特有的基本概念之一。杜谦、宋卫国认为，科技人才是科学技术与人才的结合，从一般意义上说，科技人才是指具有良好品德和科技才能的人，具有某种特殊的科技专长的人，是掌握知识或生产工艺技能的人。[①]

方新认为，科技人才是指从事或有潜力从事科技活动，有知识、有能力、能够进行创造性劳动，并在科技活动中做出贡献的人员。科技人才队伍主要包括科学研究与技术开发队伍、科技管理队伍和科技支撑队伍。[②]

易经章、胡振华认为，科技人才是指经过高等院校培养或经过专门训练

---

① 杜谦、宋卫国：《科技人才定义及相关统计问题》，《中国科技论坛》2004 年第 5 期。
② 方新：《谈国家中长期科技发展规划》，新华网（http：// www. people. com. cn/GB/keji/1056/2697820. html）。

的具有相当科研能力，具有某种专门知识和才学，具有某种能力和特长并能够以自己的科研成果为社会经济发展做出贡献的人，必须具有以下几种能力：科技创新能力、科技研究能力、发明创新能力、组织管理能力、获取信息的能力、社会活动能力。①

从这些有关科技人才的定义可知，科技人才的内涵基本符合人才的基本特征，只是相对于一般意义上的人才概念来说，需要明确科技人才是从事科技工作的具体社会实践活动，具有一定的知识或技能，进行创造性劳动并做出突出社会贡献。

关于本书提出的"科技创新型人才"的概念，国内诸多学者鲜有人对其进行定义，大多数研究者都是将之等同于"创新型人才"或者"创新型科技人才"等概念，如原锟霞在《科技资源配置效率与科技型人才聚集效应关系研究》中对"科技创新型人才"进行定义时，采用的即是"创新型人才"的主要概念及其特征。本书在文献研究的基础上，较为赞同《江苏省高层次创新型科技人才队伍建设研究》② 和吴江在《尽快形成我国创新型科技人才优先发展的战略布局》一文中给出的对"科技人才"与"科技创新人才"的比较和理解，以下分述之。

第一，科技人才是一个相对性概念，因为科技人才的创造性具有时间、空间的差异特征。从时间上来看，科技人才的创新能力、创新成果体现出历史继承性，后人站在前人的肩膀上，可以创造出更丰富的成果。从空间或地域来看，科技人才的创新思维和创新能力与民族文化或地域文化的影响密切相关，还与微观组织的体制、管理机制及文化氛围、组织创新气氛等影响要素存在诸多联系。由于科技人才个体的智力因素与非智力因素不尽一致，使得"科技创新人才"的创新素质、创新能力及创新成果

---

① 易经章、胡振华：《科技人才测评指标研究》，《湖南工程学院学报》2003 年第 3 期。

② 《江苏省高层次创新型科技人才队伍建设研究》，全国科技信息服务网（http：//www. hninfo. gov. cn/govpublic/zlzx/zlyjbg/200911/t20091127_ 143387. html）。

表现出一定差异性。

第二，科技创新人才是一个动态性概念，因为科技创新人才的创新能力可以由隐性状态向显性状态转化。在组织创新过程中，管理者建立了有利于创新的体制和环境，形成了科技人才成长的机制和氛围，就可以激发科技人才创新的潜能，实现组织知识创新、技术创新与管理创新的目标。

第三，高层次科技创新人才通常是具有创造力并做出巨大贡献的科技创新人才，是基于创新人才取得的创新成果而言的，其对象主要包括：

一是中国科学院院士和中国工程院院士。二是国家自然科学奖、国家发明奖、国家科技进步二等奖以上项目的主要获得者，长江学者、获得省（部）级科技进步一等奖（含）项目的第一、第二完成人。三是国家科技部、教育部认定的重点实验室、重点学科、工程技术研究中心的学科带头人。四是承担国家"863项目""973项目"、科技攻关计划项目或国家自然科学基金项目的主持人。五是在高科技企业中拥有自主知识产权并在高科技产业化方面取得重大成就的科技创业者。六是在国际公认的权威期刊上发表有价值论文的第一作者（或通讯作者）[①]等。

同时，除了以上提到的"高层次创新型科技人才"属于科技创新型人才之外，在某个学科、领域内做出重大科研成果和创新贡献的科技人才都应当纳入科技创新型人才的考察对象和范围。

因此，从以上对于科技创新型人才的理解，可以界定研究对象的几个标准：

第一，科技创新型人才界定的总体原则是根据科技成果的业绩及其影

---

① 第一作者和通讯作者有一定区别。一般情况下，第一作者对科研成果贡献较多，是科研工作的主要完成人。而通讯作者一般指整个课题负责人，要负责与编辑部通信联系和接受读者咨询等，是论文对外责任的承担者。应该说通讯作者多数情况下和第一作者是同一个人，因此实际上是省略了通讯作者。只有在通讯作者和第一作者不一致时，才有必要加上通讯作者。

响力判断。因此，科技成果的创新性是其主要的评判依据。

第二，高层次科技创新型人才是指中国科学院和中国工程院的院士、主持"863""973"项目的首席科学家、国家科技攻关计划项目或国家自然科学基金项目重点项目的主持人等，但同时并不仅局限于"高层次创新型科技人才"。高层次杰出创新人才是科技创新型人才中的重要组成部分。

第三，科研成果被同行认可的程度，但也并不完全如此①。因为在创新的三个要素特征中，新颖性、独特性、有价值性是主要的三个标准，其是否新颖独特、有价值一般是由该领域内的专家学者、评审组同行所构成的"学术共同体"的一致意见做出评价。

第四，结合以上三点，考察科技创新型人才的显性考量指标是：科技人员是否在专业领域内发表了 SCI、EI、ISTP 三大检索系统的论文。SCI 影响因子、转引次数以及受到同行肯定评价的影响力、在专业领域内是否具有应用的价值等要素也是其成果是否有创新性的重要评判依据。

第五，必须认识到科技创新型人才本身的动态发展性及科技成果评价的相对滞后性，这是因为某个科技人员在某一个历史时期虽然取得了科研创新成果，但是检验成果的创新性需要一定的时间。

基于以上认识，本书研究的科技创新型人才对象须满足以下条件之一：

1. 研究成果质量的高层次性。即在所从事的科学技术研究领域内，在 SCI、EI、ISTP 三大检索系统内以第一作者或通讯作者发表过 2 篇以上成果者，同时还要综合考量其影响因子、他引（转引）次数、国际国内同行

① 一项科学发现或创新性科研成果是否被同行认同或接受，需要一定时间来检验，这个时期很可能是很漫长的。比如爱因斯坦提出相对论时，当时世界上包括爱因斯坦在内只有 3 个科学家能够理解。

的评价（评语）。

2. 主持或以核心成员参与的高层次类别的科技项目。主持的项目主要包括"国家级"和"省部级"两个级别。比如主持国家自然科学基金项目、主持"973 项目""863 项目"、主持省部级以上科技项目、科研成果的转化对推动国家社会经济发展的作用。

3. 以第一作者或核心成员获得过至少国内外发明及专利 2 项。

4. 获得省部级以上行政机构颁发的科技奖励三等奖以上者。其中包括获得国家自然科学奖、科技发明奖、科技进步奖。

5. 获得以下荣誉称号和奖励者。如中国科学院院士、中国工程院院士、长江学者、国家杰出青年基金获得者、"百千万人才工程国家级人选"、中科院"百人计划"获得者、"国家千人计划"获得者、"青年千人计划"获得者、教育部新世纪人才工程获得者、"地方学者"称号（如珠江学者、井冈学者等）、"千百十工程"省级培养对象、国家重点实验室、教育部重点实验室主任、省部级重点实验室、工程中心的主任、学科带头人或主要负责人。

6. 虽然有一些科技人才并未被授予各种荣誉称号，但在其学科领域内取得了一定重要影响的科技创新成果，得到同行较好评价的青年科技创新型人才。

有必要指出，本书认为单纯以显性指标进行考察必然会将一部分真正的科技创新人才排除在"科技创新型人才"范围之外，有失全面和科学。因此，研究对象遴选还不能仅仅定位于已经做出创新成果的人才，还应看到科技创新型人才在不同历史时期所获学术研究成果的相对性以及人才本身潜在的发展能力。

因此，从以上具体研究对象可以看出，本书根据现有研究条件以及现实取样的可能性，遴选科技创新人才的原则主要以科研成果显性指标来考查，还应当兼顾科研成果受到同行评价的认可程度、影响力以及成果的历史阶段性及潜在的创新性和价值。

第二节　科技创新型人才素质特征及相关研究

一　素质的内涵

在古代和现代汉语中，"素质"一词有多种含义①。

古代汉语中，素质的第一种含义是"白色质地"。如《逸周书·克殷》："及期，百夫荷素质之旗于王前。"《尔雅·释鸟》："伊洛而南，素质五采皆备成章曰翬；江淮而南，青质五采皆备成章曰鷠。"唐杜甫《白丝行》："已悲素质随时染，裂下鸣机色相射。"明高启《送周复秀才赋行李中一物得纨扇》："不画乘鸾女，应怜素质新。"

第二种含义是"白皙的容色"。如晋葛洪《抱朴子·畅玄》："冶容媚姿，铅华素质，伐命者也。"《敦煌变文集·欢喜国王缘》："盈盈素质，灼灼娇姿。"清珠泉居士《雪鸿小记》："融酥作骨，抟粉为肌，素质艳光，虽玉蕊琼英，未足方喻。"

第三种含义是"事物本来的性质"。如《管子·势》："正静不争，动作不贰，素质不留，与地同极。"晋张华《励志诗》之四："如彼梓材，弗勤丹漆，虽劳朴斫，终负素质。"清汪懋麟《忆秦娥》词："天然素质铅华贱，从教傅粉何郎羡。"朱光潜《艺文杂谈·欧洲书牍示例》："罗马在鼎盛时代，文艺的发达登峰造极，书牍的素质也因之提高。"

第四种含义是"人的神经系统和感觉器官的先天特点"，亦指素养。如柯岩在《奇异的书简·美的追求者》中写道："我想，正是这些风雨、

---

① 具体可参阅百度百科"素质"一词的释义。

阳光、大树、小草……长年累月地陶冶了他的品德和素质。"孙犁在《澹
定集·答吴泰昌问》："按照我的身体素质，我已经活得够长了。"

《现代汉语词典》（第六版）给出的"素质"一词的三种含义分别是：
事物本来的性质、素养如军事素养、心理学上指人的神经系统和感觉器官
上先天的特点①。

当作为一个理论研究的概念时，不同学科对素质的定义有所不同。比
如生理学和心理学将素质定义为：人通过先天遗传而获得的品质，为后天
能力的发展提供基础，主要是指脑和神经系统的结构和机能特征，以及感
觉器官、运动器官、身体的结构和机能特征等②。在教育学概念中，素质
的定义为："人们在先天遗传的基础上，通过环境和教育的影响所形成和
发展起来的、比较稳定的品质特征。"③ 人口学一般将素质定义为"活的人
体中存在的体力、智力以及与它们赖以运用并发挥出来的客观条件相适应
并把这种适应关系保持下去的一种能力"④。

本书所指的素质概念主要指人力资源开发与管理学、组织行为学、应
用心理学领域中一个专门的研究对象，与其对应的英文是"competency"
或"competence"⑤，指的是具备某方面的能力、资质条件以及胜任力特征
等多种内涵。这一概念最早由美国心理学家 Robert White 于 1959 年提出。
1973 年，David McClelland 在美国心理学家杂志上发表了《测量人的能力
而非智力》（*Testing for competence rather for intelligence*）一文，他认为传统

---

① 中国社会科学院语言研究所词典编辑室编：《现代汉语词典》（第 6 版），商务印书馆
2013 年版，第 1241 页。

② 林传鼎：《心理学词典》，江西科技出版社 1987 年版，第 339 页。

③ 石亚军：《人文素质论》，中国人民大学出版社 2008 年版，第 5 页。

④ 陈剑：《人口素质概念》，辽宁人民出版社 1988 年版，第 49 页。

⑤ 注：关于 competency 或 competence 一词的概念，国内许多研究者有不同的理解，但总的
来说差异不大，其造成差异的主要原因是大多数研究者基本都借鉴了 David McClelland、西格尼·
斯潘塞理以及查德·博亚茨的观点。国内学者较多将此词译成"胜任力""胜任力特征""胜任特
征"，也有将"胜任力"称为"素质"的，如彭剑峰等将"胜任力"称为"素质"，"胜任力模
型"称为"素质模型"。参见彭剑峰、荆小娟《员工素质模型设计》，中国人民大学出版社 2003
年版，第 12—13 页。

的性向测验和知识测验并不能预测一个人在工作中会取得成功。由于当时美国政府需要 David McClelland 帮助他们甄选美国驻外联络官（Foreign Service Information Officers，FISO）。于是麦克雷兰研究小组采用了行为事件访谈法（Behavioral Event Interview，BEI）收集信息，试图研究影响外交官工作绩效的因素，即哪些因素可以成功预测某位外交官能在未来工作中取得较大成功。通过一系列的工作与总结，他的研究小组得出一名杰出的外交官与一般胜任者在行为和思维方式上的差异，从而找出了 FISO 的素质特征及结构。这同时也标志着素质理论研究的正式开始①。此后，人们以差异心理学、工业与组织心理学、教育与行为学等为理论基础对素质进行了大量的理论和实证研究，并取得了丰富的研究成果②。在此过程中所形成的对素质内涵的认识大致可以分为两类观点。即以 Richard Boyatzis 为代表的特征论③和以英国学者 Woodruffe 为代表的行为论④。

（一）Richard Boyatzis 为代表的特征论

以 Richard Boyatzis 为代表的特征论者认为，素质是一种能够导致或者产生有效或者卓越行为的潜在的个性特征。工作素质代表了一个人潜在的素质特征，它可能是动机、特质、技能、个人自我形象或者社会角色方面，或者代表了他（她）使用的知识体。这些特征的存在和拥有对于某个人而言很可能是未知的，从这个意义而言，这些特征很可能是一个人的无意识方面。由于工作能力是潜在的素质特征，因此这些特征能以多种行为模式呈现出来，在不同行为中有广泛的变化。特征论者将绩效优异者与绩效一般者相区别，包括与卓越工作绩效有关的自我概念、个体特质、知

---

① 彭剑锋：《员工素质模型设计》中国人民大学出版社 2003 年版，第 12 页。

② Shippman，J. S. & Ash，R. D.，"The Practice of Competency Modeling，"*Personal Psychology*，Vol. 53，No. 3，2000.

③ Boyatzis，R. E.，*The Competent Manager：a Model for Effective Performance*，New York：John Wiley & Sons，1982.

④ Woodruffe，C.，*Competent by and Other Name*，Personnel Management，1991.

识、技能和动机等要素①。比如：（1）素质被定义成是与工作绩效或生活中其他重要成果直接相关的知识、技能、特质、动机等个人特征②。（2）素质是指在某项工作中，与达成卓越绩效相关的知识、技能、动机、特质、自我形象与社会角色③。（3）素质是指足以完成主要工作任务的一系列知识、技能和能力④。（4）素质是一个人在工作或其他情境中，产生高效率或高绩效所必需的潜在特征，同时只有当这种特征在现实中带来可衡量的成果时，才能称之为素质⑤。（5）素质是一个人拥有的，影响其工作职责或者岗位角色的知识、技能和态度，与工作绩效具有密切的相关性，可以采用一些被广泛接受的标准来进行测评，并且可以通过培训与开发的手段加以改善和提高⑥。（6）素质是与高绩效的工作相关联的知识、能力、技能与特性。如分析思维、解决问题、领导能力等⑦。（7）素质是导致高管理绩效的知识、技能、能力以及个性、价值观、动机等个人特征⑧。（8）素质又称"能力""资质""才干"等，是驱动员工产生优秀工作绩效的各种个性特征的集合，它反映的是可以通过不同方式表现出来的员工的知识、技能、个性与内驱力等。（9）素质是判断一个人能否胜任某项工作的起点，是决定并区别绩效差异的个人特征⑨。王建民、杨木春在新浪博客中撰文《中国胜任力研究 10 年（2001—2011）审视》指出了关键词 Competency

---

① Spencer L. M. & Spencer, S. M., *Compentence at Work*, New York：John Wiley and Sons, 1993, pp. 9 - 12.

② Mcclelland, D. C., "Testing for Competence Rather than for Intelligence", *American Psychologist*, August, 1973, pp. 1 - 14.

③ 可参阅 American Management Association （AMA）, Mcber Inc （1979）给出的定义。

④ McLagan, P. A., "Competency Models," *Training and Development Journal*, 1980.

⑤ Spencer, L. M. & Spencer, S. M., *Competence at Work：Models for Superior Performance*, New York：John Wiley & Sons, 1993.

⑥ Parry, S. B., "Just what is a competency? And why should you care?" *Training*, 1998.

⑦ Mirabile, R. J., "Everything you wanted to know about Competency Modeling", *Training and Development*, 1997.

⑧ 廖志豪：《基于素质模型的高校科技创新型人才培养研究》，博士学位论文，华东师范大学，2012 年，第 32 页。

⑨ 彭剑锋：《员工素质模型设计》，中国人民大学出版社 2003 年版，第 13 页。

和 cmpetence 有不同的理解和说法，并指出关于胜任力的研究中最常见是胜任力、胜任特征和胜任素质三种，并归纳了国内外学者对于素质（Competency，Competence）的概念及内涵之间的比较[①]，具体内容详见表 1－1 所示。

表 1－1 国内外代表性学者对 competency 或 competence 的概念定义

研究者	定 义
时 勘	胜任特征：能将某一工作（或组织、文化）中有卓越成就者与表现平平者区分开来的个人的潜在特征；胜任特征是能把某职位中表现优异者和表现平平者区别开来的个体潜在的、较为持久的行为特征（Behavioral Characteristics）
王重鸣	胜任力特征：导致高管理绩效的知识、技能、能力以及价值观、个性、动机等特征（KSAOs），即管理胜任力
安鸿章	胜任特征：是指根据岗位的工作要求，确保该岗位的人员能够顺利完成该岗位工作的个人特征结构，它可以是动机、特质、自我形象、态度或价值观、某领域知识、认知或行为技能，且能显著区分优秀与一般绩效的个体特征的综合表现
彭剑锋	胜任力：胜任力是驱动一个人产生优秀绩效的个性特征的集合，它反映的是可以通过不同方式表现出来的个人的知识、技能、个性和内驱力等。胜任力是判断一个人能否胜任某项工作的起点，是决定并区别绩效差异的个人特征
赵曙明	胜任力：个人所具有的对工作绩效有显著贡献的一系列特质。企业经营者胜任力：从事企业经营管理工作的人应当具备的能够为企业创造高绩效的心智模式、价值观、个性、兴趣，以及能够使其胜任岗位的知识、技术、能力等

① 王建民、杨木春：《中国胜任力研究 10 年（2001—2011）审视》，新浪博客（http：// blog. sina. com. cn/s/blog_ 48be01310102e1wa. html）。

续　表

研究者	定　义
章　凯	胜任力:在特定工作岗位、组织环境和文化氛围中绩优者所具备的可以客观衡量的个体特征及由此产生的可预测的、指向绩效的行为特征。其特征结构包括个体特征、行为特征和工作的情景条件
萧鸣政	胜任力:胜任力是指在特定工作岗位、组织环境和文化氛围中高绩效者所具备的可以测量与开发的个体特征,它们能够将高绩效者和一般绩效者区分开来,其中有潜在的个体特征,也有外显的个体特征
戴维·麦克莱兰	competence/competency(胜任力):能区分在特定工作岗位、角色或者情境中绩效水平的个人潜在的特性
莱尔·斯潘塞和西格尼·斯潘塞	competence(胜任力):人格中潜在的、深层次的并且持久的个人特质,能够预测一个人在广泛多样的情境和工作任务中的行为与工作绩效,能够预测哪些人能做得好和哪些人可能做不好。这些特质与效标参照组的工作绩效,具有高度的因果关系
理查德·博亚茨	competency(胜任力):一个人具有的并用来在某个生活角色中产生成功表现的任何特质,这种个体的潜在特征,可能是动机、特质、技能、自我形象、社会角色或者知识
合益集团（Hay Group）	competency(胜任力):能够把平均绩效水平者和高绩效者区分开来的任何动机、态度、技能、知识、行为或个人特点
美国管理协会（American Management Association）	competency(胜任力):在一项工作中,与达成优良绩效相关的知识、动机、特征、形象、社会角色和技能。

以上对胜任力概念的不同释义大致可以归为三类：第一类是胜任力是个体潜在特质；第二类强调的是胜任力构成要素及其显性行为特征；第三类是既表示潜在特质又有显性行为特征，其共同点在于胜任力是与卓越绩效行为密切相关的一系列素质特征和行为。

（二）英国学者 Woodruffe 为代表的行为论

行为论代表者认为，素质是人们在履行工作职责时的相关行为表现，是个体的潜在特征为满足工作标准的行为输出，是特定情境中个体对知识、技能以及动机等要素的实际运用和具体行为表现。持这种观点的研究者对素质的定义有：

1. 英国职业标准计划认为素质是对处于某一特定工作领域中工作的个体应该能够达成的事情的描述，即对保证个体有效胜任工作的外显行为的表达。

2. Fletcher 认为素质是有能力且愿意运用自己的知识、技巧来执行工作的行为，这些行为是具体的、可观察到并能证实的，并且能可靠地、合乎逻辑地归为一类。[①]

3. 素质是指个体相对稳定的行为，由这些行为所创立的程序可以使组织了解和适应新的环境要求，并对环境加以改变以更好地满足不同利益的需要。[②]

4. Mansfield 认为素质是精确、技能以及特性行为之描述，员工必须依此进修，才能胜任自己的工作，并提升自我的绩效表现。[③]

5. Green 认为素质是指可以测量的、有助于实现任务目标的工作习惯与个人技能。[④]

6. 时勘认为素质是能够把某个职位中表现优异者和表现一般者区分开

① Fletcher, S. N., *Standards and Competence: a Practice Guide for Employers Management and Trainers*, London: Kogan, 1992.

② 廖志豪：《基于素质模型的高校科技创新型人才培养研究》，博士学位论文，华东师范大学，2012 年，第 33 页。

③ Mansfield, B. & Mitchell, L., *Towards a Competent Workforce*, Hampshire Aldershot: Gower Pub Co., 1996.

④ Green, P. C., *Building robust competencies: Linking Human Resource Systems to Organizational Strategies*, San Francesco: Jossey-Bass, 1999.

来的个体潜在的、较持久的行为特征。①

实际上，无论是以美国学者 Richard Boyatzis 为代表的特征论者还是以英国学者 Woodruffe 为代表的行为论者，表述的都是素质特点的两个不同维度：特征与行为。一个是静态描述，另一个是动态行为过程的具体表述。因此，对素质内涵的界定应该是二者的结合，特征论者主要揭示的是素质构成的要素及特征，而行为论者则是说明了运用素质特征时可能表现出的具体行为过程。尽管在理解上有一些差异，但实际上恰好反映了素质的一体两面特性，两个维度具有内在逻辑性的同时也具有相互统一性且互为补充。

因此，素质的含义可以概括为如下三个方面：

1. 素质是绩效卓越成员所具备的可评估与开发的显性与内隐要素的集合。在其构成要素中，不仅包括显性要素如知识技能，还包括内隐的要素，如人格个性、态度、价值观和态度、社会角色等。

2. 素质与行为之间的驱动关系。素质是驱动人们产生优秀工作绩效的各种个性特征的集合，并通过不同的行为模式反映出来。从投入产出的角度而言，动机、个性、自我形象、价值观、社会角色、知识与技能等素质构成要素共同决定并作用于人的行为，并最终驱动绩效的产生②。因此，绩优工作绩效必然和优良的内在素质之间存在密切相关性。

3. 素质所表现出来的行为特征和方式可以通过个体在具体的工作环境中进行考察认识、分析测量、鉴别比较和评价。

二　素质构成要素及特征

对于素质构成要素的类别划分，不同的学者有不同的理解，如辛立洲在《人才研究论文集》中指出了人才因素结构图，该结构图将遗传素质的

---

① 王建民、杨木春：《中国胜任力研究 10 年（2001—2011）审视》，新浪博客（http：// blog. sina. com. cn/s/blog_ 48be01310102e1wa. html）。

② 彭剑锋：《员工素质模型设计》，中国人民大学出版社 2003 年版，第 17 页。

a，b，c……归类为天赋；将科学文化、技能技巧归为智能；将认识方法、品格修养归为品识；将道德信念、社会观念归为思德；最后将天赋和智能概括为"才"，将"品识和思德"概括为"德"，最后概括成为：才和德两个大的维度①。他将人才的才能因素归纳为 7 种：先天遗传因素、科学知识、技能技巧、认识方法、品格修养、道德信念和修养、社会观念（以政治观念为核心）。这 7 种才能因素叫作才能因子②。这 7 种才能因子又结合为天赋、智能、品识、思德 4 种因子团，最后结合概括为"德、才"两大因子团，且这些因子始终在不停地运动着，这样便构成了人才的最终才能。国内学者陆红军从人才素质测评的角度将素质构成要素划分为政治素质结构、思想道德结构、智体素质结构、能力结构和绩效结构③。庄驹以素质的各个要素在生活中的作用和地位为标准，将素质划分为基本素质（包括身体素质、心理素质、外在素质）、文化素质和专业素质三个方面④。萧鸣政则将素质二分为身体素质（包括体质、体力和精力等方面）和心理素质（包括文化素质、品德素质、智能素质、个性素质及心理健康素质等方面）⑤。

国外学者 Charles Woodruffe 对素质要素进行了两个维度的分类，分别为"硬性素质"和"软性素质"⑥。前者是指人们预期能够达到的工作标准，而后者是指支撑人们足以胜任工作的行为和人格维度。Nordhaug 认为，对素质要素的划分应从任务具体性、行业具体性和公司具体性三个维度来进行⑦。因此，他提出了六类素质范畴，分别是：

---

①　中国人才研究会编：《人才研究论文集》，辽宁人民出版社 1985 年版。

②　周济：《人才学研究纲要》，《人才》1982 年第 9 期。

③　陆红军：《人员功能测评》，上海人民出版社 1986 年版，第 20 页。

④　庄驹：《人的素质通论》，山东大学出版社 2000 年版，第 29 页。

⑤　萧鸣政、［英］Mark Cook：《人员素质测评》，高等教育出版社 2003 年版，第 5 页。

⑥　Woodruffe，C.，*Competent by any other Name*，Personnel Management，Sep 1991，pp. 30 – 33.

⑦　Nordhaug，O.，*Competence Specificities in Organizations*，Studies of Management & Organization，1998（28），pp. 8 – 291.

①综合素质（Meta Competence），主要是指人际技能和管理技能；②内部组织素质（Intra Organization Competence），主要关注行业的文化；③一般性的行业素质（General Industry Competence），主要体现在高层管理人员身上；④标准技术素质（Standard Technical Competence），这种素质主要通过常规教育、职业教育培训和企业内部人事培训等方式获得；⑤职业技术素质（Technical Trade Competence），主要是通过职业教育的方式培养；⑥特殊的技术素质（Idiosyncratic Technical Competence），这种素质可通过正规学习、工作轮换、内部培训等发展得到。

Richard E. Boyatzis(1982) 提出了素质结构模型——"洋葱模型（Onion Model）"（如图 1 - 1 所示）以及与 Lyle M. Spencer、Signe M. Spencer(1993) 提出的"冰山模型（Iceberg Model）"（如图 1 - 2 所示），都形象地揭示了素质构成的核心要素及其特征，在人力测评的素质理论的建构研究中具有广泛的影响，并被看成最基本形态的素质结构模型。

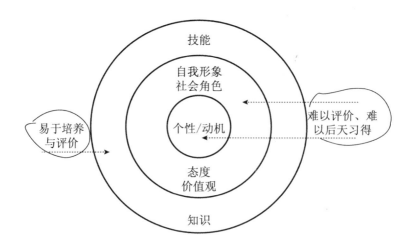

图 1 - 1　洋葱模型（Boyatzis，**1982**）

资料来源：Boyatzis, A. R., *The Competent Manager: A Model for Effective Performance*, New York: Wiley, 1982。

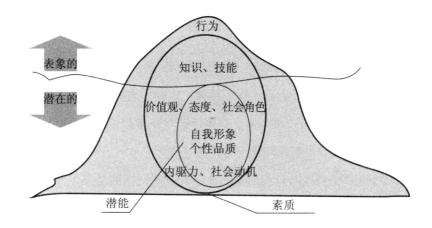

图1-2 冰山模型（Spence & Spencer，**1993**）

资料来源：Spencer L. M. & Spencer, S. M., *Competence at Work*, New York：John Wiley and Sons，1993，pp. 9-12。

洋葱模型将人的素质构成由外而内划分为：知识—技能层、态度价值观层、社会角色层、个性—动机层，处于最外层的知识—技能层最容易观察与评价。因此可以通过培训来获得工作所需的技能。然而，处于最里面两层的个性—动机、价值观与态度、自我形象具有隐蔽性，这些要素往往不易测察，也难以正面进行评价，难以在后天习得。

冰山模型从另一个角度将人的素质构成分为两个部分，第一部分位于海平面以上，包括人的行为以及知识和技能，容易被感知，属于基准素质（Threshold Competence）；第二部分位于冰山水面下，是人们的潜能以及不能外显的素质要素，具体包括价值观、态度、社会角色、个性特质、内驱力以及社会动机，这一部分虽然不容易测察，但往往是区别绩效优异与绩效一般人员的关键要素，属于区分素质（Differentiating Competence）。这两部分共同构成了人的素质的主要内容。

从以上两个基本模型可以得到素质构成的六个基本要素，并可以帮助分析构建其他素质模型的理论基础和基准模型。它一般包括六个要素①：

（1）动机是推动人们为达到一定目标而采取行动的内驱力。会推动和指导个人行为方式的选择朝着有利于目标实现的方向前进，并防止偏离。

（2）品质（或特质）是个体、身体特征对环境和各种信息所表现出来的一贯反应，反映了人们相对稳定的行为方式②。

（3）态度、价值观与自我形象。指个人自我认识的结果，作为动机的反映，可以预测短期内有监督条件下人的行为方式。

（4）社会角色。一个人基于态度和价值观的行为方式与风格。

（5）知识。包括一个人在某一特定领域内所具备的事实型和经验型的信息。

（6）技能。指能够运用知识完成某项特定工作的能力，表明对某一特定领域内所需技术与知识的掌握情况。

从以上洋葱素质模型与冰山素质模型的素质构成要素中，我们大致可以得到素质构成的主要特征：

第一，素质特征及行为具有相对稳定性。从以上两个基本素质模型的构成我们可以看出，素质的构成中的品质是个体表现出来的相对稳定的行为方式，它会在不同的工作情境中表现出相对一贯的行为，是人的品质在行为上的反映，在大多数时间和空间中表现出较为稳定的、恒常并持久的行为。

第二，素质具有可测性。无论是显性的还是内隐的素质，其都表现为一定的行为模式，对于显性要素而言如知识与技能可以较易测察；而隐性的内在要素虽然不容易测察，但还是可以通过有效的方法进行测量，如编制问卷、行为事件访谈、关键事件法、文件筐法等。

---

① 彭剑锋：《员工素质模型设计》，中国人民大学出版社 2003 年版，第 14—15 页。

② 特质（trait）是一个人天生且相对稳定的行为方式，由先天遗传所得，而品质受到后天环境的改造影响。

第三，素质与工作绩效具有内在驱动关系。在人才测评中，高素质的人才往往表现为高绩效的工作。不同的素质要素及其构成与个体的工作绩效之间具有内在的驱动关系。因此，我们可以通过对高素质的人才进行测查，通过有效的方法比如行为事件访谈法（Behavioral Event Interview，BEI），从关键行为中找出与其关联性较高且相对重要的素质构成，从而有效地将一般性的个体与优秀个体区别开来，为人才鉴别、比较、评价提供相应的测评指导方案，同时也有利于在人力资源与管理过程中实现对人的潜能培养与挖掘。

三　国内对创新型人才素质构成的因素特征研究

（一）王通讯对人才成长因素特征的阐释

人的成才与成功受到内在要素与外在要素的制约与影响。然而，内在要素是制约人才成长的根本因素，外在要素要通过内在要素起作用。毛泽东曾指出"事物发展的根本原因，不是在事物的外部，而是事物的内部，在于事物内部的矛盾性"。因此，人才成长规律中，内在要素是主要方面，但外在因素又会对内在要素起反作用，人才的成长与成功是内在要素与外在要素交互起作用的结果。王通讯在《人才学通论》中指出了人才成长与成功的内在要素：德、识、才、学、体；外在因素包括：人—时关系、人—地关系、人—人关系、人—物关系[①]。

王通讯指出，在人才成长的内在要素中，德是人才的灵魂，它包括三个层次：个性心理品质、伦理道德、政治品德。他还提出人与自然环境之间的道德关系"生态道德"或"环境道德"，并提出了"进取性道德"的概念，他认为进取性道德指的是一种对未知领域（自然、社会、人的思

---

① 王通讯：《人才学通论》（第二卷），中国社会科学出版社2001年版，第67页。

维）锐意进取的探索精神，与人与人关系中的"进攻性"或"追名逐利"毫不相干，是以科学态度研究科学问题的一种治学品德。同时他还认为进取性不等于好高骛远，而是从客观实际和自我能力实际出发，是主观与客观相一致。进取精神与谦逊态度是并行不悖的。他认为科学人才的伦理道德集中体现在以其学识为人类进步的事业服务上。

识。指的是见识，包括三个方面的内容，分别是：能看得准时代的前进方向；善于驾驭各种环境；抓得准业务领域内具有关键意义的课题；有较高的审美能力、鉴赏力、辨别力。科学家的识，表现在对自然规律的掌握和科学发展方向的预见。他尤其看重鉴赏力、审美能力对科学研究者所起的十分重要的作用。

才。指的是才能，指的是在已有知识基础上，通过劳动（脑力和体力）而形成的技能的高度发展，包括两大系统：智力技能系统（如计算技能、写作技巧、决策才能、分析能力等）、操作技能（如雕塑技能、射击技能、表演技能、驾驶技能）。他指出科学研究工作中，技巧、方法问题是相当重要的，实验是科学之母，缺乏实验才能、计算才能、分析判断才能等，就会阻碍一个科学人才的发展。科学研究方法、杰出的记忆力、观察才能、观察与思考相结合、抽象思维能力、推理能力、独立思考、思维批判性、丰富的想象力、创新能力、提出问题的能力、辐射（辐集）思考、反向思考、分合思考，是人才才能结构中的重要组成部分。

学。指的是各科知识，包括社会科学知识、自然科学知识、思维科学知识、数学和文学艺术知识以及对它们的概括和总结——哲学知识。非学无以广才，非学无以明识，非学无以立德。同时还包括实践知识。

体。指的是身体，是人才成才的物质基础。歌德说："身体对创造力至少有极大的影响。过去有一个时期，在德国，人们常把天才想象为一个短小瘦弱的驼子。但是我宁愿看到一个身体健壮的天才。"

王通讯总结并指出德、识、才、学、体之间的辩证统一的关系。德是人才的灵魂，是人才之本。体是人才成长的物质基础。德、识、才、学四者中，学又是最基本的。学可以丰才，可以增识，可以益德。才能增长较易，见识增长较难。无才往往事倍而功半，无识往往缺少创新的勇气[①]。

（二）创新型人才的智力和思维以及人格特征

1. 创新型人才的智力和思维特征

国内学者王莉芳指出创新型人才在智力和思维表现出的特征[②]主要有：（1）创造性活动表现出新颖、独特的特点。没有新颖、独特，也就谈不上创造。（2）思维和想象是创造性的两个主要成分。创造性思维和丰富的想象是发现新问题的起点。没有新问题的发现，就不可能引发创造性活动。（3）在创造性思维过程中，新形象和新假设的产生带有突然性，即人们通常说的灵感。（4）在思维和意识的清晰。

2. 创新型人才人格特征

麻盼盼认为创新人格是指个体是在创新活动中所具有的一定倾向性的心理特征的总结，是对个体的心理和行为具有调节作用的个性特质，个性特征是通过意志、情感对创新活动中个体的心理和行为起调节作用的系统[③]。

房国忠、王晓钧的研究认为各类创新型人才具有 8 种共同人格特征，主要有：高自我实现的需要（高成就动机）；广泛而稳定持久的兴趣（志趣）；勤奋、有责任心；积极的情感，高度的情绪自控力；强烈的好奇心和求知欲；有竞争意识与危机感；自信心强，坚韧有毅力；有勇气，果断，敢于冒险。前两种属于人格特质中的个性倾向系统，后六种特质则是

---

① 王通讯：《人才学通论》（第二卷），中国社会科学出版社 2001 年版，第 189 页。
② 王莉芳：《创造性人才的特征及其培养途径》，《山西高等学校社会科学学报》2002 年第 5 期。
③ 麻盼盼：《创新型科技人才及其素质特征》，《山东省农业管理干部学院学报》2012 年第 2 期。

个性心理特征。①

　　廖志豪基于对87名创新型科技人才的实证调查得到了14项创新型科技人才的个性品质：好奇心强、求知欲强、抱负心强、进取心强、自信心强、刻苦、勤奋精神、执着、抗挫、坚韧不拔、勇于标新立异、不迷信权威、废寝忘食的钻研精神、严谨求实精神。这些优良的品格是进行科技活动的动力之源。②

　　（三）创新型人才的创新素质特征

　　罗辑壮认为科技人才创新素质主要由超前的创新意识、不畏艰险的探索精神、坚韧不拔的奋斗精神、科学的创新方法构成。③

　　麻盼盼认为创新型人才的创新素质特征包括基本素质和创新素质两部分。基本素质包括：科学的世界观、人生观和价值观；多学科的交叉的综合知识结构；科学的方法论。创新素质包括：创新意识、创新思维、创新能力、创新人格。④

　　王养成等人对西安市科技人才创新素质进行实地调查，发现创新人才创新素质分别由三大商数（IQ、EQ、AQ）构成，分别为：较高的智商、良好的情商、不达目的誓不罢休的顽强意志力。以逆境商表征个人的素质特征，分别为：智能素质、调节素质、激励素质、支撑素质（良好的身体素质）。⑤

　　① 房国忠、王晓钧：《基于人格特质的创新型人才素质模型分析》，《东北师范大学学报》（哲学社会科学版）2007年第3期。
　　② 廖志豪：《创新型科技人才素质模型构建研究》，《科技进步与对策》2010年第9期。
　　③ 罗辑壮：《科技人才创新素质的构成与培养》，《科技与管理》2003年第4期。
　　④ 麻盼盼：《创新型科技人才及其素质特征》，《山东省农业管理干部学院学报》2012年第2期。
　　⑤ 王养成、赵飞娟：《基于3Q的四维度创新型科技人才素质模型》，《科技进步与对策》2010年第9期。

四　企业创新人才素质特征的研究

国内一些研究者对企业创新人才的素质特征进行了分析，但看法各异。如研究者吴冰等对企业的领导层、管理层、高级技术人员和高级操作工人层进行了研究，他认为终身学习能力、理念、策略和务实创新的能力、信息化运作能力、非凡和务实的领导能力、灵活的应变能力、承受压力的能力、团队协调的能力是企业创新人才基本的素质特征。[①]

邢永君等从三个方面归纳了企业创新人才基本的素质特征：基本素质（包括职业道德和品德素质、专业知识技能与文化素质、心理素质、市场观念、能力素质、创造性思维）、聚焦思维（以某一问题为焦点，多方位、多角度、多层次地探索达到目标的途径以及解决实施过程中遇到的各种难题的思维过程，具有超前性、严密性和持续性）、知识开发能力（包括知识的获取、消化、表达和运用四大基础能力系统）。[②]

刘晓农等通过研究和分析大量的文献，将企业创新人才素质特征分为智力因素和非智力因素两个类型，包含认知、思维与个性心理三方面的内容，并对科技创新人才素质特征进行了描述。[③]

五　高校创新型人才素质特征的研究

国内对高校科技创新型人才研究较少，较有代表性的研究有：

黎志华、翁庆余、孙首臣、彭晨阳等对高校学科带头人应具备的素质特征进行了描述，包括良好的人格形象、具有远大的理想和高尚的敬业精神、有领先的学术水平、科学的思维和永无止境的创新精神、国际视野、

---

① 吴冰：《未来企业人才素质特征》，《人才开发》2002 年第 12 期。
② 邢永君、岳秀英：《浅谈企业创新人才素质及培养》，《鲁石油化工》2004 年第 3 期。
③ 刘晓农：《企业科技创新人才内涵及素质特征分析》，《生产力研究》2008 年第 1 期。

有广泛的交往能力和组织协调能力①②③④。

　　李嘉曾从共性和个性两个方面探讨了多个学科拔尖人才的素质特征。他认为拔尖人才通常在德、智、体、美诸方面皆具备上佳素质⑤。

　　王广民等对84名创新型科技人才的典型特质进行了研究，得到了55种关键特质，他们的研究还表明创新意识和创新能力、深厚的专业积累与稳定的研究方向、敏锐的观察力、严谨的方法和系统思维能力是创新型科技人才的4个典型特质。经过频次分析，发现以下特质出现的频次最高：创新意识与创新能力、科技综合能力、深厚的专业知识、洞察力与观察力、坚强的意志、丰富的想象力、强烈的好奇心、富有创造力、独立性强、科学实践能力强。⑥

　　廖志豪基于对87名创新型科技人才的实证调查研究，探索性地构建了创新型人才的素质模型，主要包括以下要素：知识要素族、思维要素族、个性要素族、能力要素族等四个要素族群，并认为各素质构成一个相互联系、相互支撑的有机整体并对科技创新型人才的培养提出了建议。⑦

　　综上所述，归纳起来，国内学者对创新型人才素质特征的研究具有以下几个方面的特点：

　　一是对科技创新型人才的内涵和特征认识把握不一致。由于不同的研

---

　　① 黎志华：《创新人才的素质特征与高等学校人才培养改革》，《大学研究与评价》2007年第3期。

　　② 翁庆余：《科技创新人才的素质特征》，《现代大学教育》2002年第5期。

　　③ 孙首臣：《浅议高校学科带头人的人才特征与成才环境》，《江汉石油学院学报》（社会科学版）2002年第3期。

　　④ 彭晨阳、周蒲荣：《创新型高级人才培养模式探讨》，《研究与发展管理》2008年第1期。

　　⑤ 李嘉曾：《拔尖人才基本特征与培养途径探讨》，《东南大学学报》（哲学社会科学版）2002年第3期。

　　⑥ 王广民、林泽炎：《创新型科技人才的典型特质及培育政策建议》，《科技进步与对策》2008年第7期。

　　⑦ 廖志豪：《创新型科技人才素质模型构建研究——基于对87名创新型科技人才的实证调查》，《科技进步与对策》2010年第9期。

究者对于所界定的科技人才研究对象的范围和层次、人才选择和确定的标准各有取舍，因此对于科技创新型人才的素质特征的认识存在偏差。因此，无论从理论上进行探索还是在实证研究上进行建构，其研究结果都会有所不同。

二是对科技创新型人才的素质构成以及内部的各要素之间的关系描述失于简单，没有根本揭示各能力素质特征的重要性。许多研究者仅基于理论的分析和探讨，对科技创新型人才素质结构的"应然"素质构成进行分析，而没有对科技创新型人才的"实然"素质构成进行研究。因此，对科技创新型人才内部结构的把握不够深入，没有揭示出素质与创新行为之间的关系。

三是研究结果主观随意性较大，在实践应用方面缺少可操作性。从人才测评的角度而言，科技创新型人才素质特征测评指标要素多是一级指标维度，较为主观且笼统，对素质特征与行为之间的关系缺少细致刻画。因此，无法从操作层面上反映人才内部要素特征构成及其创新行为过程的规律和特点，人才测评的信度、效度和区分度均难以保证。

四是绩效预测性差。现有的素质评价体系不具备有效区分绩效优秀与绩效一般人员的特性，因而对创新型人才未来的工作绩效预测性较差，尚未开发出能揭示创新型科技人才心理特征的评价量表。

五是研究方法较为单一。在素质构建上采用较多的研究方法是定性研究方法，很少对创新型人才进行定量模型建构，更没有将定性研究与定量研究相结合来深入探讨模型构建的科学性。

六是将关注的重点放在创新型人才的"贡献"和"结果"上，而较少关注创新型人才"创新能力"发挥的过程及其内外部影响因素。

六 与科技创新型人才相关的评价研究

(一) 从创造力的视角对科技人才进行的评价

国内研究者对科技人才评价具有代表性的是傅世侠、罗玲玲在《建构科技团体创造力评估模型》一书中依据创造心理学研究范式,从微观视角,以规模较小且组织相对紧密的科研课题组为研究对象,侧重从课题组成员的内在心理因素、团体组织因素,特别是团体环境氛围因素的互动关系,揭示科技团体创造力多因素结构特点及其动力机制,该模型运用创造力测验与深度访谈等心理学的方法进行了较大样本的调研,从而构建了一个描述科技团体创造力的探索性概念模型。其中心理学的研究视角对本书具有借鉴和参考作用,该研究虽然采用实证方法提出了概念模型,但缺少对模型本身的验证。[①]

(二) 关于人才评价指标体系的研究

陈韶光等参考国家百千万工程、中科院百人计划等的评价指标和标准,同时参考国内外多套考核指标体系,经过前后两轮专家咨询,得到一个由思想素质、学术水平、工作能力、工作成绩 4 个一级指标、19 个二级指标组成的优秀中青年科技人才评价指标体系。[②]

李光红、杨晨通过对高层次人才的内涵、特征和相关理论的分析,建立了由知识水平、心智模式、基本素质、能力结构和业绩成果 5 个基本要素组成的高层次人才评价指标体系。[③]

[①] 傅世侠、罗玲玲:《建构科技团体创造力评估模型》,北京大学出版社 2005 年版,第 4 页。

[②] 陈韶光、徐天昊等:《优秀中青年科技人才评价研究与应用》,《科技管理研究》2001 年第 2 期。

[③] 李光红、杨晨:《高层次人才评价指标体系研究》,《科技进步与对策》2007 年第 4 期。

刘振华对科技人才绩效评估方法进行了研究，他认为科技人才绩效评估应采用包括源生指标、追加指标、派生指标和支撑指标在内的四级指标体系。①

徐福缘等指出，企业员工知识创新能力评价指标体系主要包含直接或间接与此相关的各项指标，可以分为基础知识把握力、创新智力、创新意识力和创新方法运用力。②

李思宏、罗瑾琏等从科技人才评价和选拔角度，在分析国内外科技人才评价和选拔体系中存在的问题和矛盾的基础上，系统研究了人才特质、科研积累与资助效益间的关联，并从人才特质、科研积累和课题要求三个维度构建了科技人才评价与选拔体系。③

丁月华等人针对创新型人才评价问题，在专家咨询和问卷调查基础上，构建了评价指标层次结构模型，应用层次分析法计算出指标权重。结果表明：创新意识和钻研精神是评价创新型人才最重要的指标，文化素养、想象能力、创新思维、进取意识、兴趣爱好是评价创新型人才比较重要的指标。④

（三）对文献研究的评价

从以上研究可以看出，关于创新型人才评价的文献，其视角大多集中在创新型人才特质及业绩成果评价等方面，人才评价具有以下特点：

1. 逐步由定性评价向量化评价研究转变，但主要以绩效评价为主。

2. 对科技创新型人才概念界定模糊。目前研究中，对"科技人才""创新性人才"以及"科技创新型人才"等概念在名称、定义和选择上有

---

① 刘振华等：《科技人才绩效评估方法研究》，《科研管理》2007 年 3 月增刊。
② 徐福缘等：《企业员工知识创新能力模糊综合评价体系》，《科学管理研究》2004 年第 1 期。
③ 李思宏、罗瑾琏等：《科技人才评价与选拔体系构建思路》，《科技进步与对策》2009 年第 14 期。
④ 丁月华等：《基于层次分析法的创新型人才评价体系》，《中北大学学报》（社会科学版）2011 年第 2 期。

各自不同的理解，必然会对"科技创新型人才"评价和选拔的客观性、公正性和适用性造成先天性障碍。

3. 在评价体系设计中（包括指标体系、标准体系和权重体系）。现有文献指标体系的构建具有一定的主观性和随意性，缺乏必要的理论支持和科学性，尤其在价值观、能力、态度等指标上缺乏理论支持和有效度量，造成能力指标设计交叉和重叠，同时夸大了绩效指标对于人才评价的作用。

4. 国内关于人才评价的研究较多基于创新型人才的范围与创新成果的统计角度，并以此构建相应的评价体系和评价标准，其评价体系由于研究对象的侧重点不同而表现出很大的差异，已建构的评价指标体系大多数是基于理论的探讨，评价体系大多数缺少实践操作性。

5. 由于还没有探查清楚科技创新型人才的素质结构本身，因此目前还没有看到对科技创新人才素质特征及行为评价量表的研究报道。

第三节　本研究所依据的理论与方法阐述

一　素质模型理论

（一）素质模型的定义

素质模型（Competence Model，CM）（在国内研究中亦有人称作"胜任力模型""胜任素质模型"或"胜任特征模型"）是在素质理论发展的基础上产生的一种人力资源管理实践工具，是为了从事某一职业或担当某个职位的工作，并达成一定的绩效目标须具备的一系列不同素质要素的组合，包括"完成工作所需要的关键知识、技能、个性特征以及对于工作绩效与获得工作成功具有最直接影响的行为方式"[1]。McLagan（1996）认为："素质模型是一种用来描述履行某项特定工作的关键能力的决策工具。在很多情况下，它比工作描述或技能更可靠，比内部感受的目标性更强。"[2] Mansfield，Mitchell（1996）等人认为："素质模型通常是'全息'的，包括对某个职务工作角色的期望，以及不同工作角色之间的关系。它可以凭借比较简要的方式描述完成一项工作所涉及的各个方面，如技术性的要求、对例外情况的处理、对不同工作行为关系的处理、处理工作环境的各种关系的能力，等等。"[3][4] 因此，素质模型通常是作为一种人力资源工具来解决关于人员甄选、培训与开发、评估与继任计划等多方面的问题。现代人力资源开发与管理的理论研究与实践领域将素质模型的建构大致划分为两种类型：

第一种类型是不同的社会组织针对组织内部的岗位系统而建立的分层分类的员工素质模型，并将其作为组织人力资源管理系统设计的重要基础。这类素质模型通常与组织的独特文化、核心竞争力等组织要素密切相关而具有个性化特征。其主要目的在于通过建立员工的素质模型，为组织发现和衡量其所应该具备与实际具备的核心能力提供统一的识别标准系统，在构建组织的核心竞争力与培养员工的职业素养、知识和能力等关键素质要素之间架设起一道联系的桥梁，以便于使组织从自己的战略、愿景出发来有效指引和规范员工的行为。

---

① Sanchez，J. A. ，Lucia D. & Richard L. ，"The Art and Science of Competency Models：Pinpointing Critical Success Factors"，*Personnel Psychology*，Vol. 53，No. 2，2000，pp. 509 – 512.

② McLagan，P. A. & Christo，N. ，"A New Leadership Style for Genuine Total Quality"，*Journal for Quality & Participation*，Vol. 19，No. 3，1996，p. 14.

③ Mansfield，B. & Mitchell，L. ，*Towards a Competent Workforce*，Hampshire Aldershot：Gower Pub Co. ，1996.

④ McLagan，P. A. & Christo，N. ，"A new Leadership Style for Genuine Total Quality"，*Journal for Quality & Participation*，Vol. 19，No. 3，1996，p. 14.

第二种类型是针对某类职业的从业者或某些具有共性特征的群体而建立的通用素质模型。如管理咨询师通用素质模型、执业医师通用素质模型、中学教师通用素质模型等均可视为通用素质模型。建立这种素质模型的意义在于：

其一，即使所处地域、文化背景、行业类型不同，从事同类工作的绩优标准以及支持其实现的素质要求，也都具有某种意义上的一致性和通用性。因此这种素质模型对确立从事该职业领域的素质要求，并为不同地域、文化背景及行业中的同类人员进行标杆基准比较提供了可能。

其二，素质模型实际上为某个组织内发现与衡量它所应具备与实际具备的核心能力提供了统一的工具，也为组织中各业务系统认识和了解企业的核心能力，以及自身在企业中的价值定位与贡献建立了共同识别的语言系统。①

两种类型素质模型的构建原理差异不大，其构建模型的方法主要是通过采用人力测评的技术手段来识别业绩优秀者与业绩普通者在知识技能、动机、个性、自我形象、人格特征、态度、价值观等方面的主要差异，并将获得的数据进行量化处理，从而得到人力资源开发与管理领域内具有实践价值的可操作化的模型体系。

（二）素质模型建模路径和方法

第一种建模思路和途径源自 McClelland/McBer 咨询公司及哈佛商学院在素质模型建构研究中所采用的研究路线。这种思路强调识别成功的工作绩效所需要的个人特质与其他特征，通常选择那些拟构建素质模型目标职业中的高绩效工作人员，采用行为事件访谈的方法来收集数据资料，从中提炼出具有共性的素质特征及其要素。其隐含的假设是先确定出高绩效人员的"绩优标杆"，接下来按照高绩效组人员的素质特征要求来提高目标

---

① 彭剑锋：《员工素质模型设计》，中国人民大学出版社 2003 年版，第 29 页。

人群的工作绩效。这种方法是目前素质模型开发中最为经典的途径。

第二种建模思路是基于组织中核心价值观来建构组织需要的员工素质模型。致力于塑造与所在组织文化相适应的员工,前提是组织必须有经过检验的核心价值观并且已经形成相对稳定和鲜明的组织文化。组织对于文化的进一步解构和分解使其转化为员工的素质行为,从而直接形成了核心价值观制度以及与其相关的员工素质行为描述。这种思路开发的素质模型的最大优点是可以提示"冰山模型"的深层次素质特征。这种建模路径已广泛应用于商业实践。

第三种建模思路是基于"人—职—组织"相匹配原理,根据行业的关键成功因素(Key Success Factors,KSFs)来开发素质模型。其关键在于识别并获取行业关键成功因素并将其转化为与职位相对应的素质要素体系①。这种构建的方法主要是根据组织中不同的职位要求和任务要求的具体性来进行构建的。

以上三种途径中第二种、第三种途径主要是一些企业、政府机构或第三部门等素质模型的应用主体借鉴已有的、比较成熟的素质模型,将其进行修正以适用于本组织的实际情况或者根据组织自身的实际需要自主开发的素质模型。后两种途径构建素质模型简单快捷,但由于开发过程在很大程度上依赖相关人员的经验和主观感知,其信度和效度不一定具有很好的保证。第一种建模方法由于强调使用科学而系统的方法采集和分析数据,因而能够比较精准地识别某类职业或职位上的高绩效者所表现出来的素质和行为特征,因而构建的素质模型具有较高的信度和效度。

围绕着以上几种路径建模的思路和方法,素质模型已经演化为多种具体的方法。如表1-2所示,Dubois(1993)②归纳总结了几种方法:素质

---

① 廖志豪:《基于素质模型的高校科技创新型人才培养研究》,博士学位论文,华东师范大学,2012年,第43页。

② Dubois,D.,*Competency-based Performance Improvement:a Strategy for Organizational Change*,Amherst,Mass:HRD,1993,pp. 75 – 107.

评价法、修正的素质评价方法、定制的通用模型方法、可变的素质模型法、可经改造的通用模型方法。

表1-2　　　　　　　　　较具代表性的素质模型建模方法一览

方　法	建　模　要　点
工作素质评价法 （Job Competence Assessment Method）	主要是采用行为事件访谈技术对相关人员进行面对面的深度访谈以采集数据资料，识别目标职业或职位上高绩效者所表现出来的行为特征，以此为基础发掘其素质特征并构建素质模型。这种方法也是 McClelland 及其研究小组在素质模型的研究开发过程中所使用的方法
修正素质评价方法 （Modified Job Competence Assessment Method）	这种方法与素质评价法的区别在于：在采集相关数据资料时不是采取面对面访谈的方式，而是由绩效优异者和绩效一般者每人提供一份其在工作中关于关键事件的书面描述文件，素质模型研究开发人员以此为基本材料从中发掘导致工作成功的关键素质特征
通用素质模型方法 （Customized General Competence Model Method）	由研究人员通过试验性的辨认识别所有可能的概括性素质要求（这些素质要求能够充分说明某一职务绩效优异者与绩效一般者的区别），并列出素质清单，再以组织的环境背景（组织文化、价值观等）和目标职位本身的特点为基础，对这些素质特征加解释来创建素质模型
可变的素质模型法 （Verifed Competence Model Method）	通过搜集组织内部和外部广泛而全面的信息，对组织以及组织中的职位做出未来假设，并以此为依据开发出能够适应组织未来发展的素质模型。这种方法能够得出每一素质项目的职务角色、职务成果、绩效标准以及行为指标体系
可经改造的通用模型方法 （Transformed General Competence Model Method）	该方法并非从零开始来构建相关职位的素质模型，而是通过选择一个人们普遍采用的素质模型，将其直接覆盖或套用在组织内某一特定的角色或者职能之中，或者据组织需要，对模型加以改造后再投入组织使用

（三）模型建构数据资料的采集技术

通过特定的数据资料采集一定的行为方式或行为表现来发掘个体的素质特征是目前研究者们所公认的揭示素质要素最有效的途径之一（Spencer, 1993）①。素质模型构建过程中数据资料采集的方法有多种，如行为事件访谈法、关键事件法、问卷调查法、专家小组讨论法、工作分析法、360 度评价法、专家系统数据库、焦点访谈法和直接观察法等。这些方法具有不同的优点和缺点，如表 1－3 所示：

表 1－3　　　　　　　素质模型建构中数据采集技术的方法比较

方　法	操　作　要　点	优　　点	缺　　点
行为事件访谈法	对绩效优秀者进行面对面访谈，请他们各自描述工作中成功与失败的案例，包括当时的情况或任务、受访者如何处理、结果或成果为何，以从中识别导致工作成功的素质要项，并以此为基础构建素质模型	访谈包含"主题统觉测试"，可以刺探受访者个性与"认知风格"；实证访谈可以证实其他方法所产生的素质特征假设是否正确，并发现新的素质特征；在绩效与影响绩效的素质之间建立某种内在联系	操作过程比较烦琐，时间与金钱成本高，无法大规模进行；访问者须受过训练，使搜集到的资料品质更好；由于访谈侧重于重要工作事件，搜集资料时可能疏忽不重要但却相关的工作任务
问卷调查法	通过文献或访谈等方法编制调查问卷，然后对大的样本就相关的素质项目在工作绩效表现的重要性与所需的能力频次开展调查，再对回收的有效问卷进行信息分析和作出解释	可以快速搜集到充分的资料进行统计分析，成本不太高；研究人员可以用有效率的方式在不同时间研究多项工作，找出工作素质需求趋势；按照素质特征的重要性次序，显示出对杰出绩效而言哪些素质要素最为重要	需要调查者具有较专业的测量与统计知识，同时需要较为丰富的行业经验；调查资料会受限于特定的项目与概念，以至于设计调查的人员会忽略其他的素质要素，而这些要素有时恰是目标职业或职位所需

---

① Spencer, L. M. & Spencer, S. M., *Competence at Work: Models for Superior Performance*, New York: John Wiley & Sons, 1993, pp. 110－120.

续　表

方 法	操 作 要 点	优　点	缺　点
专家小组讨论法	邀请理论研究和实践领域的专家，通过与专家之间的面对面交流，让专家使用头脑风暴法获取大量的职位信息，以此为基础决定完成工作任务所需要的素质要项及绩效优异者的共性素质特征	有利于集中专家的集体智慧，在较短时间内即可获得较多信息；专家会对素质概念、评估方式与变项等有进一步的了解，他们的参与可以协助大家对研究结果产生共识，并支持研究结果	可能使用传统或大家信以为真的价值；专家因缺乏心理学或技术方面的知识，结果可能会有一定的偏差；可获得的专家资源可能有限
关键事件法	让访谈对象自我描述导致其有效工作和无效工作的关键事例，然后将其分解为若干具体的行为，从而确定目标职位所需的相关素质要素	涵盖面比较广，便于抓住工作中那些非常规的和非例行的关键行为；既可观察目标职业或职位的静态信息，也可了解动态特点	具体的操作过程比较费时，由于没有事先区分绩效优秀者和绩效普通者，因而通常不能解释谁能够把工作做得更好
工作分析法	员工或观察者在一段时间内，将工作任务、功能或行动详细列出来，具体形式可以是书面问卷、时间记录表、个人或团体访谈等，以此为素材归纳出与其相关的任务、产出及在工作中表现出来的素质特征	可以就相关工作信息进行比较系统的梳理，从中发掘与其相关的素质要求；通过对观察资料的诠释可以取得工作任务频率与重要性之类的资讯；可以确认或进一步说明其他研究方法所搜集的资料	提供工作的特色而非绩效良好人员的特色；工作任务清单倾向太过仔细，没有区分出真正重要的任务与例行性的活动；操作过程烦琐，费时费力，且往往难以与快速变化的环境相一致

　　具体选择何种方法作为收集资料的主要方法，还需要依据模型建构的实际情况而定。一般而言，在收集资料阶段，往往会综合使用多种方法，这样可以取长补短，避免单一方法在收集资料时的不足，从而更好地保证资料收集时的信度和效度，使最终构建的素质模型具有较好的信度和效

度。因此，保证数据资料获取方法具有信度和效度是构建有效的素质模型的关键。

（四）素质模型检验方法概述

初步建立素质模型之后，还需要确认和检验素质模型，即要保证所建构的模型具有结构效度（Structure Validity）和实证效度（Empirical Validity）。在检验模型有效性时需要采取相关统计技术方法来采集和分析数据，以此来判断初设素质模型是否需要进一步修正。主要检验该初设模型是否囊括样本群体所要完成工作必需的知识、技能、能力、个性等素质特征，模型中素质要素的界定与划分是否清晰、准确，是否是驱动高绩效产生的关键素质要素。

一般而言，检验素质模型方法有效性主要有四种方法：

1. 选择另一个效标样本，再次采用行为事件访谈法来收集数据资料信息，由编码评分结果来判断已建立的素质模型是否可以有效区分第二个效标样本，可以考察其交叉效度（Cross Validity）。

2. 根据素质模型编制评价工具，分析评价第二个样本在该评价工具上的关键素质特征的得分情况，从而比较绩效组与一般组在评价结果上是否存在显著性差异，即实证效度（Empirical Validity）。

3. 从实际采集相同样本或更大范围样本，运用结构方程模型的方法来检验模型构建与实际实测数据的契合性，从而考察检验素质模型的结构效度（Structure Validity）。

4. 可以使用行为事件访谈法或其他测验方法进行人才选拔，或者运用开发的素质模型开展人员培训，然后对其跟踪研究，考察他们在未来工作中是否绩效优良，即考察素质模型的预测效度（Predictive Validity）。

（五）素质模型建构理论在本研究中的作用

近年来，素质模型的建构方法作为一项素质建模的方法技术，在人力资源开发与管理实践中已经得到大量应用。国内外不少企业、政府、非营利性机构等社会组织纷纷将其作为一种管理理念和基本工具引入人力资源管理体系当中[①]。

素质模型建构理论及采集数据的方法对本研究具有方法学上的指导意义。本研究遵循素质模型建构的经典研究路线，选择高绩效的效标群体作为研究对象，运用行为事件访谈法收集数据资料，建构科技创新型人才素质模型，同时结合其他数据收集的方法和研究路径，如采用素质评价法、文献研究与问卷调查方法相结合，采用实证研究的程序和方法来检验素质模型建构的有效性，检验素质模型与实测数据的吻合程度。因此，本书综合采用各种研究方法来建构素质模型并对其进行评价和检验。

二　创造力理论

创造力本身是一个范围非常广泛的话题，在许多方面对个体和社会都十分重要。个体与创造力相关，体现在诸如解决工作和日常生活中问题的时候。对于全社会来说，创造力可以导致新的科学发现、新的艺术革命、新的技术发明和新的社会规划。创造力是一种提出或产出具有新颖性（即独创性和新异性）和适切性（即有用的、适合特定需要的）的工作成果的能力。[②]

---

① Dubois，D. ，*The Competency Casebook*：*Twelve Studies in Competency-based Performance Improvement*，Washington，D. C. ，Amhrest Mass：HRD Press，1998.

② Sternberg，R. J. & Lubart，T. I. ，*Handbook of Creativity*，New York：Cambridge University Press，1999.

20 世纪 50 年代以来，在 Guilford 的积极倡导下，国外掀起了创造力（Creaivity）研究的热潮，取得了丰硕的理论成果。

（一）创造动机的创造力理论

美国心理学家阿玛布丽（T. M. Amabile）在《创造力的社会心理学》一书中提出了社会心理学创造力构成模型，包括三个必要组成部分：某领域内的相关技能、创造力相关技能和工作动机。[1] 虽然这三个部分理论上都与她的模型相关，但她着重强调了动机，并提出"创造力的内在动机假设"。她认为，创造力需要内在的工作动机，而外在动机则有损于创造力。她研究了学龄前儿童和小学生在语言和艺术上的表现，这些实证研究支持了她的观点。然而，她近年来在组织中的研究发现，某些外在的动机有益于创造力，这意味着内在动机和外在动机也许可以协同作用，共同促进创造力。[2]

伍德曼和斯肯菲尔德特（Woodman & Schoenfeldt）认为，内部动机是个体取得创造性成就的要素之一。[3] 伦克和奇安德（Runco & Chand）同样承认创造性过程中内部动机的必要性[4]。

奇克森特米哈伊（Csikszentmihalyi）认为较高水平的内部动机如果伴随着相对低水平的外部动机，会帮助富有创造性的个体在其所从事的领域更加独立，因为他们不太会为了与别人保持一致而屈从于外界压力。[5] 虽然很多研究表明外部动机使得人们解决问题时缺乏创造性，但是越来越多的研究特别是对奖赏或评价效果的研究表明，外部动机可能在某些情境下

---

[1]　Amabile，T. M.，*Social psychology of creativity*，New York：Springer Verlag，1983.

[2]　参见［美］周京、克里斯蒂娜·E. 莎莉主编《组织创造力研究全书》，北京大学出版社 2010 年版。

[3]　Sternberg，R. J.，& Lubart，T. I.，*Handbook of Creativity*，New York：Cambridge University Press，1999，p. 300.

[4]　Ibid. .

[5]　Ibid. .

对创造力并没有害处。行为矫正学派设计的大量研究显示：在创造性作品的各个方面，奖赏都具有积极的效果。[①] 在上述大多数研究中，参加者被告知如何成功地或"有创造性地"完成特定类型的任务，并且能因这种行为的增加而获得奖赏。

（二）创造性人格特征的创造力理论

乔治·J. 费斯特（Feist）注意到了人格对艺术和科学创造力的影响，他认为关于科学领域里的创造性和人格的关系，一个较为一致的发现是那些高创造性、杰出的科学家比低创造性、不杰出的科学家在"非社会性特质"方面更加倾向于对经历开放，而且思维更灵活。同样地，最有创造力的科学家比那些低创造性的同龄人更加有驱动力、更有雄心，有更高的成就取向。[②]

在"社会性特质"方面，他的研究结果表明那些在"大科学"（big science）领域内，那些最多产、最有影响力的人将得到越来越多的资源。因此，成功往往是属于那些在竞争环境中努力工作的人，也就是那些权威的、自大的、敌对而自信的科学家。费斯特（Feist）发表了关于一个杰出科学家的结构方程，在这个方程中，由观察者排序的"敌对性"与杰出成就之间的路径是直接的，而"自大的工作方式"与杰出成就之间的路径是间接显著的。科学界精英们同样相对那些低创造性的同龄人更孤僻、以自我为中心、更内向。最后，他得到结论：高创造性人才在人格特质方面更加倾向于容易接受新体验、不守传统、低责任感、更自信、自我接受、高动机、有雄心、专断、敌对、易冲动。[③]

---

① Sternberg, R. J. & Lubart, T. I., *Handbook of Creativity*, New York: Cambridge University Press, 1999, p. 300.

② Ibid., p. 280.

③ Ibid., p. 282.

在一项涉及科学领域里高创造性人物的经典研究中，罗（Roe）发现，高创造性科学家比低创造性科学家表现更高的成就取向和较低的合作性。[1] 艾德森（Eiduson）发现科学家都很独立、好奇、敏感、聪明、带着感情投入脑力工作中，而且相对比较幸福。[2] 查姆博斯（Chambers，1964）发现有创造性的心理学家和化学家往往被贴上"独裁、雄心勃勃、自我满足而且更主动"的标签。[3] 黑尔森（Helson，1971）比较了高创造性的女性数学家与低创造性的数学家，并且控制两组人群 IQ 相匹配。观察者在清楚对方是谁的情况下，把前一组人描述为"有更多的非传统的思维过程、更具反叛性""不盲从"，而且"更少用传统的观点对自己或别人加以评价"。[4] 总的来说，高创造性科学家具有独特的特质：他们普遍更加开放灵活、有动力、有雄心，尽管他们缺乏社会交往，但是当他们与别人交往时，倾向于表现得自大、自信、有敌意。许多人认为，孤独、退缩、独立和傲慢是取得创造性成就的必需条件。[5]

麦金农（Mackinnon）进行了长期潜心研究，逐一研究每个样本，最后得出创造型人才本质的 12 个特征："高自期许和坦率、智力不一定高、开放而自控、女性意向、偏好复杂、偏好知觉活动、偏好直觉、兼好思维与感情两种功能、偏于内向、对事物内涵感兴趣及与人交流、价值偏好理性和美学价值、联想奇特。"[6]

阿玛布丽（Amabile）、巴朗（Barron）、艾森克（Eysenck）、高福（Gough）和马肯农（Mackinnon）注意到一些人格特征往往是创造性人物

---

① Sternberg,R. J. & Lubart,T. I. ,*Handbook of Creativity*,New York：Cambridge University Press, 1999,p. 283.

② Ibid. ,p. 281.

③ Ibid. ,p. 284.

④ Ibid. ,p. 280.

⑤ Ibid. ,p. 280.

⑥ 武青艳、张慧敏：《国外关于创造力的理论及思考》，《中国科技信息》2010 年第 17 期。

的标志性特征。① 这些特征包括：判断的独立性、自信心、被复杂问题所吸引（attraction to complexity）、美学定向（aesthetic orientation）和冒险性。海特纳概括了众多研究结果，提出创造性人物应具有以下一些个性特征：

①不受利己主义干扰，即不竭力追求强权、威望和功绩；②不受冲突、畏惧和强权的干扰，即敢于坚持真理，不怕冒风险；③不受紧张刺激的干扰；④能减少不必要的信息输入，即克服不必要信息的干扰，专心于自己的事业；⑤与集体协作对话；⑥与对象同一，即把要解决的问题作为动力，直至将问题与自我视为同一；⑦扩展个性，将发散性思维与收敛性思维综合地加以运用。

斯腾伯格等在研究中发现，下面这些人格特征比起其他特征来，更有助于创造性行为的产生，即①容忍悬而未决的情境；②克服困难的意志；③成长的意愿；④内在动机；⑤中等程度的冒险精神；⑥愿意为得到认可而努力工作。但他也指出，以上所列并未穷尽创造性个体的所有人格特征，也不是说高创造力个体必须具备所有这些特征。②

（三）创造力结构（成分）理论

1. 吉尔福德（J. P. Guilford）在《创造性才能——它们的性质、用途与培养》一书中提出了智力结构模式，该模式与"创造性才能""创造性思维"密切相关。在他看来，创造力只不过是与人类智力相关的某种能力，并且如同智力一样，也是有多种因素构成的。通过因素分析，吉尔福德形成了智力及其成分的一般理论模式。该模式将人类智力分为运演（包括 5 种心理操作方式，即认知、记忆、发散性加工、收敛性加工和评价）、

---

① Sternberg, R. J. & Lubart, T. I., *Handbook of Creativity*, New York：Cambridge University Press, 1999, p. 284.

② ［美］罗伯特·斯腾伯格、陶德·陆伯特：《创意心理学》，曾盼盼译，中国人民大学出版社 2009 年版，第 154—170 页。

内容（5 种信息内容，即视觉、听觉、符号、语义和行为）和产品（6 种产品，即单位、门类、关系、系统、转化和含义）3 个心理维度。每一维度中的任何一项同另外两个维度中的两项结合，就可构成一种智力因素，这样就最终产生 150 种智力因素。吉尔福德的创造力结构理论，否定了历史上一贯残留的关于人的创造性或创造力的种种神秘观念，而且在实践上对一般人的创造力开发训练工作产生了广泛而又深远的影响，其丰富的理论思想体系几乎已经成为创造学和创造心理学一切研究的理论前提。①

2. T. M. 阿玛布丽于 20 世纪 80 年代提出个体创造力结构模型。她将创造力描述为内部动机、专业领域相关的知识和能力（领域技能）以及创造力相关的技能（创造技能）三者的汇合，她同时认为该模型"既可用于个人，也适合于小团体"。阿玛布丽假设，这一创造力模型（她称之为倍增模型，Multiplicative Model）的三要素在创造发生过程中都是必要的，而且它们不仅必须全部存在，每一要素的水平高低还都会影响到整体创造力水平。这些要素可以概念化地表述为一个个圆圈。圆圈在哪里重叠，哪里就会产生创造。她同时还证明了以内在动机为动力的人，要比以外在动机为动力的人更有创造性。②

后来，她又建构了一个评估团体创造力的概念模型，设计了与创造力相关的环境氛围评估工具，称作"工作环境调查表"（Work Environment Inventory，WEI，1987），后来修订成为"创造力氛围评估表"（Assessing the Climate for Creativity，即 KEYS，1995）。该量表共包括 78 道题，涉及 8 项测量指标。其中 6 项是促进创造力的指标，即组织激励、充足的资源、自主性、挑战性工作、管理激励、工作团队支持。另有两项阻碍创造力的指标：组织缺陷、工作负担压力。KEYS 量表经过复测信度和关

———————

① ［美］J. P. 吉尔福德：《创造性才能》，施良方、沈剑平、唐晓杰译，人民教育出版社 2006 年版。

② Amabile, T. M., *The Social Psychology of Creativity*, New York：Spingerr-Verlag，1983.

联效度、区分效度检验，均可达到理想的结果，至今为许多组织修订后广泛使用。

Gruber 等人发展了阿玛布丽的这一理论，提出了一个理解创造力的发展性进化系统模式。该模式包括个体的动机、知识和情感三个子系统。动机系统主要指个体感兴趣的一系列目标，它引导行为的发展；知识系统随着个体问题解决经验的积累不断地完善和更新；情感指的是在行为和获取知识过程中体验到的快乐感和挫折感。三者多次交互作用最终产生创造性产品。①

3. J. F. Feldhusen 提出了创造力包括三个方面，即知识基础、元认知技能和人格因素。② Rose 基于量子力学理论，提出了一个创造过程的模型。这种模型认为，创造过程、创造性产品和创造性个人由统一的纯知觉场（The Unified Field of Pure Consciousness）有机地结合起来。从创造性的过程来看，经历了孕育、思维、行动、成就、实现五级水平；从创造性的产品来看，包括新的知识、创造性想法、信息、可能性、自我概念、洞察力等；从创造性的个人来看，包括人格、情感、自我、智力等因素。美国著名心理病理学家西尔万诺·艾赖尔蒂（Silvano Arieti）在其被誉为研究创造力的最重要的一部著作《创造力——神奇的综合》中提出，创造力是心理的一种综合能力，创造力的心理结构是由想象、无表象认知（意念）、原始思维和逻辑思维等多种心理功能相互渗透、彼此沟通而形成的一个动力性工作系统。

4. 奇克森特米哈伊（Csikszentmihalyi）提出与传统观点全然不同的新观点，即关于创造力的"系统模式"观点，并突出强调个体、专业和领域的交互作用。为了产生创造力，一系列法则和实践必须由专业传递给个

---

① Gruber, H. E. , "The Evolving Systems Approach to Creative Work", *Creativity Research Journal*, January, 1988, pp. 27 –51.

② Feldhusen, J. F. , "Creativity: A Knowledge Base Meta Cognitive Skills, and Personality Factors", *Journal of Creative Behavior*, Vol. 29, No. 4, 1995, pp. 255 –268.

体，个体必须在专业内容上产生一种新的变异，该变异必须由该领域作选择以决定是否包含在该专业之内。在他看来，我们并不是要问"什么是创造力？"而是要问："创造力在哪里？"而且他认为，所谓创造力，只能是由个人所熟悉或从事的"专业"、"业内人士"和"个人"这三方面因素共同组成的"系统"，以及其间的"相互作用中才能观察到"。具体而言，即一个个体从某个专业获得信息，通过认知过程、人格特征和动机把这些信息加以转换或扩展。领域（field），是由控制或影响一个专业的一群人（如艺术批评家和展厅拥有人等）组成的，这些人对新的想法进行评价和选择。专业（domain），从文化的角度看是一个符号系统，承担着把创造性产品保存并传递给其他个体和后代的责任。他反对以往研究中仅从"个体人"来看待创造力的孤立视角，而将创造力置于包括社会文化背景在内的一种"系统"中来对待和考察。①

5. 斯腾伯格和陆伯特提出的创造力投资理论。创造力投资理论主张，有6个基本元素汇合形成创造力：智力、知识、思维风格、人格、动机、环境。智力只是6种力量中的一种，在6种因素交汇时产生创造性思维与创造性行为。这种理论认为，智力的三个方面是创造力的关键：综合（synthetic）能力、分析（analytical）能力、实践（practical）能力。这三方面的成分来自斯腾伯格关于人类智力的三元智力理论。它们被看成相互作用的，并在创造性的功能中共同起作用。这六种元素或成分在人的创造性活动中具有不同的角色，即创造力产生的六大心理资源。②③

第一个要素是智力。智力在创造力中起到三个关键作用：综合、分析、实践。第一个作用有助于个体从一个全新的角度来看待问题或者重新

---

① Sternberg, R. J. & Lubart, T. I. , *Handbook of Creativity*, New York：Cambridge University Press, 1999, p. 315.

② Ibid. , p. 255.

③ 参见［美］罗伯特·斯腾伯格、陶德·陆伯特《创意心理学》，曾盼盼译，中国人民大学出版社2009年版。

定义问题。第二个作用是识别新创意的好坏、有效地分配资源，以及完成解决问题的基本步骤。第三个作用是实践性即把产品有效地呈现给观众的能力。

第二个要素是知识。即个体如果要想有创造力，必须对他想要施展创造力的领域有充分的了解。要超越过去，就必须把握现在。否则，个体将面临画蛇添足的风险。关于知识，投资理论认为，知识是一把双刃剑。一方面，为了提升一个领域超出现有的知识水平，一个人需要知识去了解该领域的现有水平，甚至要对已有思想观念提出反对意见，也需要具备知识才能理解已有想法是什么。另一方面，知识可以把一个人推向保守，从而阻碍创造力。因此，创造性眼光不仅取决于所具备的知识，还取决于一个人希望突破已有知识的意愿。

第三个要素是思维风格。他们认为思维风格并不是一种能力，而是个体选择怎样使用能力的方式。富有创造力的个体喜欢"在过程中重组规则"并"质疑社会常规、老生常谈和假设"。这就是人们应对特定问题，甚至面对生活的方式，不是遵循已有规则，而是重组规则；不是简单接受已有规范而是有所质疑。这就是创造性个体的标志。他们归纳了创造性思维风格的以下特点：它是一种倾向，而非能力；在不同的任务和情景下，人们的思维风格也不相同；不同的人，其偏好的强度也各不相同。思维风格很大程度上是社会化的结果；在人的一生中，思维风格会发生变化，并非一成不变；思维风格可以学习形成。一种风格在某些时候可能是合适的，但是另一些时候却不是这样；一种风格在某种环境是合适的，但在另一个环境就未必合适。最后，风格并无好坏之分。

第四个要素是人格特质。一个具备创造力的个体往往显示出一些特定的人格特质。他们的研究发现，创造力不仅仅意味着一种认知或心理特质，还包括了人格特质。人格包括多个方面的内容，如愿意承担合理的风险、容忍不确定的情形、对经历的开放性、坚韧不拔、坚持不懈、相信自己、信念坚定、幽默感等。

第五个要素是动机。动机是个体进行创造性活动的驱动力。内在动机对个体的创造力具有十分重要的作用。内在动机会驱使个体关注任务本身，其动机目标的本质是个体与任务本身的融合。外在动机对个体也具有重要的作用。内在动机和外在动机往往是交互作用的，可以一起对个体发挥作用，而不是相互排斥。

第六个要素是环境。创造力的个体在实现其创造力潜能过程中，必定会遇到一些周围环境的障碍。根据创造力的投资理论。个体的创造力需要"牛市环境"，这是因为创造力是一种需要环境支持、微妙的事物。另外，个体的创造力也需要"熊市环境"，因为创造力需要一定但并非持续的支持，在面对困境时它具有一定的韧性和弹性，也可茁壮成长，因此你可以设置一些障碍物来推动创造力的成长。另外，另一种观点认为促进个体创造力的表达环境是个体和环境变量相互作用而形成的。

以上六种资源和要素对创造性的功能并非孤立的，而是相互影响、相互制约以综合发挥效果。斯腾伯格和陆伯特别强调"创造性得以充分发挥的关键是六种成分的投入水平以及它们之间的凝聚方式。在很大程度上，低创造力的原因在于人们未能投入足够且合适的成分，而只有当这六种成分经过有效组合后才能产生高创造力"①。

（四）对个体创造力测评方法的概述

国外的个体创造力评价研究，结合内容来看方法，大体上可以划分为五类人格测量、个案调查、行为测量、作品分析和主观评估。

1. 人格测量。主要是指通过人格测验的方法来推测一个人的创造力潜能和水平高低。其理论依据是：人格是在个体发育过程中形成的稳定的个

---

① Sternberg, R. J. & Lubart, T. I., "An Investment Theory of Creativity and Its Development," *Human Development*, Vol. 34, No. 1, January, 1970, pp. 1 – 31.

性心理特征和行为模式的总和，它是人的创造行为的内在心理基础。人格测量简便易行，但真实性和可靠性受到被试态度的影响，如被试有意或无意做歪曲反应，测验者却难以区分其真假。

2. 个案调查。是通过测验、访问、面对面交谈等方式，系统地分析和研究一个人的生活史，以便从中了解并衡量其创造力形成和发展过程的特点。如美国"创造行为研究所"进行的"阿尔法个案调查"，其中包括数百个题目，涉及童年生活、兴趣习惯和突出的经历等问题。

3. 行为测量。是通过解决一些操作性题目的方法来测定一个人的创造力，一般分为两类：使用言语工具的测验和使用非言语工具的测验。行为测验主要侧重在创造性思维方面，最著名的是美国的 Torrance 在 Guilford 发散性思维基础之上编制的创造思维测验（Torrance Tests of Creative Thinking，TTCT），其量表被世界上许多学者使用。另一种较为流行的测验是美国的"南加利福尼亚创造力测验"。

4. 作品分析。这是采取或直接针对被试的产品或间接通过他人对该产品的评价反映的方法来衡量创造力。如在科技领域通过对研究论文的反映来间接衡量论文作者的创造性，如参考"引证分析"指标。

5. 主观评估。是通过个人或群体观察者，对被试的个性品质和作品的主观判断来评估被试创造力的方法。根据评估内容的区别，又分为主观的创造个性评估和主观的作品评估两种类型。T. M. 阿玛布丽提出的"专家评估法"或"一致评估法"即是典型的主观评估法。阿玛布丽在 50 多次实验中发现，不同专业知识背景的评议者对创造力的理解基本上是一致的，其评议结果十分接近。

需要指出的是，早期考察创造性人才所具备的要素时，先认识到的是知识和智力因素，以后又认识到人格与动机的作用。尽管创造力测验并非获取有关这一问题正常答案的唯一选择，但一些研究还是侧重于智力测验式的创造力测验上，开发出一些创造力评价量表，比如目前应用较广的两类测验量表：发散性思维测验与创造性人格量表。发散性思维（又称为创造性思维）测验，多数是开放式的测验，其内容主要是由被测者列出一切对问题所能想到的想法。还有如 Guilford 提出智力结构理论（Structure of Intellect，SOI），认为智力结构中包含聚敛性思维与发散性思维，创造力就是发散性思维的功能，并编制测试发散性思维测验（Tests of Divergent Thinking）。

然而，这些评估给不同领域的创造力造成一定混乱，即便对于同一领域，也不可能仅用"智商"所表达的数字来衡量人们之间在创造力方面的差异。于是 M. J. 柯顿将研究视角转向关注人的创造风格（style of creativity）而非创造能力（creative ability）。也就是说，他将人的创造性成就水平区分出了"创造风格"这一特殊的层面。在他看来，所有的人都有创造能力，但是这种能力不仅有高低差别，更重要的是不同人的这种能力会以不同的风格或方式表现出来，他开发的 KAI 量表（Adaptation-Innovation Inventory，KAI），可以帮助人们了解自己的创造风格，了解自己是如何利用创造性的风格开始改变事物，这种改变或是着眼于新意，或是着眼于承前启后。

（五）创造力理论在本研究中的作用

1. 创造力理论可为本研究提供相应的理论支持。由于个体能否做出科学创新的成果，很大程度上依赖于科学创造力水平的发挥，因此对于个体创造力理论的认识和理解有助于更好理解科技创新型人才素质的要素构成，可以为创新人才的素质结构理论提供一种理论划分的维度和框架，从而有助于本研究从整体上去认识和理解素质结构所包含的具体属性及构成要素，比如斯腾伯格和陆伯特的"投资理论"中关于创造力的六大资源或成分的研究就为本研究提供了丰富的理论基础。

2. 创造力理论研究方法和范式具有多样性和丰富性，为本研究提供了广阔的研究思路和研究视域，从而可以拓宽本研究的思路和视角。如创造力系统理论将个体创造过程置于个体、文化、社会三个不同要素的相互作用下综合考察，从而使得创新性人才的研究可以结合中国的实际情况以及在中国本土文化的视域下进而获得较为真实的实践认知。植根于中国文化情境和语境下的创新型人才必然会表现出独特性，更具"中国"特色。因此，创造力理论对本研究提供了很好的借鉴和启发。

第四节　对相关文献的总结和评价

第一，通过以上文献分析可知，科技创新型人才素质结构还没有真正被揭示和有效探查、解构。换言之，对科技创新型人才的素质结构的识别还非常模糊或者仍处于"黑箱"之中，而目前研究中所建构的评价指标更没有将潜在的素质特征与具体的创新行为过程有机地结合和对应起来，因而所建构的评价指标难以实现对科技创新型人才的素质特征及其内在关系的有效测查和解释，人才测评的观测指标还不明确。

第二，现有文献中所建构的评价指标仍然缺少实证研究的支撑，有的研究虽然进行了一定层面的实证研究，但终归不够深入。因而也难以说明人才素质结构中的具体成分或要素的构成及其关键行为的主要特征。总之，对科技创新型人才的素质结构模型还需要进一步的分析和深入探讨。

第三，针对现有文献研究的不足，本研究将运用多个学科交叉的研究视角和思路，以人力资源管理理论中经典的素质建模理论、创造心理学中创造力理论、教育测量与评价的有关理论及方法作为本研究的主要理论与方法基础。

第四，在深入分析文献的基础上，采用理论研究与实证研究相结合、质的研究与量的研究相结合的方法，探查人才素质结构与创新行为之间的关系，从而揭示出素质结构维度构成以及维度之间的相互关系。同时根据实证研究结果，进一步从理论上阐述素质维度与维度之间以及维度之下各个因素之间的内在联系，从而为科技创新型人才的甄选与测评、激励和开发、培养与评价提供相关的理论参考依据。

第二章 科技创新型人才素质结构初探

——基于内容分析法对《院士思维》的考察分析

第一节 内容分析方法概述

一 内容分析法的概念

内容分析法（Content Analysis Method）是对各种材料、记录的内容、形式、心理含义及其重要性进行客观、系统和数量化描述的一种研究方法。通常是先抽取有代表性的资料样本，然后将资料内容分解为一系列的分析单元，并按预先制定好的分析类别与维度系统、进行严格的评判记录，最后对结果进行统计分析[①]。

内容分析方法最早产生于第二次世界大战期间的新闻界，早期主要用于新闻传播学和政治学研究领域。20 世纪 60 年代，内容分析逐渐从应用于新闻界扩展为应用于整个社会科学领域，虽然在社会科学领域仅扮演相对次要的角色但仍成为普遍被认可的一种研究方法。

20 世纪 80 年代以后，内容分析方法不断吸收当代科学发展的成果，

---

① 董齐：《心理与教育研究方法》，北京师范大学出版社 2004 年版，第 304 页。

用系统论、信息论、符号学、语义学、统计学等新兴学科研究成果充实自己，广泛用于传播学、政治学、社会学、心理学和管理学等多学科研究领域，成为社会科学领域的一种重要方法。如 Markoff 等强调内容分析方法必须被视为社会科学发展的主要方法而不是次要方法。在管理研究中，主要将内容分析方法用于从管理者的情境信息中推出有效结论①。20 世纪 70 年代后期，内容分析逐渐用于组织研究和战略管理研究领域。20 世纪 80 年代末期以后，内容分析在管理研究的许多领域都发挥着重要作用，如创业研究领域、企业发展领域、战略管理领域和人力资源管理领域。

Berelson 认为内容分析是一种客观、系统和定量描述沟通显性内容的研究技术②。Weber 则认为内容分析是一种质性研究技术，是运用一套程序对信息进行分类以能够得出有效推论③。前者强调内容分析的客观性、系统性和定量性，后者强调内容分析的程序性、质性特征和推理基础，两种界定反映了对内容分析方法的不同看法。不同时期的研究者对内容分析主法有不同界定。国内研究者颜士梅在《内容分析方法及在人力资源管理研究中的运用》一文中对不同时期研究者对内容分析法的界定及特征进行了归纳。她认为内容分析方法具有系统性和客观性，系统性指的是分析的内容必须按照明确无误、前后一致的规则来选择、编码和分析。客观性是研究者的个人性格和偏见，不能影响结论，对变量分类的操作定义和规则十分明确且全面，重复此过程的研究者能得到同样的结论。内容分析法在早期强调内容分析的定量化，在 20 世纪 80 年代之后则越来越强调内容分析的推理本质和质性特征，分析的对象也越来越广泛。早期比较强调对显性内容的分析，后来则扩展为所有文本信息④。因此，总的来说，内容分

①　Markoff, Shapiro G. & Weitman S. R., "Toward the Integration of Content Analysis and General Methodology", *Sociological Methodology*, June, 1975, pp. 1 – 58.

②　Berelson B., *Content Analysis in Communications Research*, Macmillan Publishing Co., June, 1971.

③　Weber R. P., *Basic Content Analysis*, Beverly Hills, C. A. Sage, 1985.

④　颜士梅：《内容分析法在人力资源管理研究中的运用》，《软科学》2008 年第 9 期。

析方法的主要特点可概括为：系统性、客观性和以定性为基础的定量化。

二　内容分析法的优势

第一，内容分析法既可以作为独立研究的一种策略，又可以作为辅助的一种研究技术。作为独立研究策略时，要依赖于对已有资料的研究。当作为一种辅助研究技术时，则可以与相关的案例、访谈或者问卷研究相结合，从而更深入而有效地探讨某个研究问题。在以往文献中，袁登华、颜士梅和王重鸣等研究者将访谈研究与内容分析方法相结合，借助内容分析的技术来分析访谈资料①。

第二，内容分析法建立在对研究资料的分析基础上，这种方法具有质性研究的性质，而在统计分析时又具有量化研究的性质。因此，可以将这种方法视作一种定性研究和定量化研究方法相结合的具体运用。

第三，内容分析法不需要像访谈研究那样在"自然情境"的条件下获得研究资料。因此，收集资料的方式和途径相对来说简单易行、经济可靠，且作为一种与质性访谈方法相结合的重要辅助性方法，可以在不花费大量金钱和时间的情况下进行。

第四，内容分析方法遵循一系列相对严格的研究步骤和程序，可以对资料进行细致深入、客观并结构化的分析，并做出对相关资料的研究推论和解释，因而被广泛用于社会科学的各个领域之中。

三　内容分析法的实施过程

一般而言，内容分析设计与实施过程主要包括研究问题的确立、获取研究资料、确立编码方案、正式进行编码、信度效度评估和分析数据等步骤，在实施内容分析法的关键环节当中，有以下几点需要引起注意：

---

① 颜士梅：《内容分析法在人力资源管理研究中的运用》，《软科学》2008 年第 9 期。

第一，确立研究问题。确立的研究问题决定了研究对象的选择，因此不同的研究目的决定了内容分析方法研究的方向和侧重点。

第二，确定抽样的策略。内容分析需要根据研究目的来确定研究分析的资料，这就必须对所研究的资料进行抽样。抽样的策略主要有整群抽样、系统抽样、分层抽样、简单随机抽样、配额抽样、典型抽样。选取何种抽样策略，要依研究目的和研究的问题以及研究对象的特点而定。

第三，选择研究资料。由于可用于内容分析的范围较广，就材料性质而言，它可适用于任何形态的材料，既可适用于文字记录形态的材料（如电视节目、动作与姿态录像），也可以为某一特定的研究目的而专门收集有关材料（如访谈记录、观察记录、句子完成测验等），然后再进行评判分析。分析的侧重点可以着重于材料的内容，也可以着重于材料的结构或者对两者都予以分析[①]。因此，研究资料的选择则应当根据研究的目的和研究对象来进行确立。

第四，确立分析单位。分析单位是描述或解释研究对象所使用的最小、最基本的单位。比如分析单位可以以人为单位，也可以是物，如"某一类刊物"。其目的是通过对它们所含特征的分析来描述某一类特定的研究对象群体的基本特征。

第五，构建编码方案。即采取什么样的规则系统将可分析的资料进行有效识别和判别、进行维度分类和评判记录。

当确立了分析单位之后，就需要考虑从哪些方面对材料进行编码，比如设计维度分类的确立就有两种方法：第一种方法是采用现成的分析维度系统。第二种方法是研究者可根据研究目的自行设计。当采用第一种方法时研究者需先让两人独立编录同样材料，然后计算评判者的信度，并据此共同讨论标准，对以前的材料进行再编录，直到对分析维度系统有基本一

---

① 董齐：《心理与教育研究方法》，北京师范大学出版社 2004 年版，第 307 页。

致的理解为止。最后还需让两位评判者用该系统编录几个新材料，并计算评分者信度，如果结果满意，则可用此编录其余的材料。采用第二种方法时则需要研究者在详读有关材料的基础上，制定初步的分析维度，然后对其进行试用，了解其可行性、适用性和合理性，之后再进行修订、试用，直到发现客观性较强的分析维度为止。无论何种方法，都必须有明确的操作定义，以保证随后的评判记录工作有具体、统一的依据。

总之，编码方案的构建一定要有充分的依据，如已有理论依据或者逻辑推理依据等。在实际操作过程中，也可以先对具体类目的理论或以往文献进行充分回顾，在此基础上建构类目。在没有相关文献充分支持时，也可以请该领域的相关专家共同研讨和建构，注意检查定义不佳的类目，找出类目上存在意见分歧的原因，并在处理意见上达成共识[1]。

第六，注意显性内容和隐性内容的区别。根据 Markoff 的观点，内容分析方法学家可以分为两大阵营：一是强调对沟通的显性内容进行分析；二是强调对沟通的隐性内容进行分析，其理由是分析者必须做出推断[2]。显性内容的编码优点是简单明确，编码十分可靠，可让研究者明确知道相关特征是如何测量的，缺点是存在效度问题。隐性内容是指分析内容的深层含义，其优点是可以为开发内容的深层含义提供较好的设计，具有较好的效度，但却失去了信度。因此，编码时要考虑分析的内容特征，显性内容可以采用基于频次计算的类目尺度，隐性内容则可以采用基于语义理解的类目尺度或者定序尺度[3]。

第七，计算内容分析法类目信度。内容分析法的类目信度也叫分类一致性信度，指的是两个人按照同一个分类标准，对同一批分析资料进行评判的一致性程度。其基本过程是：训练两个以上的评判者；让其独立对材

---

① 颜士梅：《内容分析法在人力资源管理研究中的运用》，《软科学》2008 年第 9 期。

② Markoff, Shapiro G. & Weitman S. R., "Toward the Integration of Content Analysis and General Methodology", *Sociological Methodology*, June, 1975, pp. 1 – 58.

③ 颜士梅：《内容分析法在人力资源管理研究中的运用》，《软科学》2008 年第 9 期。

料进行评判并计算信度系数；根据评判与计算结果修订分析维度（即评判系统）或对评判者进行再次培训。再让其独立评判有关材料。如此类推，直到取得可接受的信度为止。其计算公式为：

$$R = N * 平均相互同意度 / 1 + (N-1) * 平均相互同意度[①] \quad （公式1）$$

N 为评判者，相互同意度是指两个评判者之间相互同意的程度，计算公式为：

$$相互同意度 = 2M / (N_1 + N_2)[②] \quad （公式2）$$

公式 2 中，M 为两者都完全同意的类别数，N_1 为第一评判者分析的类别数，N_2 是第二评判者分析的类别数。

通过计算 R 值可以对来源于同一个分类标准的分类一致性信度进行评估。国外研究者对于 R 值的评判标准如下：Berelson 认为信度系数在 0.90 左右比较好[③]。Kassarjian 则认为大于 0.85 就已经相当不错了[④]。Viney 认为应该高于 0.90。而一般研究者则认为小于 0.80 就值得怀疑了[⑤]。一般认为大于 0.80 可以接受，大于 0.90 已经相当不错。

第二节　内容分析法之于研究目的的阐释

对科技创新型人才素质结构的探讨是科学评价科技创新型人才的前提和基础。从采用的研究方法来看，现有文献资料显示，鲜有研究者使用内容分

---

① 董齐:《心理与教育研究方法》,北京师范大学出版社 2004 年版,第 307 页。

② Kassarjian H. H. ,"Content Analysis in Consumer Research", *The Journal of Consumer Research*, April,1997,pp. 8 – 18.

③ Berelson B. , *Content Analysis in Communications Research*, Macmillan Publishing Co. , June, 1971.

④ Kassarjian H. H. ,"Content Analysis in Consumer Research", *The Journal of Consumer Research*, April,1997,pp. 8 – 18.

⑤ Viney L. L. ,"The Assessment of Psychology States Through Content of Verbal Communication", *Psychological Bulletin*, Vol. 94, （3）,Nov. ,1983,pp. 542 – 563.

析方法对科技创新型人才进行研究。因此，本节研究的目标主要包括：

第一，通过对文献资料的内容分析，从而采集符合本研究需要的科技创新型人才的素质要素及特征。

第二，为制定和编制"科技创新型人才素质特征调查问卷"以及后续研究中的质性访谈做好前期研究准备。

第三，通过内容分析方法和技术为构建素质结构模型提供参考依据。

基于以上研究目标，作者尝试将现有文献资料中能够代表我国科技界最高科技水平和最高荣誉的院士作为研究对象和切入点，采用内容分析方法对《院士思维》一书进行分析，对两院院士在各自科学研究活动中体现出来的关键素质特征词进行采集、编码、归纳分类，主要依据的是内容分析方法的研究步骤和程序，对这些关键素质特征词进行频次分析，从而得到院士创新素质结构中的关键素质特征，进而建立科技创新型人才的素质特征词典，从而为编制"高校科技创新型人才素质特征调查问卷"及最终建构科技创新型人才素质结构模型提供前期的理论基础。

第三节　文献抽样

一　《院士思维》内容梗概

《院士思维》①（共四卷）是 2001 年由安徽教育出版社出版发行的国家重点图书，历时 4 年完成。该书共分为四卷，书中包括 1955 年以来当选为中国科学院和中国工程院院士及两院院士共计 221 名院士的访谈资料。这些文献资料是两院院士对于自身科学实践的全面回顾、科研总结和心得，并上

---

① 卢嘉锡等主编：《院士思维》，安徽教育出版社 2001 年版。

升到方法论的高度提炼出来的思维特色。在以"院士思维"为主题的框架下，该书包括三大内容板块：思维特色形成背景、思维亮点、学科前瞻。在思维特色形成背景中主要以每位院士从事科学研究之前，家庭、学校、留学经历或某些特殊历史和社会环境对其形成相应思维方法的影响来展开。思维亮点中主要是围绕着每位院士在科学研究活动中尤其在理论和工程创新研究过程中，以原始的、具体的思维方法为中心内容，选择院士所从事的科研实践以及影响面较大的"关键科研事件"进行概括提炼出来的关键思维品质、思维方法以及具体的科研思想、心得及体会。在学科前瞻中主要以每位院士对本学科研究现状的分析、发展前景的展望等为思维指向，构成了相对完整的院士思维。

必须指出，全书虽以"院士思维"为主题来深描院士的思维特色，但在自述的访谈材料中融合了每位院士在科研活动中具体而独特的创新思维方法、创新个性、创新动机、创新精神、科学理想和科学道德、意志和情感等内在因素，呈现出一个既有静态思维特征的描述，又有各种动态因素交互影响的创造、创新的过程性描述的交叉网状分布结构。从书中可以读到院士在具体科研创新活动时的细节、关键科研事件、思维品质和方法。

因此，本书透过访谈资料的分析，提炼院士从事科学创新过程中具有共性的创新思维品质、创新过程中的研究方法、创新成果产生所需要的能力和思考的过程、创新人格、创新个性和动机以及最核心的科学价值观等因素，分析这些因素对科技创新的过程及结果所产生的影响，通过对院士与科学创新相关的个人认知、情感和意志品质等心理因素的分析，有助于本书立足于中国本土化的科技创新实践和情境，找出我国科技创新型人才素质结构中关键的素质构成及其行为特征的表述。通过对文字资料的逐字、逐句、逐段的分析，归纳提炼出反映科学家在创新活动中关键的核心素质特征。《院士思维》中每一份材料都独立成篇，自成一体，这些材料或由院士亲自撰写或请人整理，然后经院士本人仔细审阅定稿。在编写成书之前，每份文稿都由院士本人最终审定和校核。因此，以该书作为研究的资料，其材料的可信度、真实性和科学性、严谨性都为本书进行的内容分析提供了较好的科学研究基础。

二　抽样策略

采取随机整体抽取的抽样策略，从四卷文献中随机抽取其中一卷资料进行分析。文本资料字数共计 46.6 万字。该卷共收录中国科学院院士 51 人，工程院院士 5 人，两院院士 1 人，共计 57 人，其中男性 55 人，女性 2 人。院士从事的科学领域包括物理科学、化学科学、生命科学、天文、农学、医学、工程材料科学共计八大科学学科，院士当选时间跨度为 1955—1995 年。两院院士学科分布情况如表 2－1 所示：

表 2－1　　　　　　57 位院士所在学科领域的人数分布情况　　　　　单位：人，%

学 科	物 理	化 学	生 命	天 文	农 学	医 学	工程材料
人 数	13	13	16	3	3	6	3
比 例	22.81	22.81	28.07	5.26	5.26	10.53	5.26

第四节　研究过程概要

一　分析原则

第一，素质特征词既要有概括性和抽象性，又要反映其结构和内容，同时还要辨识不同科学家在表达同一主题词时所采用的不同表达方式，即不同素质特征的内涵及关系。笔者对 57 位院士的科学创新过程进行了详细分析，本书对院士关键科学事件所持的观点是：这些关键科研事件因为其本身呈现了院士在科学活动中各种创新要素的交汇和融合，所获得的科技成果代表了高创造力工作的表现形式。科技成果的获得也是各种素质特征相互组合的结果，具有综合性和交叉性的特点。因此，在分析、重组、归类这些素质特征词时，本书力图抽象归纳出最能表达院士从事科学创新的关键素质特征要素，使这些要素在其创新活动中体现普遍性意义。同时，所反映的素质特征能够抽象概括出此种素质表现下的多种行为特征的表现形式。如辩证思维（DLT）的行为特征表现为：分析与综合统一、微观与宏观相结合、双向思维、合成与分解、进与退、专注与发散性思维结合、偶然与必然的关系、科学理论的普遍性与具体生产实践的特殊性的有机结合和辩证统一。

第二，科学创新的过程同时既体现了科技创新者的多维结构，又呈现出各种因素静态和动态的相互联系，同时又与创新个体的知识技能的积累、思维风格、个性、动机、情感和价值等要素密切相关，还与环境等情境要素融合在一起。因此，提炼素质特征词时要采取审慎、严谨、科学的态度。

第三，既要考虑维度内部要素的相关性，又要考虑各维度之间的相对独立性。虽然每一个维度的各项素质特征具有一定的相关性。有些素质特征具有一定的相关性，但实际上还是有差别的。如"创造性思维"这项素质特征，表现出来的行为特征有独立思考、创造新概念、提出新理论、新方法；不囿于前人、不照搬他国做法，力图提出新创见，走自己的学术之路。具有创新意识、创新的思维和方法。该素质特征在定义概念化时的重点是：创新思维始于一种创新的理念和意识，这种意识就是要打破思维定式、突破"路径依赖"、不恪守老经验、超越常规。这个素质特征词与发散性思维、辐合思维、直觉思维等思维要素等词存在一定的交叉，因为这些思维特质都是创造性思维的体现，但在具体创造活动中表现出的形式和内容又不完全相同。

第四，对不同素质特征词项的内涵进行定义，抽象概括并描述科学家在科学实践中最重要的素质特征。如学科交叉知识（INK）指的是善于运用一门学科或几门学科的概念、理论和方法去研究另一门学科的对象或交叉领域的对象，使不同学科的研究方法和研究对象有机结合起来。

第五，将新出现的关键素质及时补充到既有的素质词典库当中。如在文本分析中，本书发现科学家多次提到"科学进取性（AGG）"这项素质特征。该素质特征是科学家的创新个性中很重要的一个素质特征，因为"科学进取性"这项素质反映了科学家敢于向自然科学索取知识，敢于面对重大科学研究课题。为了追求科学真理，不畏艰难困苦，克服重重困难，敢于拼搏，敢于胜利，在占据了一个"山头"之后再次获得另外一个"山头"的不断进取的个性，在科学成果及发现中具有重要的地位和意义。

二　分析采取的主要步骤

以 Hay Group 公司编撰开发的通用素质词典库的素质词作为本研究素质词典的来源，从而建立对这些素质特征词进行初步分析的维度（类目）系统。另外，对于通用词典库中没有出现的素质特征词，本书的方法是预先记录并进行适当分类，然后根据对后续资料的分析查看该特征词出现的具体频次，如果该素质词项出现的频次较高就将该词纳入该特征词的记录考察范围，否则就不予以采纳。本书在综合文献研究的基础上，将这些特征词素质要素分为六个维度。各种素质词划归到同一个维度系的具体分析如表 2 - 2 所示。

表2－2　　　　　　　　　　关键素质特征及维度分类表(88项)

六个维度	关键素质要素
广博精深的知识与技能	专业知识、掌握学科前沿、正确的科学研究和思维方法、学科交叉、理论知识、重视实验设计和方法
科学创造 & 创新的能力	实践应用能力、创造性问题解决和决策能力、问题发现、立足实际,解决国家急迫问题、持续性学习和思考、洞察力、策略性思考能力、分析和综合能力、团队合作、理论与实践相结合、坚持真理实事求是、多样化经历、人才培养和学科建设、协同创新(团结一致)、信息检索、善于提出科学假说、推理能力、知识 & 经验迁移、注意力、想象力、理解力、条理性、兼收并蓄/博采众长、由模仿以创造、"大科学研究工程"的研究经验、不放过"异常"(偶然)现象
科学创造 & 创新的思维风格	创造性思维、综合思维/系统思维/宏观战略思维/、逻辑抽象思维(纵向思维)、横向思维/水平思维/平行思维、联想思维、发散性思维、类比思维、转化思维、理论思维、辩证思维、辐合思维、逆向思维、非线性思维、灵感思维、直觉思维、形象思维、批判性思维、双向思维
科学创造 & 创新的个性和动机	坚忍执着、规律探索、勤勉性、科学进取性、严谨求实、独立自主、探索精神、变革创新、求知欲、挑战性、兴趣驱动和好奇心、质疑性、自信心、成就导向、灵活性、专业敏感性、自强不息、敢于突破、创新、超越、自我发展、开放包容、冒险性
科学精神与情感(价值观)	爱国情怀、社会责任感、科学献身精神、人文关怀、崇高的科学理想和道德
对创新环境的适应程度	学术共同体、学术合作和交流、援助、学术民主/科学民主、学术领导人制度

注:"/"表示平行或相近概念,如横向思维也叫平行思维、水平思维。

根据确定的分析维度(类目)系统,然后对每个样本的文本资料作具体分析(表2－3所示的是2个分析单位的片断节录)。根据前文所述内容分析的方法和技术,分析时采用与主题分析相结合的方法,登记每一个分析单位(以每个院士的访谈资料作为1个单元)的关键素质,并将这些要素划归到每个分析维度中,同时做好评判记录工作,需注意以下几个方面:

第一,按照分析的维度(类目)系统用量化的方式记录研究每个分析单位在各分析维度(类目)系统上的频次分析数据。

第二，采用事先设计好的素质特征词汇表格进行数据的量化分析和统计。

第三，相同分析维度的评判必须有两个以上的评判员分别做出记录，以便进行信度检验，从而使评判具有量化评价的标准和依据。

第四，根据每个维度（类目）系统出现的素质特征项的频数，利用SPSS17.0进行统计分析。

表2－3　　　　　　　　　　　　内容分析法分析资料示例

文本编号3：方成院士

　　我发现它们虽然考虑的因素和参数十分详尽,但计算过于费时和繁杂,并不适合研究耀斑、黑子、日珥等太阳活动现象。我们下决心花了两三年时间发展了整套实用的计算方法和程序;这一难题的初步解决表明,在科学研究中善于抓住课题,看准了就要全身心投入……

　　素质特征:1. 挑战性;2. 问题发现;3. 进取性

文本编号4：王淦昌院士

　　我想到激光具有将能量在时空上进行高度压缩这一特点,即能将物质在极短的时间内加热到很高的温度,因此很有可能在"受控"研究中得到应用。我经过深入思考并在理论上进行了基本的分析和定量的估算,结果是肯定的。1964年春,我提出了用激光打氘核靶,看能否打出中子的建议。如果激光打氘核靶打出了中子,那就说明了用激光可以产生聚变反应的条件。

　　素质特征:1. 推理能力;2. 问题发现;3. 理论知识

第五节　研究结果

根据以上原则、思路，方法和步骤，得到以下研究结果。

一　院士科学创造与创新的62项关键素质特征

对频数的统计分析，一共得到88项反映院士关键素质特征词项，然后再根据88项素质须在25%以上的院士（须多于14人）身上都有所反映的取舍原则,进而得到如表 2-4 所示的 62 项关键素质特征词的频次分布表。

从表 2-4 可以得知素质特征词的频次分布情况,以及这些素质特征频次的排序。排序说明了院士对这些素质特征词在科学创新活动中的相对重要性以及相对重视的程度,反映了院士素质结构中重要的关键素质特征。例如位于前 10 位的素质特征词汇有:创造性思维、实践应用能力、创造性问题解决和决策的能力、问题发现、坚忍执着、规律探索、勤勉性、科学进取性、严谨求实 & 唯真求实、独立自主。

表 2-4　　　　　62 项素质特征词的频次分析(N = 57)

关键素质特征	缩写词	频次总计	平均频次	百分比(%)	排序
创造性思维	CRT	177	3.1053	310.5263	1
实践应用能力	PRA	143	2.5088	250.8772	2
创造性问题解决和决策能力	PSDM	125	2.1930	219.2982	3
问题发现	PRF	116	2.0351	203.5088	4
坚忍执着	PER	110	1.9298	192.9825	5
规律探索	RUS	99	1.7368	173.6842	6
勤勉性	DIL	94	1.6491	164.9123	7
科学进取性	AGG	85	1.4912	149.1228	8
严谨求实 & 唯真求实	AR	82	1.4386	143.8596	9
独立自主	DEP	81	1.4211	142.1053	10
掌握学科前沿	FRK	80	1.4035	140.3509	11
科学研究方法和思维方法	SRM	74	1.2982	129.8246	12
探索精神(EPL)	EPL	74	1.2982	129.8246	13
立足实际,解决国家急迫问题	REA	73	1.2807	128.0702	14

续　表

关键素质特征	缩写词	频次总计	平均频次	百分比（%）	排序
学科交叉知识	INK	72	1.2632	126.3158	15
辩证思维方法	DLT	72	1.2632	126.3158	16
变革创新	INN	72	1.2632	126.3158	17
专业知识	EXP	69	1.2105	121.0526	18
持续性学习和思考	CLT	69	1.2105	121.0526	19
系统、整体性思维/宏观思维	SYT	66	1.1579	115.7895	20
理论知识	THK	62	1.0877	108.7719	21
学术共同体的影响和作用	ACC	62	1.0877	108.7719	22
洞察力和捕捉力	INA	58	1.0175	101.7544	23
策略性思考能力	STR	57	1.0000	100.0000	24
求知欲	TFK	56	0.9825	98.2456	25
挑战性	CHA	56	0.9825	98.2456	26
兴趣驱动和好奇心	IDC	54	0.9474	94.7368	27
爱国情怀	PAT	54	0.9474	94.7368	28
分析和综合能力	AIA	50	0.8772	87.7193	29
团队合作	COLL	44	0.7719	77.1930	30
理论与实践相结合	TPC	42	0.7368	73.6842	31
坚持真理、实事求是	PER	42	0.7368	73.6842	32
多样化经历	MUL	42	0.7368	73.6842	33
质疑性	QUE	40	0.7018	70.1754	34
自信心	SCF	40	0.7018	70.1754	35
人才培养和学科建设	DEV	39	0.6842	68.4211	36

关键素质特征	缩写词	频次总计	平均频次	百分比（%）	排序
社会责任感	SRE	39	0.6842	68.4211	37
敬业精神、科学献身精神	DVT	39	0.6842	68.4211	38
重视实验设计和方法	GFSJ	38	0.6667	66.6667	39
逻辑抽象思维/纵向思维	LT	37	0.6491	64.9123	40
协同创新、团结一致	COL&INN	35	0.6140	61.4035	41
信息检索	INF	33	0.5789	57.8947	42
成就导向	ACH	33	0.5789	57.8947	43
重视国际合作和交流	INT	33	0.5789	57.8947	44
人文关怀	HC	31	0.5439	54.3860	45
灵活性	FLX	30	0.5263	52.6316	46
科学理想和道德	IDE	30	0.5263	52.6316	47
专业敏感性	SEN	28	0.4912	49.1228	48
横向思维	LAT	26	0.4561	45.6140	49
善提出科学假说	PRH	26	0.4561	45.6140	50
自强不息、克服困难	OVD	26	0.4561	45.6140	51
敢于超越、突破和创新	SUR	26	0.4561	45.6140	52
推理能力	REA	25	0.4386	43.8596	53
联想思维	AST	24	0.4211	42.1053	54
发散性思维	DT	23	0.4035	40.3509	55
类比思维	ANT	19	0.3333	33.3333	56
转化思维	TRT	18	0.3158	31.5789	57
理论思维	THT	18	0.3158	31.5789	58

续　表

关键素质特征	缩写词	频次总计	平均频次	百分比（%）	排序
经验＆知识迁移	EKM	18	0.3158	31.5789	59
开放包容	OPE	17	0.2982	29.8246	60
注意力	ATT	15	0.2632	26.3158	61
自我发展	SDE	14	0.2456	24.5614	62

二　素质特征词编码和分类一致性信度系数

从表2－5可以看出，文本编码一致性信度CA的范围为0.6462—0.8364，R值取值范围为0.78—0.92，除第23个文本编码分类信度低于0.80的水平外，其他文本编码信度都在0.80以上。根据一般的信度评价标准，大于0.80可以接受，因此可以说明编码者对57位院士文本资料分析具有一致性，文本编码具有一定的信度。

表2－5　　　　　　素质特征词编码和分类一致性信度系数

文本编号	N_1	N_2	S	CA	R
1	53	50	40	0.7767	0.8743
2	80	78	53	0.6709	0.8030
3	61	56	47	0.8034	0.8910
4	62	45	42	0.7850	0.8796
5	43	42	30	0.7059	0.8276
6	36	36	29	0.8056	0.8923
7	44	42	35	0.8140	0.8974

文本编号	N_1	N_2	S	CA	R
8	58	45	40	0.7767	0.8743
9	55	43	36	0.7347	0.8471
10	44	34	32	0.8205	0.9014
11	60	50	46	0.8364	0.9109
12	46	43	32	0.7191	0.8366
13	46	42	34	0.7727	0.8718
14	73	56	46	0.7132	0.8326
15	46	34	27	0.6750	0.8060
16	78	56	54	0.8060	0.8926
17	71	67	55	0.7971	0.8871
18	68	45	40	0.7080	0.8290
19	69	50	48	0.8067	0.8930
20	45	43	32	0.7273	0.8421
21	112	98	78	0.7429	0.8525
22	40	45	34	0.8000	0.8889
23	80	50	42	0.6462	0.7850
24	39	36	26	0.6933	0.8189
25	55	54	45	0.8257	0.9045
26	76	56	53	0.8030	0.8908
27	64	56	46	0.7667	0.8679
28	82	81	63	0.7730	0.8720
29	70	56	45	0.7143	0.8333

续　表

文本编号	N_1	N_2	S	CA	R
30	92	89	67	0.7403	0.8508
31	58	56	45	0.7895	0.8824
32	62	61	50	0.8130	0.8969
33	47	45	34	0.7391	0.8500
34	47	45	36	0.7826	0.8780
35	74	73	61	0.8299	0.9071
36	76	72	58	0.7838	0.8788
37	56	54	45	0.8182	0.9000
38	113	114	90	0.7930	0.8845
39	61	61	50	0.8197	0.9009
40	76	74	60	0.8000	0.8889
41	66	64	50	0.7692	0.8696
42	72	73	57	0.7862	0.8803
43	73	73	54	0.7397	0.8504
44	30	28	20	0.6897	0.8163
45	59	57	45	0.7759	0.8738
46	58	56	46	0.8070	0.8932
47	78	74	56	0.7368	0.8485
48	91	87	70	0.7865	0.8805
49	34	30	22	0.6875	0.8148
50	34	35	24	0.6957	0.8205
51	66	62	47	0.7344	0.8468

续　表

文本编号	N_1	N_2	S	CA	R
52	80	76	60	0.7692	0.8696
53	59	57	46	0.7931	0.8846
54	52	46	37	0.7551	0.8605
55	61	56	40	0.6838	0.8122
56	27	30	20	0.7018	0.8247
57	41	38	30	0.7595	0.8633

注：N_1、N_2 分别表示两个评判者对各自文本编码的分类个数，S 表示编码相同的个数，CA 表示分类一致信度，R 表示编码一致性信度。

第六节　结果讨论

本章主要运用内容分析方法采集并反映科技创新型人才核心素质特征词，为后续研究工作打下坚实的分析基础。在对文本资料进行分析时，有以下几个问题需要进一步反思和注意，分别是：

第一，考察素质要素及其特征的完备性。即以上所列出的素质特征是否能够真正涵盖并反映科学家全部素质要素及其特征，因此要对"素质特征的框架结构"进行补充和进一步概括、总结，以便这些素质特征能较好地反映科学家思维创新本质，也更贴近于科学家的所描述的素质特征的实质。

比如科学家大都比较重视：系统和整体的科学思维方法；理论与实践相结合的方法；对科学问题的敏感性等特征，而"唯实求真，灵活执着"这项素质的概括既反映了科学家注重对实际问题的解决，又反映了科学家在解决实际问题时不畏艰难，面对重重困难，使用灵活而富有创造性的思路和方法解决问题。这项素质特征具有高度的概括性以及抽象性，也有普适性，能较好地概括出科学家进行创新思维、创新思考的本质，也更符合科学家在创新思考过程中所秉持的科学态度和思维方法。因此，在对素质特征进行抽象和概括、归纳总结时要将能够反映科学家最本质性的创造性思维方法、个性、动机、核心价值观等用关键素质特征词项表征出来，既要保证素质特征的概括性，又要保证素质特征词的完备性。

第二，考察科学家呈现的"独特而富有个性"的思维方式。科学家在各自领域内都有自身独特的科学思维方法，有些是有共性的，但更多的是反映其独特性。独特性是科学家创新思维的一个特性，他们在具体学科内采用专业领域内的研究范式，遵循具有相对共性特点的研究程序。比如科学活动大多需要经历以下阶段和过程：选取科学问题；提出科学假设；实验、理论分析；数学演算和推导来验证假设，最后获得创新性研究成果。因此，在考察的素质特征中，在素质坐标系中单独列出"其他"一项以便更好地反映不同科学家独特而富有创造性的个性思维方式并将其吸收进来，从而发现那些虽然出现频次较少，但是却有独特意义的关键素质特征词项。

第三，考察和分析科学家成长过程的背景资料。这种分析可以找出影响科学家成长的阶段及其中的重要人物、关键事件并从中追踪到科学家成长为院士的重要轨迹，并概括出某些共性的要素。

第四，考察内在素质与外在影响因素之间的关系。作者虽然主要基于科学家素质特征的内部要素构建素质结构模型，但是也应考虑外部要素在创新过程中的影响和作用，这种外在的影响因素考察的重点是外部影响因素如何转化为科学家个体内部因素从而变成相对重要的素质，可否提炼出新的素质维度，以及如何反映其与素质内部要素之间的关系。需要通过后续研究比如在自然情境下的访谈研究才能揭示这些内在要素与外在要素之间的实际关联。

第五，对得到的素质特征词汇采取审慎取舍的态度。本章只是整体研究中一个阶段性的前期研究，在后续研究中，拟将素质词库中的88 项素质特征纳入素质调查问卷的设计和考查范围，同时拟选择较大范围的数据样本来进一步修正该素质特征库建立的合理性，从而建立相应的素质结构评价模型。主要是基于以下两点考虑：

1. 虽然 88 项素质特征词是在文本资料分析基础上得到，而本书得到的 62 项素质特征词仅代表了院士在创新过程中的共性素质特征，对于没有在本书中列出的其他 26 项素质特征词则还有待于进一步考察和分析。由于被筛选出的素质特征词有些反映了研究对象独特的素质特征，在大样本范围内频次分布有限，出现的频次较低，但这些素质特征词很可能是导致科学发现、进行科学创新和创造的重要素质特征，反映了不同科学家素质特征独特的一面，因而并没有在大多数科学家身上有所体现。因此，基于从更大范围样本群体——科技创新型人才素质结构建构而言，这些素质特征仍将是后续研究的重要基础和内容。因此，在后续考查和研究中我们并没有舍弃这些素质特征词，但就本研究而言，最后确立了院士的 62 项关键素质词项。

2. 为建立外部效度和内部效度都较高的"科技创新型人才的素质结构模型"，在后续研究中仍然要通过实证研究来修正和完善，即哪些因素可以反映被研究对象的性质和特点，哪些素质特征又应当予以舍弃，这还需结合实际的数据分析结果，从而保证数据与理论研究之间的契合，最终提高素质结构维度分类的科学性和合理性。

第三章 素质结构模型的质性研究

第一节 素质模型构建的方法概述

国外研究中，建构素质模型的方法已经运用得比较成熟，较为经典并且应用广泛的素质建模的方法主要有美国学者麦克莱兰（McCelland）开发的以"行为事件访谈"（Behavioral Event Interview，BEI）方法为技术核心的素质建模过程，这项工作起源于 20 世纪 70 年代，麦克莱兰为解决如何有效选拔高效能海外文化事务官员问题，进行了创新性研究。他放弃预设人才条件的做法，深入现场调查获得第一手数据，通过比较分析实际工作表现优秀和表现一般外交官的具体行为特征，识别出能够取得优秀绩效者的个人要素。1972 年和 1973 年，麦克莱兰和助手合作，发表了两篇研究报告，一篇报告为《改进外交官员的甄选》①；另一篇报告是《测量优秀驻外联络官必备素质新方法的评估》②。在第二篇文章中，麦克莱兰结合约翰·弗拉纳根（John C. Flanagan）的关键事件技术

---

① 王建民、杨木春：《中国胜任力研究 10 年（2001—2011）审视》，新浪博客（http：// blog. sina. com. cn/s/blog_ 48be01310102e1wa. html）。

② 同上。

（Critical Incident Technique，CIT）与主题统觉测验（Thematic Appercep-tion Test，TAT），提出了具有"里程碑"意义的构建胜任力模型的方法——行为事件访谈法（Behavioral Event Interview，BEI）。通过该项技术，麦克莱兰研究小组试图研究影响外交官工作的绩效的因素，即哪些因素能够预测外交官在未来的工作中取得较大的成功。通过一系列总结与分析，麦克莱兰小组得出了一名杰出外交官与一般胜任者在行为和思维方式上的差异，从而找到了 FISO 的素质。使用关键行为事件访谈法技术的意义在于：通过访谈者对其职业生涯中的某些关键事件的详尽描述，以揭示与挖掘当事人的素质，特别是隐藏于冰山下的潜能部分，用以对当事人未来的行为及其绩效产生预期，并发挥指导作用①。因此访谈者对于关键事件的描述至少包括：这项工作是什么？谁参与了这项工作？访谈者是如何做的？为什么？这样做的结果怎么样？

　　这种方法的主要优点在于：（1）通过 BEI 识别人的素质能力其效度优于其他资料收集方法，如专家会诊法、观察法、调查法、工作分析法等。（2）BEI 方法不仅描述了当事人行为的结果，并且说明了产生行为背后的动机、个性特征、自我认知、态度等潜在方面的特征，因此 BEI 方法对于解释素质与行为之间的驱动关系是非常有效的。（3）BEI 方法可以准确详细地反映被访者处理具体工作任务与问题的过程，告诉人们应该做什么和不应该做什么，哪些是有效的，哪些是无效的，因此对于如何实现与获得高绩效具有指导作用。

　　BEI 技术最重要的优点还在于：通过结构化或半结构化的访谈技术，提供一个与工作有关的具体事件行为发生的全景过程，访谈者要求被访者回顾、详细描述其在过往工作情境下行为发生的整个过程，主要内容包括当时面临的情景、所遇到的困难以及如何处理困难，主要考查的是

---

① 彭剑锋：《员工素质模型设计》，中国人民大学出版社 2003 年版，第 105 页。

在顾客服务、团队合作、危机处理、问题分析时遇到的若干成功和失败的典型案例事件，尤其对受访者的动机、思维品质、能力水平以及事件处理的最终结果都要进行详细的探查和深入挖掘，总结并归纳出受访者的思想、情感与行为背后的内在动机和价值观等，从而形成和挖掘其行为背后潜在的素质特征，再通过主题分析、编码等质性分析的方法最终形成素质模型。

在素质模型的整个开发过程中，行为事件访谈法是收集资料的主要方法之一，整个素质模型的建构过程路径遵循以下步骤。

第一，针对待开发的每一项素质特征，组建开发小组。小组至少应包括4名主持或参与素质研究相关的BEI的人，小组的核心任务就是集中对特定的素质特征进行研究与梳理。

第二，开发小组要对照素质词典中有关特定素质的解释，通过对绩优人员以及绩效一般人员BEI访谈资料进行分析提炼并确定相关的素质内容。

第三，在上一步研究的基础上，由开发小组共同研究，采用统一的语言（包括用词、语式、语气等）完成素质的概念化。

第四，采用统计分析等方法，对初步分析归纳的素质要项进行论证与筛选，确认素质项目是否能将绩优人员与一般人员区分开来。同时汇总访谈资料，进一步提炼素质要项，并对其定义且与分类。

第五，初步形成研究职位的素质模型的框架，其中包括特定的素质要项、每项素质定义、级别划分以及各个等级特点的描述，并附以详细解释和取自BEI访谈资料的标识与示例。

以上研究步骤，可以归纳成以下主要步骤：第一，选定样本即确定哪些研究对象为绩效优良的样本；第二，通过BEI技术获得素质特征的数据资料，分析数据资料并初步建立素质模型；第三，对建立的素质模型的确证与检验。时勘认为，构建核心岗位的"胜任特征（力）模型"包括七个环节：（1）发展战略调研；（2）O*NET 工作分析[①]；（3）问卷调查与访谈；（4）胜任特征编码；（5）构建胜任特征模型；（6）完善胜任特征模型；（7）形成应用建议。

国内学者利用行为事件访谈法 BEI 技术和编制量表问卷调查的方法进行过一些尝试。如时勘、王继承（2001）等对中国通信业管理干部的胜任特征进行了实证研究，构建了由影响力、社会责任感、调研能力、成就欲等 10 项特征组成的胜任特征（力）模型；时勘、仲理峰（2002）等对 18 名家族企业高层管理者的行为事件访谈建立了中国家族企业高层管理者胜任特征模型，包括威权导向、主动性、捕捉机遇等 11 项特征。浙江大学王重鸣团队（2002）编制了管理综合素质评价量表调查了 200 多名中高层管理者，构建了企业高级管理者胜任力特征模型。

在胜任力模型研究中，除行为事件访谈法和问卷调查法、文献研究、O*NET 工作分析（Job Analysis）方法、团体焦点访谈（Focus Group Interview，FGI）、结构化面试、观察法、工作日志法、关键成功因素法（Key Success Factors，KSFs）等方法外，随着网络技术的发展，一些学者还运用网络工具的技术支持，开发出了网络德尔菲法、网络调查工具等方法。[②] 总之，胜任力模型研究方法的主要目的是获得信度和效度高的数据，在具体使用过程中，采用什么方法还要根据需求、环境和条件而定。

---

① O*NET 是 Occupational Information Network 的简写，是由美国劳工部组织发起的工作分析系统，目前已取代了职业名称词典（Dictionary of Occupational Titles，DOT）。

② 王建民、杨木春：《胜任力研究的历史演进与总体走向》，《改革》2012 年第 12 期。

第二节　对 BEI 技术的反思与讨论

BEI 技术运用于人力资源管理特别是企业中人才的招聘、选拔以及测评，国内外已经有诸多研究成果，同时也形成了相对较为完善的研究体系、研究步骤、研究思路。国内研究者直接将 BEI 的方法技术引进使用时，却很少探讨和审慎分析这种方法本身的质量问题。因此，如何正确评价方法本身的优缺点需要进一步的讨论和检视。

一　对 BEI 基本假设的讨论

BEI 方法在使用过程中，主要是通过实际的访谈来进行，但是这种方法本身有两个基本假设需要引起使用者注意。

第一个假设是过去行为能有效预测未来的工作绩效。这是行为事件访谈法最重要的一条假设。因为有了这个假设才可以通过访谈的方法来有效挖掘被访者潜在的素质特征以及分析关键行为发生的整个过程，对受访者潜在的素质比如动机、态度、个性品质、思维风格、价值观等内在素质要素深度挖掘。因为这些素质同时也是产生高绩效工作的主要动因和来源。

第二个假设是将被访者过去的行为作为绩效评价的效标参照。即无论被访者对未来的工作做出何种承诺，其参考评价的标准都是以被访者过往的绩效参考为依据。

正是基于以上两个基本假设的考虑，所以 BEI 方法能够有效地引导被访者将真实想法和能力暴露在访谈内容中，访谈者将从中挖掘被访者的相关特质，特别是隐蔽在冰山下的素质部分并因此来建构素质或胜任力模型。

　　这两个基本假设的共同点都是基于"过去的效标行为标准"，但是这种隐含的假设有可能导致的结果是：忽略了那些在过去工作环境下表现平平，但却有可能在未来工作中取得高绩效的对象。因此，这很可能会造成在绩效评定、人才选拔、人员安置等人力资源管理实践中的主观性和非科学化。虽然过往的绩效评价是一项很重要的评定标准，但同时也要看到人才的素质发展自身的不完备性、不全面性、可发展性和人力资源的可开发性。正是这种不完备性、不全面性、内涵的某种潜在素质的可开发性、可发展性才使得人才培养和人力资源的开发成为有必要、有可能、有意义和有价值的。如果仅以"过往绩效"为主要考查标准和评判尺度，就有可能得到这样的结论，即一个人过去是优秀的，那么代表着以后他在未来的效绩评定中也必然是优秀的。如果按此种逻辑，那么本身也就失去了人才测评工作自身价值的重要性。因此，我们要辩证地来看这种方法，BEI 技术在人力资源管理实践中，对建立不同类别工作职位的胜任力素质模型具有重要的意义，已经在人力资源管理过程中得到了验证，但是从人才选拔和鉴别的角度而言，还应当使用不同的方法加以补充，比如对判定一个人是否是科技创新型人才而言，不仅要看以往他所取得的科研绩效即显性的科研成果"硬性指标"，还要看同行对他科研成果质量评价的内在特性，同时还要考量其成果在未来可能的潜在价值，尤其在基础研究领域中更是如此。因此对不同类型的科技创新型人才也不宜用一个统一的标准进行统一的"绩效评价"，而应当使用一些能代表其科技实力的综合性评价指标和标准，尤其对那些影响面大且重要性程度很高的岗位的高层次人才评价和选拔就更应当慎重。

　　因此，在使用 BEI 技术建构素质模型时，如何选择适当的效标对象作为访谈对象还应当看到人自身发展的不全面性和潜在发展的可能性。在实际人才评价中应当正视人才发展的不全面性，内在素质发展的可能性，以及科研绩效成果的相对性、人才类别的专业取向及具体性质等因素，辅之以其他补充方法来选择访谈对象，这样才能更好地建构素质特征模型，使之更具有代表性和全面性。

二　BEI 效度的讨论

BEI 在实施过程中，通常借助 STAR 工具，"S"代表了当时情境（Situation），在访谈中的关键问题是："当时所面临的情形如何"，"T"代表的是目标（Target），其形成的问题是："是什么原因导致这种情况或者某个具体行为发生的，其主要目的（目标）是什么"；　"A"代表的是行动（Action），即"当时在那个环境下是如何想的以及如何做的"；"R"代表的是结果（Result），即"实际上做了什么或者说了什么"，这些问题实际上是一个"结构化"的设问框架，对一个优秀而专业并有着一定访谈经验的研究者而言，能够按以上提出的问题框架进行有针对性的设问并灵活运用访谈技巧从而获得研究需要的资料。

以上建立的以 BEI 为核心技术的访谈框架是 BEI 使用过程中具体而一般性的方法。在实际访谈中，我们讨论的并非只是用于人才选拔和招聘目的的访谈。实际上，用于招聘面试或者绩效评定中的访谈在运用 BEI 技术方法时，由于其招聘和绩效评定的现实需要，一般由人力资源部门组织实施时容易获得受访人员的支持和配合，从而达到预期的研究结果。在这里，我们应从以下两方面来分析访谈的效度指标。

一是在工作分析、招聘选拔、人员安置为目的的访谈中，其效度是有差异的。如国外有研究者 Michael A. Mcdaniel，Deborah L. Whetzel，Frank L. Schmidt，Steven D. Maurer（1994）① 在《招聘面试效度：全面评述与元

---

① Michael A. Mcdaniel, Deborah L. Whetzel, Frank L. Schmidt, Steven D. Maurer, "The Validity of Employment Interviews: A Comprehensive Review and Meta-Analysis", *Journal of Applied Psychology*, Vol. 79, No. 4, Au, 1994, pp. 599 – 616.

分析》一文中指出利用元分析（Meta-Analysis）方法对访谈①效度进行了详细考察，他们发现访谈效度取决于访谈内容（是情境化的还是与工作相关或者具有心理学意义）；访谈如何实施（访谈是基于结构化的还是非结构化的）、访谈是基于团队的还是个体的；效标使用目的（是基于工作绩效、培训绩效还是任期目的）等因素有关，而基于心理学意义的并与工作相关的访谈比情境式访谈而言具有更高的效度。他们的研究还发现：结构化访谈要比非结构化访谈有更高的效度，对以工作绩效和培训绩效为效标的访谈而言，效度则相似，但对于任期效标来说，效度则很低。

二是行为事件访谈法效度问题。比如 DDI（Development Dimensions International）公司在其白皮书②中就列出了具有代表性的文章来说明以下两点。

1. 行为事件访谈方法具有效度③，比如与工作相关的结构化访谈，使用工作绩效作为效标，平均效度达到 0. 44；与工作相关的结构化访谈，使用培训绩效作为效标，平均效度系数达到 0. 38；多个访谈评价的结构化效度，使用工作绩效作为效标，平均效度系数达到 0. 38，并得到大量实证研究的支持和检验，取得了一定的成效。

2. 从效度系数而言，不同访谈方法、研究目的、效标使用差异以及编码可信度等都影响效度系数。

因此，访谈效度系数实际上与研究者使用选择的效标、访谈内容结构化程度、访谈如何实施以及访谈对象的性质等因素密切有关，这说明不同使用目的、研究对象的访谈效度系数有差异。

正如本研究中所选择的效标样本是科技创新型人才这个效标群体一

---

①　Interview 的中文译文有两种含义，一是访谈；二是面试。两者都是对受访者进行提问的沟通技术，但两者使用目的和范围不同。前者访谈可用于所有研究当中，具有普遍性意指的是一般性意义的访谈。面试主要用于招聘中，通过访谈的方法来建构具体岗位的素质模型和胜任力，其意义较访谈而言要窄一些，因此两者在使用的意义和目的上是不一样的。

②　详见网上资料：www. wip. ddiworld. com_ pdf_ ddi_ selection_ ts_ wp. P2。

③　同上。

样，在具体运用这项行为访谈技术时，如何增加并保证研究效度，是本研究必须思考并着力解决的问题。整个访谈过程应始终对以下问题不断进行反思：

1. 如何取得受访者的信任？如何有效沟通以及如何取得受访者配合和各方支持和合作？

2. 受访者是否真正理解了本研究的目的以及研究问题框架内结构化或半结构化访谈提纲中提出来的主要问题？

3. 在访谈过程中，访谈人员如何根据掌握的访谈沟通技术进行设问并在具体访谈情境下，采取灵活变通的提问方式来提高访谈效度比如当受访者谈论了一个与研究目的和内容无关的主题时，访谈者应及时纠正与研究目的无关的主题，并给予适当的引导。

4. 是否对受访对象有较为全面的认识和了解？

以上问题是影响效度的几个主要因素。实际上，访谈效度问题一直是国外应用心理学领域如人才测评、社会科学研究方法研究者讨论的主要问题。这其中的问题大致分为两个部分。

一是以招聘、工作分析、人员安置和选拔为目的的访谈效度问题，这些问题在上述有关效度问题中有所讨论，这里不再赘述。二是在质的研究分析框架下，以访谈作为质性研究方法时影响效度的因素。

下文将讨论影响质性访谈效度的主要因素，其主要目的是提高并进一步保证质性访谈的效度。

无论使用 BEI 技术本身还是使用 STAR 工具进行素质模型资料的收集，实际上都采取了以访谈为主的方法，更有普遍性。实际上，每一个研究过程和步骤、研究样本的选择、访谈人员是否训练有素、后期资料内容分析和主题分析编码的信度计算以及实施访谈的前期、过程、后期资料的处理等因素都会影响到整个研究目标的效度，即研究目标的实现和达成程度。那么，本书在研究中又是如何保证访谈效度的呢？以下是作者研究时采取

的处理方式:

第一,让受访者真正理解研究者的意图并与受访者充分地交流和沟通。

这一点非常重要,因为受访人员有时会按照他理解的方式和思路控制回答问题的内容和进程,因此事先让受访者熟悉并明确访谈的内容如访谈提纲,并在约谈交流中明确声明并解释访谈的重要目的、目标、价值及意义。有些访谈者由于某种原因可能不善于或不便于对访谈人员提出的问题进行总结,亦没有更为具体的去讨论研究者提出的问题并将主题指向"具体的关键行为事件"。

比如在访谈过程中,有个受访者不太擅长去总结他自身的思维特点,但是他强调在创新活动中最重要的能力素质如:查找文献、掌握学科前沿、学科交叉、做好课题组织和管理以及指导能力、人才培养、团队合作、宽广的思路和思维、实际应用能力、转化思维、发散性思维等;他还强调了团队的领导和管理、国际合作、实验仪器和设备对于科技活动创新的重要性。但对于素质能力而言,他可能没有更多的描述和解释并通过具体的事件进行阐述和说明,此时访谈人员应引导受访者进行思考和总结,虽然受访者可能不太善于去做这些工作或者可能还未找到适当的表述方式去说明归纳。因此,事先与受访者进行有效的沟通就显得非常必要,访谈员有义务和责任在整个访谈进程中把握好提问的主题,并控制好问题的方向。

第二,全面了解受访者信息,建立良性访谈关系;掌握访谈技巧,引导访谈顺利进行。

首先,最重要的是查阅并了解受访人研究领域的特长和领域,主要研究方向,教育学术背景和国内外研究经历、研究专长,最近三年内研究的关注点,发表文章的层次以及具有标志性代表性的科研成果,同行对受访者的评价以及荣誉称号、个性品质、网上视频、报告讲座以及其他相关的文字报道等。科研成果、学术背景、科学成就是了解的重点。了解受访者至少有以下两点意义。

1. 由于访谈过程是建立在双方有效沟通基础之上，了解的受访者信息量越多，就越能迅速进入访谈主题，也便于同受访者建立良好的访谈关系，从而使访谈进程持续深入地进行。

2. 只有在对受访者有一个全面了解的基础上，才能保证访谈过程中访谈人员能够提出适当的问题。访谈中需要访谈人员掌握访谈技巧，对于一些与本研究密切相关的问题要"灵活"处理，应善于抓住受访者谈话过程中能体现其行为事件的"关键点"并将问题引申并深入进去，但也要将问题适时"表面化"（即通俗易懂）。总之，访谈人员一定要把握访谈进程的节奏，时刻铭记访谈员的主要职责是引导访谈进行下去。

其次，访谈过程要将论题引向主题本身，但不能挂一而漏万。这是体现访谈者沟通技巧也是最有难度且具有挑战性的过程。访谈者必须在访谈过程中进行思考和反思并将之贯穿于整个访谈的始末。

最后，做好访谈活动之外的其他准备。比如时间上的准备，安排好访谈地点和确认访谈时间。应准备好一些必需的录音设备，比如录音笔之类的音频工具。需要指出，访谈结束后还须请受访者做一份调查问卷[①]，该调查问卷的目的是考查受访者对创新活动所涉素质要素重要性程度的自我评价，实施问卷调查的目的是：

一是补充访谈中没有涉及的素质特征，便于全面的搜集受访者素质特征词，同时搜集受访人员可能忽略了的一些素质特征。

二是对受访者不太理解的素质词汇和行为特征，访谈人员可有针对性地予以解释，让受访者更清楚地理解访谈的重要意义和意图，从而准确的勾选出符合自身创新行为的重要素质。

三是通过问卷调查的统计分析可以进一步印证受访者对自身素质特征

---

① 高校科技创新型人才素质特征调查问卷，详见附件1。

描述和解释的真实性和可靠性。

四是由于访谈资料反映出来的素质特征词是受访者反复强调的素质词，某个素质特征词可能会呈现较高的频次。通过调查问卷，便于我们掌握受访者在访谈中没有涉及的素质特征，也可以避免素质特征有可能在一个素质特征词上出现高频次的可能。因此，归纳起来，为保证质性访谈效度，访谈过程始终围绕以下问题进行反思。

（1）对每一个受访人员进行详细的信息调查分析。

（2）经常反思访谈过程中访谈人员自身的态度和行为（比如不适当的评论、插话、为迎合受访者而去解释和描述访谈内容等）可能对访谈过程产生的干扰因素。

（3）访谈过程中有没有针对结构化提纲中的问题有效设问，该如何问什么样的问题，采取何种表述方式以及如何根据访谈情境有针对性地灵活提问和设问，访谈人员还要反思访谈过程中无效的提问以及存在的问题，要保证访谈主题不偏离方向。

（4）要善于挖掘受访者不愿意透露的意图和想法，以及受访者内在动机和潜在能力素质。

（5）当受访者不配合访谈时应当及时做出应急性处理以保证访谈顺利进行。比如受访者当天访谈时拒绝录音时该如何处理？当遇到影响访谈顺利进行的情形时，访谈者应善于控制情绪去调整访谈的节奏，从而引导受访者更好地接受访谈，保证访谈活动顺利的进行。

三　对 BEI 方法的总结

BEI 访谈方法已在国内外人力资源管理实践中得到了较为成功的应用，因此 BEI 研究方法对素质模型的建构具有重要的作用和意义。本研究运用该研究方法来建构高校科技创新型人才的素质结构模型。

但应当清楚地认识到，BEI 访谈方法本身具有一定的局限性，很大部分是由于访谈效度受到多个干扰因素的影响，其中最重要的影响因素是访谈者对访谈技术的运用和掌握程度。因此于访谈者而言，训练有素、掌握熟练的访谈沟通技巧将有助于访谈目标的更好实现。

在运用 BEI 访谈技术建构素质模型时，一般采用探索性因素分析法对胜任素质模型结构进行探索构建，如何检验胜任素质模型结构的合理性还需要验证性因素的检验。因此，在检验方法上还应强调验证性因素分析，验证性因素分析的一个重要特性是假设因果模型必须建立在一定理论基础上，而验证性因素可以用来验证某一理论模型或假设模型的适切性并通过统计分析方法来检验个别测验题项的测量误差，使得测量误差从题项变异中抽离出来，从而使得因素负荷具有较高的精确度，该方法还可以对整个素质模型进行统计评估，以解释理论建构的共同因素模型与研究者实际取样数据间的拟合性，检验假设模型的适配度①。

最后，虽然国外学者已形成了一套科学完整的研究体系构建管理者胜任素质模型，但毫无疑问，他们的研究是建立在西方文化与管理模式基础之上，我国学者应该根据中国具体国情来开展素质结构研究，并付诸人力资源管理实践。

第三节　质性访谈效标样本的确立

为真实反映科技创新型人才素质结构特征，确保构建的素质结构模型能反映实际情形，本书采取以下取径和方法，搜集质性分析资料以保证素质模型建构的科学性：

---

① 吴明隆：《结构方程模型——AMOS 的操作与应用》（第 2 版），重庆大学出版社 2010 年版，第 3 页。

第一，编制"高校科技创新型人才素质特征调查问卷"，并请专家学者审定编制的问卷及访谈提纲。主要内容有：素质要素项的完整性和完备性、素质词典概念化①以及词典定义的关键行为特征及内容的概括性程度、素质词典的词义和语句表达的正确性和准确性、对具有重复和重叠的素质词项进行调整、修改并完善，最终形成相对较为完善的素质特征调查问卷以用于访谈研究。

第二，选择广东、江西两省高校科技创新型人才为研究对象。如前所述，由于素质模型建构以高绩效研究对象为参照标准。因此，访谈对象样本选择须以较高层次科技创新型人才，从而保证所建构素质模型特征与一般科技人才相比具有较高的区分度。这些科技创新型人才在科研成果上具有高绩效性，且可作为绩效优良效标来源的标准。在整个高层次的科技人才结构体系中，所选择的研究对象属于较稀缺的人才资源。因此，获得他们的支持和参与，成了作者最具挑战性的一项工作，考虑到研究的实际需要以及样本获得的现实可能性，最终确立以下 13 类人员作为访谈对象的取样标准，并规定研究对象取样标准中只要达到以下任何一项标准即为本研究的访谈和研究对象，这 13 类人员的选择标准如下。

（1）主持或以核心成员身份参加过 973 项目或 863 项目。（2）省部级以上产学研项目的课题负责人。（3）省部级以上重点实验室的学科带头人或负责人。（4）获得省部级科技奖励二等奖（含二等奖，排名在前三）以上者。（5）自然科学领域获得"地方学者"称号（如珠江学者、井冈学者、555 赣鄱人才）。（6）两院院士，即中国科学院院士和中国工程院院士。（7）获得"长江学者"称号（自然科学领域）。（8）国家自然科学基

---

① 对素质词典的概念化及其定义、行为特征描述是在文献调查（详见第三章）基础上进行归类和概念化，这一部分研究主要是在第三章阐述和讨论。用于访谈编制的素质特征调查表经过专家审定，最后形成 77 项素质特征词的调查问卷。素质词典对每一项素质概念词进行定义和行为描述，具体参见附件 2。

金杰出青年获得者。(9)"省千百十"培养对象。(10)教育部"新世纪优秀人才支持计划"项目获得者。(11)"国家青年千人计划"入选者。(12)中科院"百人计划"入选者。(13)在国际顶尖的专业学术刊物上发表了高影响因子的学术论文。

由于本书研究对象是高校科技创新型人才,因此所选目标样本专业领域范围为理、工、农、医类等学科及专业范围内的科技创新型人才。作者主要从广东、江西两省各大高校官网上直接获取访谈对象信息或请某个领域内的专家学者推荐等,最后共有24位科技人员接受访谈,访谈者的属性特征如表3-1所示:

表3-1　　　　　　　24位受访者属性特征分布表　　　　单位:人,%

变　量　特　征		人数	百分比	累积百分比
性别	男	19	79.17	100.00
	女	5	20.83	20.83
年龄	29岁以下	1	4.17	4.17
	30—39岁	11	45.83	50.00
	40—9岁	8	33.33	83.33
	50—59岁	3	12.50	95.83
	60岁及以上	1	4.17	100.00
职称	讲师	2	8.33	8.33
	副高	5	20.83	29.17
	教授	17	70.83	100.00
学历	硕士	1	4.17	4.17
	博士	14	58.33	62.50
	博士后	9	37.50	100.00

续　表

变　量　特　征		人数	百分比	累积百分比
人员类型	教育部部级以上重点实验室学科负责人	6	25.00	25.00
	在国际顶尖级刊物发表了高影响因子论文	3	12.50	37.50
	获得省部级科技奖励二等奖以上者	2	8.33	45.83
	省"千百十"培养对象	5	20.83	66.67
	教育部新世纪人才计划入选者	2	8.33	75.00
	地方学者	1	4.17	79.17
	国家杰出青年基金获得者	1	4.17	83.33
	国家青年千人计划入选者	3	12.50	95.83
	中国科学院院士	1	4.17	100.00
从事专业领域	农业	1	4.17	4.17
	生物	2	8.33	12.50
	化学	3	12.50	25.00
	计算机信息科学	5	20.83	45.83
	工程	5	20.83	66.67
	数学	2	8.33	75.00
	医学	3	12.50	87.50
	物理	3	12.50	100.00

从表 3－1 中所示的属性特征分布可知：受访者男性 19 人，女性 5 人，共 24 人，科技人才主要来源于广东、江西两省（中山大学、华南理工大学、华南师范大学、暨南大学、广东工业大学、广州中医药大学、华南农业大学、南昌大学、东华理工大学、江西中医药大学、南昌航空航天大学、南昌工程学院、江西师范大学等）13 所高校中从事科学研究活动的高层次科技人员。

从事科技活动的受访对象年龄在 30—49 岁之间的有 19 人，所有参访人员具有副教授以上职称的有 22 人，且受访者全部具有博士学位；在人员类型分布上，有中国科学院院士 1 人，国家青年千人计划入选者 3 人，国家杰出青年基金获得者 1 人，珠江学者 1 人，教育部新世纪人才计划入选者 2 人，省"千百十"工程培养对象 5 人，获得省部级科技奖励二等奖以上者 2 人，教育部部级以上重点实验室负责人 6 人。

科技人才所从事专业领域涵盖七大学科，四类领域（理学类、工科类、农学类、医学类）：物理科学 3 人、化学科学 3 人、生物科学 2 人、医学 3 人、计算机与信息科学 5 人、农业科学 1 人、工程类科学 5 人，所从事的学科领域具有代表性。

24 位受访者中，近 5 年内主持国家级科研项目 61 项，参与国家级项目 66 项；主持省部级以上项目 131 项，参与省部级以上项目 60 项，收录于科学引文索引（SCI）、工程索引（EI）、科技会议录索引（ISTP）三大检索系统的论文总计 670 篇，其中 SCI 影响因子大于 1 的 SCI 论文 393 篇；作为第一申请人所获得的发明专利以及日美欧三方专利及国家重点新产品共计 69 项，获得省部级一等奖 4 项，二等奖 2 项，三等奖 13 项，就所获得的显性科研成果指标来看具有高层次性和高水平性，符合本书所定义的 13 类科技创新型人才的选择标准。

第四节　质性访谈过程概述

由于研究对象是较高层次的科技创新型人才，为保证访谈效度，达到预期研究目标，整个访谈过程按以下步骤进行。

第一，制订详细周密的访谈计划。这些计划主要包括不同受访对象接受访谈的时间进程以及地点安排。比如根据各种可获得的信息资源和渠道来确定受访对象，要与受访者进行有效的沟通。再如需要根据受访者的时间安排（因为受访者的时间都很宝贵，工作又非常繁忙，因此事先安排的时间可能随时发生变更）。确认访谈时间和地点以及对不同受访者访谈日程进度合理调度都需要周密的时间管理。

第二，编制相对结构化的 BEI 访谈提纲①。该提纲中行为事件方法主体部分主要包括。

第 1 项：受访者的成长背景介绍。主要包括受访者个人的学习与成长经历，其间有哪些事件对受访者后来的科技职业生涯产生了重大影响的生活学习事件，受访者目前正在进行的主要科研项目以及在其中的主要职责。

第 2 项：受访者讲述最具代表性的三项科技成果产生过程的行为事件。主要是请受访者回顾取得最具代表性的三项成果时的具体情境，包括从工作开始到结束时的环境背景、涉及的人物、遭遇的困难、当时的思想和行

---

①　访谈提纲总体上具有结构化性质，但又具备半结构化访谈的一些特征，如为获得更多有关访谈者创新活动中关键行为事件的相关信息，以及为了解科技人员如何看待和评价"科技创新型人才"，亦会根据具体访谈情境提出开放性问题。因此访谈也并非按照事先设计的结构化问题进行。因此在访谈中需要灵活运用一些访谈和沟通技巧，以获得更多的有关受访者创新行为的关键事例。访谈提纲详见附件 3，补充性问题详见附件 4。

动及最终结果。其目的是反思对于科研创新活动产生了积极影响的素质特征。

其中还根据受访者从事科研创新活动的经历，详述杰出的科技创新人才需要具备哪些素质要素，比如思维特征、个性品质、知识和专业的准备、情感支持、理想和信念价值观等（需根据具体情况追问）。

第3项：其他补充性问题。如"您认为有哪些必备的知识、技能、个性品格是您做好科研工作不可或缺的因素或者促使您获得了好的科研成果"。（注：如果受访者提出的一些素质特征在行为事件访谈中没有出现过，则需请其列举一个实例说明具体内涵，以补充行为事件访谈中所忽略的内容）

每一个具体事件的描述都按照 STAR 方法进行。即当时的情境（Situation）、任务（Task）、思想动机以及采取的行动（Action）、结果（Result）。在访谈中需要访谈人员与受访对象建立良好的访谈关系，需要受访者具备良好的访谈技巧和沟通技能，访谈时需要由访谈者主导访谈的问题，避免并防止被受访者控制，偏离访谈主题，要积极引导受访对象通过回顾以往的成功或失败经历并反思从事科技活动创新所必须具备的素质特征并进行详细描述与解释。访谈者还要不断追问受访者在从事某项创新活动情境下潜在的思想动机及何种知识技能、个性品质以及思维类型等促使其创新成果的达成，进而有利于文本资料分析中科技人才素质要素的概括和提炼。

第三，充分做好访谈前的准备工作。如何保证访谈过程的有效性是作者经常思考的问题，因此，为提高访谈效度，在每进行一次访谈前都必须做足、做好大量的前期准备工作。这些准备工作主要是全面系统了解受访者，从而有利于切入主题，也有利于建立良好的访谈关系。关于如何提高 BEI 访谈的效度以及克服 BEI 研究方法本身的一些局限性，可以参考本章第二节中对这一问题的有关讨论，这里不作赘述。

第四，在征得受访者同意后，所有访谈内容必须做好全程录音。结束访谈时请受访者填答"科技创新型人才素质特征评价量表"①，就素质特征对于创新重要程度进行作答。问卷采用李克特五点计分法计分。选"1"表示该项素质特征项目对受访者所从事科技活动不重要；选"2"表示该项特征对受访者科技活动"较不重要"；选"3"表示该项素质对于受访者科技创新来说重要，其余以此类推。

第五，每一次访谈结束之后，须建立每一位受访者的专家信息资料库文档，以便必要时对受访者后续的追踪和管理。文档中的内容主要包括受访者科研成果信息、受访者接受访谈时填写的基本资料、访谈时的录音资料以及填答的评价量表。访谈当天结束后还要撰写访谈日志并反思访谈过程所遇到的问题，同时反思影响访谈过程的一些干扰因素，还要对受访者认为重要的素质特征概括总结，以便为文本资料的质性研究提供参考。

为保证所获资料真实有效，充分反映高层次科技人才创新过程素质及其行为特征，所有访谈工作都由作者一人独立完成，访谈从2013年9月开始至2015年8月结束。

完成对24位人员的访谈之后，对受访的24位高层次科技人员的录音资料进行回放，逐字逐句听录音，并将所有录音文件转化为质性分析的文字资料，所有录音文字资料达25.86万字。最后，对录音文本进行资料编码、归档。访谈文字资料最长长度为2万字，最短为4908字，平均长度为11193字。最短访谈时间为70分钟，最长访谈时间为143分钟，平均访谈时间99.96分钟。所有访谈时间和长度均达到有效访谈的基本要求，两者相关系数为0.643（显著相关，$p < 0.05$），表明访谈所获得数据资料能够较为稳定的反映样本特征。

---

① 评价量表具体内容，详见附件1。

第五节   质性访谈资料的分析过程、结果及讨论

一 质性研究分析过程

对访谈资料的分析，主要以质性研究方法为主，具体分析时则采用了主题分析和内容分析相结合的方法，其分析思路和采取的步骤、分析方法扼要概括如下：

第一，将所有24位受访者的访谈录音文本资料编码归档。

第二，邀请素质词典编撰经验丰富的人力资源管理的专家1人，加上作者本人一共2人，分别对所有文本资料阅读分析，具体操作时主要运用主题分析和内容分析相结合的方法，将文本资料转化为可以量化统计分析的资料。

第三，采取内容分析和主题分析方法时，其研究步骤和程序为：

将所有文本预先框定好的素质词典库中登录编码，即对所分析的文本资料进行主题和内容的逐一分析。具体而言，主要采取如下步骤进行。

第1步，整理筛选原始文本资料，对有价值的资料内容分析，筛选出与研究相关的文本资料，这些资料要能充分体现受访者在从事科学活动时所具备的以下六个维度：专业知识和技能、创造和创新能力、创造和创新思维风格类型、创新个性品质以及所秉持的科学价值观等方面的特征。考虑到篇幅有限，本书只选取部分原始文本资料示例性分析，详见表3-2。

表 3 – 2   部分受访者文本资料质性分析示例

文本编码	原始文本资料	主题分析	素质特征概念词	维度
T1	那时我自己想题目,看文献。一天到晚都在资料室。我大年初一都在实验室,我都没休过一天假,基本上都在实验室,从早到晚。我当时做课题时完全就是靠自己,但这时候我觉得是奠定了基础,靠自己想,然后自己动手,完全是白手起家!因为那时实验室里什么都没有,就自己去买。我是生物系里最爱问问题的学生,因为什么都不会,什么都不懂。见人就问,见任何人我都问。实验怎么设计以及怎么搞,这个方面怎么搞就问这个人,那个方面怎么搞就问那个人。老师就说我特别勤奋,特别爱问问题。我那是没办法,没有人教。我特羡慕我的一个同学上了另外一个专业,人家老师都想好了,材料都固定下来了,只要去做就行。我都一脑门不知道问谁,自己折腾,但这确实培养了我	这段文本资料中,受访者主要强调了自己的勤奋、努力、踏实肯干的个性。尤其在没有导师的帮助下仍然独立自主开展课题实验和研究,不断地虚心学习、思考和探索,科研素质得到极大的提高	勤勉性、求知欲、独立自主、持续性学习和思考	个性品质、能力维度
T2	我们这个学科需要不断地想不断地做,再想再做。我一直说做实验要想清楚了才来做,不要糊里糊涂来做。那就不如不做,因为又制造了一些污染物,没有什么好处。做了就要求它效率高。所以思维品质就是要不断地想问题,天天地想。但是这个想一定是要看文献的,有时候会融会贯通,触类旁通,这些都会用得到。比如说不是我们专业的人来做报告,我也喜欢听,只要我有时间。他说的一句话或许就把我启发了,我听了很激动,说明能解决我的问题。你老是在想这个问题说明你有激情,你老是在关注,只是稍微有一件事情跟你这个问题能连得上的,你马上电路就接通了。如果你不喜欢这个,你怎么样也接通不了这个电路。所以思维品质就是要持续地关注,还要有耐力。或许我激动地讲了半天,但是人家对你这个东西一点都不感兴趣。不知道你在说啥。他认为没有意义,我又认为这很重要	这段资料中可概括出以下主题:一是强调了做实验需要严谨认真细致;二是强调了文献检索的重要性;三是兴趣的驱动对科学发现的重要性;四是思维品质中要对科学问题进行持续的关注和思考;五是要有坚忍执着的个性品质;六是要具备融会贯通、触类旁通的理解能力	严谨求实、信息检索、好奇心和兴趣驱动、持续性学习和思考、坚忍执着、理解能力	个性品质;知识与技能维度;能力维度

文本编码	原始文本资料	主题分析	素质特征概念词	维度
T3	要有创新思维首先就要打破惯性思维。还有一个就是，自己积累的知识很重要，要对各个学科的东西都懂一点，比如人家一讲到内科的一些疾病，说到哪些值得做，我至少有一个常识，知道哪些是值得做的	受访者最重要的思维品质之一是突破既有思维的框架，变革创新。同时强调广博的知识基础的重要性	变革创新专业知识	个性品质；知识和技能
T4	育种是应用科学！按照邓小平的理论是"不管白猫黑猫，抓到老鼠就是好猫！"我管你什么东西啊，你只要育出新品种就是好东西啊！我管你转基因不转基因啊，按我们的方法，你种下去，推广了那你就是好品种嘛！你的方法就行了！你不行就不行啊！所以没有其他情况，它就是应用嘛！所以我做的工作都是应用基础研究，就不是纯理论的！所以我们是从生产中面临的实际问题出发解决实际问题，但也需要一些理论创新！一定的创新！这和基础研究完全不一样的！因此我们和遗传所和遗传系也是不一样的！因为选用的东西限制了你！作基础研究过去为什么批判这么厉害呢？这个也是有片面性的	受访者强调在自己专业领域内应用转化的能力是非常重要的能力，他同时还强调了育种必须立足实际来解决国家面临的问题，又强调了理论创新的重要性	应用转化立足实际，解决社会面临问题、理论思维	能力维度；思维风格类型维度
T5	要认清楚自己的特长，不要想着很多东西一个人就可以解决，这很不现实，一定要有团队合作的精神，在这个团队合作里面一定要很虚心地向一些有经验的工程师学习，不管这个工程师的学历水平是什么样的，只要他的思维、技术能力、实践动手能力有优点你就要向他学习，这点很关键。在我的团队里面我就要求不管是学生还是工程师都要积极向一些老工程师和技术人员学习，也要求老技术人员和工程师要向新进来的学生和工程师传授经验，加快他们的研发步骤。在这个团队里面要有一个开放的心态，没有人一生下来没有经过什么努力就会懂得很多的东西，我们都是一步一步来的	这段文字资料主要反映了受访者强调了团队合作精神的重要性；强调了不断学习的重要性；要具备开放包容的科研价值观	团队合作、持续性学习和思考、开放包容	价值观维度；能力维度

续　表

文本编码	原始文本资料	主题分析	素质特征概念词	维度
T6	承担这样大的项目对个人的锻炼是很大的,当时九十年代的时候,我们学校接到了一个很大的项目,那个项目对我来说是一个很大的挑战,是一个能力培养的关键时刻。我当时是以一个中级职称的身份接到了这个项目。这个项目不单纯是理论上的研究,是一个创新技术与产业技术相结合的项目。当时我的理论技术比较新,也没有很多的助手,当时这个特种纸组建了团队,是一个非常大的挑战。这个团队必须走向产业化。那个技术是我设计的,从设计到安装到产业技术的公关对一个人来说是非常重要的。如果一个人有一段担当重大项目的经历,不仅仅对他的科研能力的培养是一个关键,也是一种培养他与人沟通能力和领导能力的重要途径	受访者强调了从事大的科学工程项目的经历对于个人科学能力的提高的重要作用;也表明了受访者愿意接受挑战的个性品质;同时具备了沟通管理能力	挑战性、多样化的经历、沟通管理能力	个性品质能力维度
T7	这个我现在也经常对我的学生说。一个人,聪明不是最主要的。勤奋和执着是最重要的,我从九十年代研究纸浆到现在做特种纸的研究,我一直都是在从事这样的一个领域,我对于这个领域有着一份这样的执着。不是像有些人今天搞这个研究,明天又搞那个,涉猎过于广,而缺乏了一种深度。从我个人的角度来说,我觉得要勤奋、要执着、要包容,不仅仅是对他人包容,还要对这个领域出现的新领域有一个包容的心态,这样视野才更开阔	这段文字主要概述了坚忍执着、勤奋的重要品质,也表明受访者具有开放包容的价值观	坚忍执着、勤勉性、开放包容	个性品质;价值观

文本编码	原始文本资料	主题分析	素质特征概念词	维度
T8	我马上就想到他的算法可能不快的原因,估计问题出在哪里。而我可以从哪方面考虑,马上找一个简单的例子示范一下,把我的算法与他的算法对比一下。对比后真的发现很快的,然后再找一个更复杂的例子。验证了几次后,觉得都没问题。如果先做理论的话,我们不一定做得出来,至少试算过验证过是对的,然后才开始做理论。理论做得时间比较长,当中可能会出现很多问题,因为当时我们算法中会涉及一个参数,速度的快慢与这个参数是相关的,那这个参数到底去到哪个度才是最优的,就是达到哪个值这个算法是最快的,那是我们当时的难点。当时我在做实验参数的时候,我拿不同的参数来代,哎!发现去到这个位置的时候还会很不错。尝试完后,就开始做理论部分。做理论部分时,也做得蛮久的,后来就找了最优参数,在做论文的时候会改很多遍,一边做理论一边做实验,每个人的思路不一样。我做完后会拿给李老师检查,他当时做的不是我这一块,他做的是扰洞,我做的是算法,因为他的知识体系完整性比我好,所以他能从另一角度提醒我一下,有时候会启发我的思考,但不会起到阻碍作用	受访者举了一个实例来说明她当时做出成果时的具体过程。从该段文本的分析中可以概括出其主要的思维和能力特征:一、具有发现问题的能力;二、具有很好的逻辑思维能力、具有条理性;三、能运用理论与实验验证的方法小心求证和推演;四、运用类比思维,反复比较鉴别;五、不断虚心学习求教的个性品质	问题发现、逻辑思维、推理能力、类比思维、条理性、实验与理论相结合、求知欲	能力维度;思维风格类型;个性品质;专业知识与技能

续　表

文本编码	原始文本资料	主题分析	素质特征概念词	维度
T9	访谈者:灵感爆发的情形有吗? 受访者:确实有! 这绝对有! 睡觉的时候! 我开车到大学城时,当时快走到桥头的时候,当时有没有风啊? 哦,好像没有风。就是突然间就想到一个办法的? 访谈者:您开车都还在想那个问题? 受访者:对对对! 当然这样的情况情形有很多了! 当然现在我已经想不起具体的细节了,甚至于在晚上躺在床上,一下子就想通了! 在睡梦中! 实际上也不是在做梦,是在半睡半醒中! 于是我马上起来记下来! 确实有,确实有! 当然现在是想不起来具体是哪一个了! 这种情况很多。前段时间我在写一篇文章,写了一年多了,但总是不顺,总是不知道是哪些方面的问题。后来有个学生说到那个问题,我就一直想那个问题了,就在快要上桥头时,我就想通了,后来我马上打电话给我的学生,第二天就做出结果来了	这段话主要是灵感爆发时的情景描述	灵感思维	思维风格类型
T10	比如我在日本时做了那个研究,老师就带我出去交流了好多次。除了会议上的交流外,他还专门把我带到大阪大学跟他们有关的人一起开会来交流,让人家提意见。这是我觉得比较好做科研的一种氛围。我做这个研究,我也敢跟大家去交流,虽然我还没有发表。我可以听他们的意见,然后我改进,最后我才发表。但是现在谁敢这样啊,你如果这样人家就把你的成果窃取了……	强调学术交流的重要性以及创建学术民主的科研氛围对于创新的重要性、受访者具有开放包容的个性品质	学术合作与交流、学术民主开放包容	价值观

第2步，对体现关键素质行为特征的内容主题分析，力求概括性。

第3步，概括并提炼出某一主题下体现素质词典中概念词并统计标识。

第4步，对体现关键行为事件素质特征词呈现的频次记录，并在素质词典文件①中逐一记录，每出现1次某个素质特征词项，研究者就记录1次。依此方法，直到所有文本资料都分析完毕。对于在访谈中新增加的素质特征词，一般处理方法是：首先，概括并分析文本资料的关键素质核心词汇，再比对素质词典库中的关键词，注意处理好一个素质关键词概念的内涵和外延，哪些可能是素质特征词延伸出来的特征，同时还要处理好上位概念与下位概念之间的关系。其次，注意素质词典中关键词是否能真正包含文本资料所提取出来的关键行为特征。最后，经过认真比较做出选择。即如果确认新出现的特征词确实没有在原有素质词典库中出现，那么就增加此条素质关键词。

第5步，根据以上方法和步骤，对每一个受访者原始文本资料逐字、逐句、逐段的内容和主题分析、编码并归类、登录统计，使用SPSS17.0统计软件进行统计分析，最后得到所有受访者在素质词典中登录的频次分布情况，详见表3-3。

第6步，计算编码及分类一致性信度系数，检验文本分析的可信度。结果如表3-4所示。

二　质性分析结果与讨论

根据质性研究的思路、方法和研究步骤，得到如表3-3所示的素质特征词的频次分析统计结果。

---

① 素质词典库对每一个素质特征词均有详细定义及关键行为特征描述，详见附件2。

表 3 – 3 　　　　　24 位受访者关键素质特征词频分析统计表

序号	素质特征词	出现频次	占受访人数的平均频次	排序
1	持续性学习和独立思考	82	3.42	1
2	兴趣驱动和好奇心	67	2.79	2
3	学术合作与交流	61	2.54	3
4	坚忍执着、持之以恒	56	2.33	4
5	学术民主	55	2.29	5
6	严谨求实	52	2.17	6
7	实践应用能力	51	2.13	7
8	培养人才和学科建设	50	2.08	8
9	科学进取性	45	1.88	9
10	问题发现	44	1.83	10
11	创造性问题解决和决策能力	43	1.79	11
12	团队合作	40	1.67	12
13	专业知识	37	1.54	13
14	信息检索	37	1.54	14
15	勤勉性	37	1.54	15
16	掌握学科前沿	36	1.50	16
17	学科交叉	36	1.50	17
18	灵感思维	35	1.46	18
19	立足实际,解决国家社会需求课题	34	1.42	19
20	坚持真理、实事求是	33	1.38	20
21	科学道德	31	1.29	21
22	策略性思考能力	30	1.25	22

续 表

序号	素 质 特 征 词	出现频次	占受访人数的平均频次	排序
23	创造性思维	30	1.25	23
24	洞察力	29	1.21	24
25	成就导向	29	1.21	25
26	理论知识	28	1.17	26
27	多样化的经历	28	1.17	27
28	敢于突破和超越、创新	28	1.17	28
29	重视实验设计和方法	26	1.08	29
30	应用转化思维	26	1.08	30
31	灵活性	26	1.08	31
32	自信心	25	1.04	32
33	正确的科学研究方法	22	0.92	33
34	分析和综合能力	22	0.92	34
35	理论与实践相结合	22	0.92	35
36	开放包容	22	0.92	36
37	社会责任感	22	0.92	37
38	综合思维、系统思维	20	0.83	38
39	质疑性	20	0.83	39
40	独立自主	19	0.79	40
41	发散性思维	18	0.75	41
42	求知欲	18	0.75	42
43	推理能力	17	0.71	43
44	逻辑抽象思维、逻辑推导思维	17	0.71	44

续　表

序号	素 质 特 征 词	出现频次	占受访人数的平均频次	排序
45	挑战性	17	0.71	45
46	专业敏感性	17	0.71	46
47	领导管理能力	15	0.63	47
48	探索规律	14	0.58	48
49	导师指导的影响	14	0.58	49
50	不放弃"异常"（偶然）现象	13	0.54	50
51	逆向思维	13	0.54	51
52	知识—经验迁移	12	0.50	52
53	由模仿以创造	11	0.46	53
54	类比思维	11	0.46	54
55	团结一致、协同创新	10	0.42	55
56	直觉思维	10	0.42	56
57	学术共同体的作用	10	0.42	57
58	科学理想	9	0.38	58
59	理论思维	8	0.33	59
60	辩证性思维	8	0.33	60
61	变革创新	8	0.33	61
62	条理性	7	0.29	62
63	横向思维/水平思维/平行思维	7	0.29	63
64	科学献身精神	7	0.29	64
65	人际沟通	7	0.29	65
66	善于提出科学假设	6	0.25	66

序号	素 质 特 征 词	出现频次	占受访人数的平均频次	排序
67	理解力	6	0.25	67
68	纵向思维	6	0.25	68
69	人文关怀	6	0.25	69
70	想象力	6	0.25	70
71	爱国情怀	5	0.21	71
72	融会贯通能力、触类旁通	5	0.21	72
73	持续性专注	5	0.21	73
74	辐合思维/聚合思维	4	0.17	74
75	非线性思维	4	0.17	75
76	双向思维	4	0.17	76
77	兼收并蓄/博采众才	2	0.08	77
78	形象思维	2	0.08	78
79	身体素质	1	0.04	79
80	注意力	0	0.00	80
81	"大科学研究工程"项目的研究经验	0	0.00	81
82	联想思维	0	0.00	82
83	批判性思维	0	0.00	83

从表 3 - 3 中所列数据，我们可以得出以下结论：

（一）重新考查新出现的素质特征概念词，最后得到新增的 3 项素质特征

通过文本分析，得到新增加的 6 个素质特征词汇，对其重新检视考查发现，有 3 项素质特征词汇可以归并到原有素质概念词中。这 3 项素质特征词是："受导师指导的影响""持续性专注""融会贯通、触类旁通"，分别归并到"学术共同体的作用""注意力""理解力"。最后得到新出现的 3 项素质特征词：领导管理能力、人际沟通、身体素质。归并理由如下。

在原有 77 项素质特征词典的基础上，得到新出现的 6 项素质特征词，分别是：领导管理能力，出现频次 15 次；受导师指导的影响，出现频次 14 次；人际沟通，出现频次 7 次；融会贯通、触类旁通的能力，出现频次 5 次；持续性专注，出现频次 5 次；身体素质，出现频次 1 次。作者重新对新出现的 6 个素质特征词进行考查后做出如下处理。

一是将"受导师指导的影响"归并到"学术共同体的作用"素质概念词中，由于在对此素质概念词定义时已经拓展了对于"学术共同体"概念的范围。学术共同体已不再是单纯意义的某个组织、团队，还包括"某个人"的重要影响，其中包括来自"导师、家庭成员或者具体的某一个人对受访者产生的重要的影响和作用"，因此将此项素质也归并到"学术共同体的作用"当中。

二是将"融会贯通、触类旁通"这项能力素质归并到"理解力"当中。通过考查"理解力"所描述的行为特征，作者发现具备良好"理解力"的科技创新型人才能够在不同知识和经验之间融会贯通，从而产生新的认知，具有较好理解力的科学家能够将知识看成获取新知的一种手段，同时还善于利用已有知识去认识新的事物，将"新知识"同化到"原有知识结构体系"，于是将"融会贯通，触类旁通"这项素质归并到"理解

力"素质概念词中。

三是发现"持续性关注"也包含在"注意力"所包含的行为特征中，因此将"持续性关注"归并到"注意力"这项素质概念词中。

四是将"人际沟通"并入"学术交流与合作"当中。

（二）77项关键素质特征词中，有3项关键素质特征出现频次是0

在77项素质词典中，有4项素质特征词在24份访谈样本中均没有呈现，这4项素质特征词分别是：注意力、"大科学研究工程"的研究经验、联想思维、批判性思维。

由于将"持续性关注"归到"注意力"当中，因此最后有3项素质特征出现的频次为0。通过对这些出现频次较低素质词分析，本研究发现。

1. "大科学研究工程"指的是国家确立的"大科学工程"比如"两弹一星"、"探月工程"、"航空母舰"等大型项目，而有此项工作经验的科学家在所调查的受访样本群体中很少直接参与过此类项目，因此也就没有在此项素质特征中出现。其次，经过对24位科技创新型人才填答调查问卷分析也发现，该项素质特征在科技创新中重要性程度平均得分是2.96分，低于"重要"标准3分。也就是说，该项素质特征对所调查的科学家群体而言是较不重要的，故该项素质累计的频次为0也就不足为奇。

2. 对于"联想思维"和"批判性思维"两项素质特征，虽然在文本资料分析出现的频次是0，但对该项素质特征重要性问卷调查得到的平均分数却分别是3.58分和3.67分，说明这两项素质特征对于受访群体而言，对科学创新活动具有重要作用，是重要的素质特征。因此，这两项素质特征仍应当保留。

（三）累计词频数在整个受访群体中低于6次的素质特征词共有9个

一般认为，根据素质特征词累计频次在25%（6人）以上人数中出现，才能说明该项素质要素总体上反映了被研究对象的特征，可作为素质模型建构的素质项目。如果该项目出现的概率低于25%，通常不具有很好的代表性，是否采用要视具体情况而定。因此，根据这个取舍原则，将累计频次低于6次的素质特征减删，删除的9个素质特征词分别是：爱国情怀（5次）、注意力（5次）、理解力（5次）、辐合思维/聚合思维（4次）、非线性思维（4次）、双向思维（4次）、兼收并蓄/博采众长（2次）、形象思维（2次）、身体素质（1次）。

对受访者调查问卷分析后发现，这9项素质特征在受访者当中重要性程度平均得分分别是：爱国情怀3.88分，注意力3.96分，理解力4.0分，兼收并蓄/博采众长3.46分，形象思维3.71分，双向思维3.5分，开放包容3.88分，非线性思维3.54分。这8项素质（注：因"身体素质"是新出现的素质特征，故并未在调查表中出现）对于受访群体从事科技创新活动都具有"重要"影响。因此，本书决定保留这些素质项目，其中的一个理由是问卷作答相对质性的文本分析而言，其客观性程度相对来说要高一些。同时作者认为是否应该删除，还应该经过大样本的实证研究资料来获得证据和支持。

（四）78项素质特征词构成了受访人员素质结构中的关键素质要素

经过前面几步分析后，最后得到反映24位高层次科技创新型人才的78项素质特征词。具体如表3-4所示。

表 3 - 4　　　　　　78 项关键素质特征的频次分布(n = 24)

序号	素 质 特 征 词	出现频次	占受访人数的平均频次	排序
1	持续性学习和独立思考	82	3.42	1
2	兴趣驱动和好奇心	67	2.79	2
3	学术合作与交流	61	2.54	3
4	坚忍执着、持之以恒	56	2.33	4
5	学术民主	55	2.29	5
6	严谨求实	52	2.17	6
7	实践应用能力	51	2.13	7
8	培养人才和学科建设	50	2.08	8
9	科学进取性	45	1.88	9
10	问题发现	44	1.83	10
11	创造性问题解决和决策能力	43	1.79	11
12	团队合作	40	1.67	12
13	专业知识	37	1.54	13
14	信息检索	37	1.54	14
15	勤勉性	37	1.54	15
16	掌握学科前沿	36	1.50	16
17	学科交叉	36	1.50	17
18	灵感思维	35	1.46	18
19	立足实际,解决国家社会需求课题	34	1.42	19
20	坚持真理、实事求是	33	1.38	20
21	科学道德	31	1.29	21

续　表

序号	素 质 特 征 词	出现频次	占受访人数的 平均频次	排序
22	策略性思考能力	30	1.25	22
23	创造性思维	30	1.25	23
24	洞察力	29	1.21	24
25	成就导向	29	1.21	25
26	理论知识	28	1.17	26
27	多样化的经历	28	1.17	27
28	敢于突破和超越、创新	28	1.17	28
29	重视实验设计和方法	26	1.08	29
30	应用转化思维	26	1.08	30
31	灵活性	26	1.08	31
32	自信心	25	1.04	32
33	学术共同体的作用	24	1.00	33
34	正确的科学研究方法	22	0.92	34
35	分析和综合能力	22	0.92	35
36	理论与实践相结合	22	0.92	36
37	开放包容	22	0.92	37
38	社会责任感	22	0.92	38
39	综合思维、系统思维	20	0.83	39
40	质疑性	20	0.83	40
41	独立自主	19	0.79	41
42	发散性思维	18	0.75	42

续　表

序号	素 质 特 征 词	出现频次	占受访人数的平均频次	排序
43	求知欲	18	0.75	43
44	推理能力	17	0.71	44
45	逻辑抽象思维、逻辑推导思维	17	0.71	45
46	挑战性	17	0.71	46
47	专业敏感性	17	0.71	47
48	领导管理能力	15	0.63	48
49	探索规律	14	0.58	49
50	不放弃"异常"（偶然）现象	13	0.54	50
51	逆向思维	13	0.54	51
52	知识—经验迁移	12	0.50	52
53	由模仿以创造	11	0.46	53
54	类比思维	11	0.46	54
55	注意力	11	0.46	55
56	团结一致、协同创新	10	0.42	56
57	直觉思维	10	0.42	57
58	科学理想	9	0.38	58
59	理论思维	8	0.33	59
60	辩证性思维	8	0.33	60
61	变革创新	8	0.33	61
62	条理性	7	0.29	62
63	横向思维/水平思维/平行思维	7	0.29	63

续　表

序号	素 质 特 征 词	出现频次	占受访人数的平均频次	排序
64	科学献身精神	7	0.29	64
65	人际沟通	7	0.29	65
66	善于提出科学假设	6	0.25	66
67	纵向思维	6	0.25	67
68	人文关怀	6	0.25	68
69	想象力	6	0.25	69
70	爱国情怀	5	0.21	70
71	理解力	5	0.21	71
72	辐合思维/聚合思维	4	0.17	72
73	非线性思维	4	0.17	73
74	双向思维	4	0.17	74
75	兼收并蓄/博采众长	2	0.08	75
76	形象思维	2	0.08	76
77	联想思维	0	0.00	77
78	批判性思维	0	0.00	78

（五）文本资料分类及编码均达到较高的信度

根据计算得到如表 3-5 所示的一致性信度系数。其中，归类一致性 CA 值界于 0.8387—0.9749 之间，信度系数均在 0.83 以上，可以认为两名编码人员的归类具有可靠性；编码信度 R 值界于 0.9123—0.9873 之间，该值表明质性研究的文本编码信度较高。

表 3 – 5　　　　　　24 位受访者文本资料归类一致性及编码信度系数①

编号	T_1	T_2	S	归类一致性 CA 值	编码信度 R 值
1	39	42	36	0.8889	0.9412
2	89	85	80	0.9195	0.9581
3	76	70	70	0.9589	0.9790
4	88	87	80	0.9143	0.9552
5	93	105	89	0.8990	0.9468
6	148	140	132	0.9167	0.9565
7	69	69	61	0.8841	0.9385
8	85	87	79	0.9186	0.9576
9	45	45	39	0.8667	0.9286
10	88	85	79	0.9133	0.9547
11	56	58	53	0.9298	0.9636
12	36	39	35	0.9333	0.9655
13	93	97	87	0.9158	0.9560
14	127	118	108	0.8816	0.9371
15	46	47	40	0.8602	0.9249
16	86	89	80	0.9143	0.9552
17	62	57	53	0.8908	0.9422
18	97	91	82	0.8723	0.9318

① 注：T_1 为研究者本人的编码个数；T_2 为另一编码者编码个数；S 为两个编码者相同的个数；CA 为编码归类一致性系数，其公式为：$CA = 2S/(T_1 + T_2)$。编码信度计算公式为：$R = N * $ 平均相互同意度 $/[1 + (N-1) * $ 平均相互同意度$]$，公式中相互同意度 $= 2M/N_1 + N_2$，M 为编码者完全相同的编码数，N_1 为第 1 个编码者的编码总数，N_2 为第 2 个编码者的编码总数。具体可参阅董奇《心理与教育研究方法》，北京师范大学出版社 2004 年版，第 304—312 页。

续 表

编号	T_1	T_2	S	归类一致性 CA 值	编码信度 R 值
19	113	120	100	0.8584	0.9238
20	100	99	97	0.9749	0.9873
21	52	54	49	0.9245	0.9608
22	95	97	87	0.9063	0.9508
23	44	38	35	0.8537	0.9211
24	13	18	13	0.8387	0.9123

（六）揭示并反映了 24 位高层次科技创新型人才素质结构的六个子维度

作者结合文献调查研究，经过对素质特征词的整理归类，从而揭示并构建了高校科技创新型人才素质结构包含的六个子维度，这六个子维度分别是。

1. 知识—技能维度。

这是科技创新型人才进行科学创新的知识体系基础，其中包括 7 项素质要素，这些素质要素既包括创新型人才所必须具备的广博精深的专业和理论知识、正确的科学研究方法、熟练的实验设计和实验技能，还包括掌握学科前沿，善于利用各种网络媒介载体进行文献检索即"信息检索"的能力。现代社会，科学的发展和科学成果的产生很多都来自不同学科之间的渗透和交叉。因此，需要科学研究者善于利用不同学科及学科群之间的交叉来进行科学创新。而具备以上素质，科学创造和创新才能成为可能，这些要素成为科学家进行科学创造和创新所必须具备的基础性因子。

2. 创造—创新的能力维度。

能力维度是科学家从事科学创新的核心能力，属于创新型人才的能力结构维度，在创新型人才素质结构中处于核心位置。换言之，这些能力要素是科学家创造和创新的核心能力要素。具体来说，该能力维度构成包括以下几个方面。

（1）提出并发现问题的能力。科学发现以及科学成果获得往往始于一个"好"的科学问题，因此能不能提出一个"好"的科学问题实际上反映了科学家对于科学问题深入思考和研究的程度，也反映了科学家自身的素质和能力水平，还反映了是否有勇气去挑战问题难度的科学态度和个性。因此，在何种性质的难度下提出科学问题，实际上也就决定了科学家会以何种思考的策略、方法来解决问题。因此，问题提出的能力，体现出科学家的专业素质与技能，同时又需要科学家具备本学科领域的洞察力和专业敏感性。

（2）实际应用能力。通过对取得高绩效的科技创新型人才的访谈可以发现，许多研究成果的获得都需要科学工作者认真研究国内外的社会需求，尤其对于工程应用类的科学家而言，更需要立足于国家和社会发展的实际需求，密切联系实际进行应用型产品的开发，在取得了基础性科研成果还要考虑将研究成果应用于生产实践，并取得一定的经济效益。总的来说，就是要按照国家经济社会发展、企业需要来进行生产和研发。在解决或攻克某个具体的工程性难题时，需要具备创造性解决问题的能力，尤其在推广应用上，还需要科学家研究具体的市场运作规律，将科学成果转化、应用和推广。

（3）独立思考能力。思考能力主要包括三个方面，即会不会思考、如何思考、思考的品质（质量）如何。思考能力贯穿整个科学研究过程的始终，一个优秀的科学家时刻需要思考科学研究过程中存在的困难和问题，从而采用灵活变通的方法和策略去解决问题。这种思考同时又一直伴随着不断学习新知识的过程，伴随着不断克服科学难题的过程，直至问题得以解决。科学家开展独立性的思考，常常不依赖于既有的研究思路和答案，能够对问题综合分析和综合研判，思考过程中常常具有逻辑性和系统性。

（4）科学创新所依赖的强智力基础。通过对科技创新型人才的访谈，我们认为在科学家智力成分构成中，以下能力要素是不可或缺且又相互起作用的，这种强大的智力基础包括分析和综合能力、推理能力、理解力、条理性、知识—经验迁移的能力、不放过"异常"现象、模仿以创造的能力、想象力等。这些素质要素共同构成了科学家发挥其创造力、从事科学创新的科学条件。

（5）人际沟通能力以及与他人合作的能力。社会交往的网络化和信息化使得人际沟通日益成为人们生活的常态，国家迫切需要的"大科学工程"项目再也不能仅仅依赖单兵作战的努力，而是要依靠整个团队的合作力量来共同完成。因此，现代社会中的科技创新型人才越来越擅长利用各种信息交流的平台及手段在科学家共同体中进行信息交流和沟通，通过信息化或专业化的社交网络平台解决科学研究中的难题，在解决问题时，强调团队合作和协作的力量和价值。课题组负责人很重视对课题成员的组织和领导管理，这种能力对项目的顺利进行往往起着关键作用。

（6）多样化经历。多样化经历主要指的是科技创新型人才的科研和学习经历。比如受访者中绝大部分人都具有海外留学的学习经历，从事过博士后研究，有的具有国外研究机构的访学经历，有的具有主持高层次科研项目的研究经历和经验。在其科技生涯中经历过人生锻炼、挫折和磨砺。虽然这些经历会因个人经历的不同呈现较大差异，但是多样化经历的累积效应对于科学家创新思维的形成、创新能力的培养以及正确的科学道德观和科学价值观的塑造和改造都具有较大的正向引导作用，并逐步转化为科学创造创新能力素质中不可或缺的重要组成部分。

3. 思维—风格类型维度。

不同科学家在科学实践领域有着不同的思维风格类型，这些风格类型在能力选择倾向和具体运用上不同，对科学家创新实践起的作用也不同。

思维风格类型实质表明的是科学家个体以何种方式运用和开发自己的能力，它与能力不同，但又与能力有着相似的地方。富有创造力的科学家善于利用自己独特的思维方式进行思考，比如有的科学家善于运用逻辑推理思维，有的科学家善于利用直觉性思维。心理学研究表明，思维类型与科学创造力之间具有相关关系。因此，思维风格类型维度是科学家在科学创新过程中表现出来的思维风格的一种倾向，表现出某种特定的思维特征。

斯腾伯格认为，所有的思维风格类型在地位上是平等的，没有高低之分，思维风格类型是一种倾向，而非能力。它是指科学家倾向于采用何种方式来完成任务，而不是完成质量的好坏。一些人的能力和思维风格相匹配，一些人则不然①。我们认为科学思维类型可以促使科学创造力的产生以及促使科学家产生创新性想法，有助于促进科学发现。这个维度下的思维风格类型特点主要有。

（1）灵活开放、强变通性思维风格类型。这种思维类型表现出来的特点概括的说就是思维具有开放灵活性，思维方式不拘泥于常规，并常常能在不同的情境下使用灵活变通的思考方式，同时能根据不同的科学问题调整其思考和行为方式。这种思维类型主要有：横向思维、发散性思维、联想思维、非线性思维、逆向思维、双向思维、辐合性思维等。

（2）逻辑抽象、理论系统性思维风格类型。从受访科学家群体来看，逻辑抽象在从事数学、物理学专业的科学家群体体现得较多且较为密集，而系统性思维则在应用工程类的科技创新型人才身上体现得较为集中。当然这两种思维类型在两个类型的科学家群体都有所体现，只是侧重点有所不同。

（3）依赖形象、直觉和灵感思维风格类型。科学发现以及创新绝不仅

---

① ［美］罗伯特·斯腾伯格、陶德·陆伯特：《创意心理学》，曾盼盼译，中国人民大学出版社2009年版，第134页。

仅限于理性的逻辑抽象和推导，还往往依赖于形象思维、直觉思维以及灵感的瞬间迸发。这一点在受访的科学家群体身上得到了印证，且这种思维可能更多地倾向于从事基础研究的科学家群体。正如爱因斯坦说过的那样，"真正可贵的因素是直觉"。在科学发现中，利用直觉思维或者灵感思维获得科学新发现和启迪的案例不胜枚举。这种思维特点就是突如其来、突然迸发的新观点、新方法、新思路，但却说不清楚到底是什么引发了这样的结果。

（4）思辨性或者反思性思维风格类型。这种思维的突出特点是思维方式上具有反思性、比较性和辩证性，思维方法上善于用全面发展的观点、一分为二的观点来看待科学问题，不以一个面来看问题。这种思维类型主要有：辩证性思维、批判性思维、类比性思维。

（5）应用转化型思维。应用转化型思维即自觉地将科学成果应用到社会生产中去，并转化为应用性产品，这种思维特点在应用工程型科技创新人才身上比较普遍。在他们看来，产品如果没有被应用转化为实际有用的价值几乎是不能容忍的。

4. 个性—动机维度。

个性和动机是引发科学家从事科技创新活动不可或缺的动力来源，有些个性品质是科学家共同体身上共同的，比如在困难面前永不畏惧，保持坚忍执着的个性。在科学探索过程中，具有"永远不满足"的个性。在探索未知方面具有"进攻"的个性，即不断朝着科学目标、向科学未知发起不断的"进攻"，具有获取科学新知的进取性、积极性，同时愿意为达成科学目标而付出艰辛的劳动和努力。又如科学家在从事科研活动时，时刻保持着严谨求实的科学态度，并在"兴趣和好奇心"的驱动下探索性发现，具有对既有理论的批判和质疑精神，然而这些精神在不同个体身上具有一定的差异性，表现出个人独特的品质特征。

动机是受到某种力量的牵引从而引发其创造性行为的内在驱动力。通过访谈，发现科学家从事科学研究的动机主要来源于对科学未知探索的好奇心和兴趣驱动，以及来自科学成就"需要"的获得感为导向的内在驱动力，这种动力还来源于对自我能力的认可，具有强大的科学创新和创造自信心和自我效能感。另一个因素是受到外在的物质回报、荣誉以及激励性制度的驱动。

（1）个性因素。这是科学家在科学创新过程中的个性品质，这些人格表现出来的个性是科学家从事科学研究活动的动力来源。换言之，如果没有这种个性，科学活动就不太可能持续进行下去；没有这种个性品质，就不大可能引导和促进科学的重大突破和发现。科学家个性品质反映了他们自身独特的存在方式，其实质是不同个体在思想、性格、品质、意志、情感、态度等方面不同于其他人的特质。

通过访谈，科学家的个性因素品质主要有：坚忍执着、探索规律、勤勉性、科学进取性、严谨求实、独立自主、变革创新、挑战性、质疑性、灵活性、专业敏感性、敢于突破、超越、创新。这些因素在受访者身上所体现出来的共同特点是"坚韧不拔，脚踏实地，进取创新，严谨灵活"。

（2）动机因素。科学家个体在科学研究中充满热情、激情以及保持持续创新的活力，其动力受两种力量的驱动：一种是基于外在因素的驱动，另一种是基于内在因素的驱动。内在动机因素有求知欲、兴趣驱动和好奇心、自信心、成就导向，这些因素促使其在科学创新过程中不断学习，保持对某一个科学问题持续性的专注和兴趣，并相信自己一定能够取得有重要影响的科学成就，能够"出人头地"。

外在驱动则来自一定的物质报酬、荣誉和激励性措施，从受访群体受到驱动的内容要素来看：外在的奖励固然重要，是人们赖以生存的基础，但这并不是促使其产生科学成就的主要原因，大多数人"需要物质报酬、荣誉称号，但并不看重物质报酬以及荣誉称号本身，是自己的荣誉自然会得到，不是自己的，也不必刻意去追求"，而促使其不断取得科学成就的主要内因是自身对所从事领域的兴趣以及受到成就导向、责任使命感的驱动。

5. 价值观—情感维度。

（1）科学核心价值观因素。第一，具有高尚科学道德。主要是指"在科研活动中必须遵守的行为规范和伦理准则的总和，包括所遵循的道德规范以及科学家自身的道德品质"，科学道德在科学创新过程中处于首要位置。一定程度上可以说"没有科学道德就没有科学创新"。因此，在科学实践中始终秉持正确的科学道德观，遵守科学行为规范和伦理准则，"不抄袭，不弄虚作假，不制造伪数据，客观看待科研结果，追求真善美"。

第二，具有人文价值取向和社会责任感。主要包括三个方面：一是对社会及国家应当如何为"科学家"创造力的释放和发挥创造更为宽松、民主、和谐、公平的科研环境和制度，特别是对于正确评价科技创新型人才要有较为人性化的制度安排和氛围营造。二是对于科学创新型人才的培养以及学科发展表现出来的社会责任感。科学家不仅要探索真理，还要为国家培养出世界一流的，具有国际竞争力的创新型科技人才。同样还需要立足国内实际需要，制订相应的分类评价机制。三是科学家的实践活动要充分考虑并关注自然环境的生态性以及可持续发展性。

第三，对科学理想和信念的强烈追求。在科学探索中，应具有科学理想和信念，特别是对世界一流学术科研成果的追求和追赶，具有较高的科学成就感，这种成就感的获得还来源于国际、国内同行对他们成就的肯定和认可。

（2）情感支持因素。开展科学研究要善于控制好自己的情绪，要善于利用周围环境提供的正面情绪和能量。当遇到困难时，之所以能够坚持下来从事科学研究工作，是由于来自所在单位同事、家人、师长情感上的支持和关心，从而保持了对科学研究的热爱和激情，使科学研究能持续下去。

（3）爱国情怀。新时期爱国情怀的突出表现是强大的社会责任感和责任意识，相信自己能够创造高层次的科研成果，在世界同行中占有一席之地。他们认为中国人并不比外国人缺少创新能力，中国人同样可以在某个领域内取得领先地位，学成回国之后能在自己的国家做出一番成就。

（4）开放包容。善于吸收科学领域内的新知识、新事物，虚心学习，对于学术批评保持包容开放的积极心态。

6. 合作与交流维度。

从访谈中发现，合作交流包括国际和国内两个层次，但主要侧重于国际同行间的学术交流，在现代社会，与同行的合作和交流变得愈频繁，愈紧急，高层次科研成果的获得的可能性也会愈大。

合作与交流的群体总体上是在学术共同体内，但是也不完全限于此。由于外部的环境和条件，反映出科学家对创新的客体环境做出反应的适应能力，不同的科学家对于对环境表现不同的适应能力。换言之，每一个科学家在自身专业领域内获取关系资本的能力表现出一定程度的差异性。但总的来说，科学家非常重视国际同行之间的合作与交流。因为在现代科学研究中，已经不能单独依靠个人的力量和努力从事科学研究了，当没有较好的外在条件时，更多地需要依靠内在素质的作用，比如"脚踏实地"做学问的态度，特别是学术共同体为个体提供必需的社会支持等关系资本时，则更有可能获得更高的科学成就。一般而言，交流与合作在整个科学创新体系中主要受到以下因素的影响。

（1）学术讨论对于科学创新的作用。信息化社会的科学创新更多依靠团体合作，单打独斗的方式已经很难适应现代科技发展对于创新的新需要、新要求。学术讨论之于科学家获得新知具有重要作用，许多新思想、新创意往往来源于学术共同体内部的交流和碰撞，特别是那些具有争论性的科学论点很可能是创新的关键。因此，学术讨论之于科学家而言，能有效激发创造能力，对于科学创新具有促进作用。

（2）学术共同体的作用。科学家不断在学术共同体熏陶之下接受了学术共同体内的学术规范并遵循本学科内的研究范式，同来自同一领域的同行坦诚交流，可以促使信息和资源共享，但更重要的意义在于获得学术资源和信息以及文化资本和社会支持，从而更有利于取得科学突破。

（3）来自导师或导师组的指导和影响。在导师或导师组指导下可以获得创新的能力、创新的方法、创新的思维、创新的态度、创新的价值熏陶和训练，并逐步形成自身独特的研究风格和思维品性。导师或导师组内部的组织文化，尤其是创新文化的传承对于创新型科技人才形成独特的研究风格起着潜移默化和不可替代的作用。

（4）宽松民主的学术氛围。学术共同体营造宽松的学术环境和氛围有利于创新成果的涌现。

科学创新很容易，但又不容易。容易的是创新可能性无处不在，只要方法得当、具备一定条件和基础，实现创新和创造完全有可能。不容易是因为创新需要科学家共同体及环境创设出宽松的环境和氛围，要引导科学家群体努力营造科学创新的组织氛围和文化。需要培养正确的科学价值观，努力营造崇尚脚踏实地、实事求是、求真务实的科研风气，创造宽松民主的科研氛围，这需要来自政府、所在单位以及整个社会相互支持以及科学的科研评价制度的顶层设计。需指出的是，以上维度以及各要素之间的关系是交叉影响的，这些维度及其组成因素共同构成了科技创新型人才的素质结构。表3-6是划分的维度以及包含的因素族群。

表 3 – 6   24 位高层次科技创新型人才的素质维度分类表
（共 76 项素质特征）

六个维度	包含的关键素质要素①
知识—技能维度 （6 项）	专业知识、掌握学科前沿、正确的科学研究方法、学科交叉、理论知识、重视实验设计和方法
创造—创新能力维度 （26 项）	实践应用能力、创造性问题解决和决策能力、问题发现、立足实际，解决国家社会需求课题、持续性学习和独立思考、洞察力、策略性思考能力、分析和综合能力、团队合作、理论与实践相结合、坚持真理实事求是、多样化经历、人才培养和学科建设、团结一致（协同创新）、信息检索、善于提出科学假说、推理能力、知识—经验迁移、注意力、想象力、理解力、条理性、兼收并蓄/博采众长、由模仿以创造、不放过"异常"（偶然）现象、领导管理能力
思维风格类型 维度 （18 项）	创造性思维、综合思维/系统思维、逻辑抽象（推导）思维、纵向思维、横向思维/水平思维/平行思维、联想思维、发散性思维、类比思维、应用转化思维、理论思维、辩证性思维、辐合思维/聚合思维、逆向思维、灵感思维、直觉思维、形象思维、批判性思维、双向思维
个性—动机维度 （16 项）	坚忍执着，持之以恒、探索规律、勤勉性、科学进取性、严谨求实、独立自主、变革创新、求知欲、挑战性、兴趣驱动和好奇心、质疑性、自信心、成就导向、灵活性、专业敏感性、敢于突破和超越、创新
价值—情感维度 （7 项）	开放包容、爱国情怀、社会责任感、科学献身精神、人文关怀、科学理想、科学道德
合作交流维度 （3 项）	学术共同体的作用、学术合作与交流、学术民主

① 素质要素的详细定义详见本书附件2。

（七）科技创新型人才问卷调查分析结果，如表 3 - 7 所示

从表中分析来看，表中素质项目中除 Q31 "大科学工程的研究经验"低于"重要"（3 分）之外，其余素质特征平均分都大于 3 分，表明这些素质特征在科技创新活动中显示"重要"地位。

这里需要讨论的问题是：既然素质词典所列出来的素质要素都是重要的素质特征，但为什么在频次分析中有几项素质特征呈现的频次却为 0 呢？这两种结果不是自相矛盾的吗？进一步分析之后，我们发现，呈现为 0 频次（2 项）的素质特征是质性资料分析的结果，而质性分析的结果相对问卷调查而言，量化功能要低于问卷调查。因此通过问卷调查能比较好地弥补质性文本资料分析的不足。换言之，对受访人员的问卷调查的分析得到如下推论。

第一，质性访谈方法在建构素质模型时有一定不足。

受访者的行为特征反映某个关键素质概念词的频次分析受到访谈样本、编码者专业性等因素的影响，虽然访谈资料是客观的，然而对资料的分析以及编码过程却是"主观的"。虽然质性研究的方法确定素质模型建构标准是"25% 的取舍原则"，但不是一个绝对标准，还应当视具体情况而定。

第二，质性方法所建构的素质模型概化程度会受到样本数量和质量的影响。

质性访谈由于样本数量的有限性以及受访样本对象的质量构成都会影响素质结构模型本身的合理性，合理意味着实测的研究对象和实测数据相吻合，以此才能说该模型具有一定的建构效度。质性研究中虽然需要在分类一致性以及编码一致性上进行信度检验，但是可靠性很大程度仍然受到受访样本的数量和质量影响。

第三，仅依靠质性研究方法还不能科学建构科技创新型人才素质结构。

正如以上提出的问题：当某个概念词频次出现较低时，我们该如何选择和决策呢？另外，根据对受访者实际调查问卷数据分析之后发现，频次出现较少的素质特征词在问卷调查中却呈现"重要性"特征。这种结果的矛盾性使我们相信，单依靠质性研究方法所建构的素质模型还远远不能说明素质结构本身的科学性和合理性。

因此，从这个意义上说，研究需要进一步获得更大样本，获得实测数据以验证科技创新型人才素质模型建构的合理性，这需要开展实际调查获得实测数据进行建构。

表3-7　24位高层次科技创新型人才素质特征词重要性程度的调查结果

题号	素 质 要 素	极小值	极大值	均值	标准误	标准差
Q1	专业知识	3.00	5.00	4.0417	0.1753	0.8587
Q2	掌握学科前沿	3.00	5.00	4.3750	0.1451	0.7109
Q3	正确的科学研究方法	3.00	5.00	4.1667	0.1554	0.7614
Q4	学科交叉	2.00	5.00	3.8750	0.1837	0.8999
Q5	理论知识	1.00	5.00	3.7500	0.2019	0.9891
Q6	重视实验设计和方法	2.00	5.00	3.5833	0.1694	0.8297
Q7	实践应用能力	2.00	5.00	3.9583	0.1646	0.8065
Q8	创造性问题解决和决策能力	2.00	5.00	4.2917	0.1646	0.8065
Q9	问题发现	3.00	5.00	4.5417	0.1343	0.6580
Q10	立足实际,解决国家社会需求课题	2.00	5.00	3.3750	0.1886	0.9237
Q11	持续性学习和独立思考	3.00	5.00	4.1667	0.1554	0.7614
Q12	洞察力	3.00	5.00	4.0000	0.1703	0.8341
Q13	策略性思考能力	3.00	5.00	3.7083	0.1532	0.7506
Q14	分析和综合能力	3.00	5.00	3.9583	0.1274	0.6241

题号	素质要素	极小值	极大值	均值	标准误	标准差
Q15	团队合作	2.00	5.00	4.0000	0.1593	0.7802
Q16	理论与实践相结合	2.00	5.00	3.7500	0.1831	0.8969
Q17	坚持真理、实事求是	3.00	5.00	4.0000	0.1593	0.7802
Q18	多样化的经历	2.00	5.00	3.5417	0.1994	0.9771
Q19	培养人才和学科建设	2.00	5.00	3.5833	0.1797	0.8805
Q20	团结一致、协同创新	1.00	5.00	3.4167	0.1896	0.9286
Q21	信息检索	2.00	5.00	3.8333	0.1554	0.7614
Q22	善于提出科学假设	2.00	5.00	4.0417	0.1753	0.8587
Q23	推理能力	3.00	5.00	4.1667	0.1153	0.5647
Q24	知识—经验迁移	3.00	5.00	3.8333	0.1667	0.8165
Q25	注意力	3.00	5.00	3.9583	0.1532	0.7506
Q26	想象力	3.00	5.00	3.9583	0.1409	0.6903
Q27	理解力	3.00	5.00	4.0000	0.1346	0.6594
Q28	条理性	2.00	5.00	3.7083	0.1409	0.6903
Q29	兼收并蓄/博采众长	2.00	5.00	3.4583	0.1804	0.8836
Q30	由模仿以创造	1.00	5.00	3.2917	0.2039	0.9991
Q31	"大科学研究工程"的研究经验	1.00	5.00	2.9583	0.1949	0.9546
Q32	不放弃"异常"(偶然)现象	2.00	5.00	3.5417	0.1700	0.8330
Q33	创造性思维	2.00	5.00	4.2083	0.1700	0.8330
Q34	综合思维、系统思维	3.00	5.00	3.6667	0.1554	0.7614
Q35	逻辑抽象思维、逻辑推导思维	2.00	5.00	3.9583	0.1532	0.7506
Q36	纵向思维	3.00	5.00	3.9167	0.1335	0.6539

题号	素 质 要 素	极小值	极大值	均值	标准误	标准差
Q37	横向思维/水平思维/平行思维	2.00	5.00	3.4583	0.1343	0.6580
Q38	联想思维	3.00	5.00	3.5833	0.1335	0.6539
Q39	发散性思维	2.00	5.00	3.7500	0.1831	0.8969
Q40	类比思维	2.00	5.00	3.6250	0.1787	0.8754
Q41	应用转化思维	2.00	5.00	3.3750	0.1571	0.7697
Q42	理论思维	2.00	5.00	3.5000	0.1346	0.6594
Q43	辩证性思维	2.00	5.00	3.6250	0.1571	0.7697
Q44	辐合思维/聚合思维	2.00	5.00	3.3750	0.1571	0.7697
Q45	逆向思维	2.00	5.00	3.8333	0.1966	0.9631
Q46	非线性思维	2.00	5.00	3.5417	0.2083	1.0206
Q47	灵感思维	3.00	5.00	4.1667	0.1554	0.7614
Q48	直觉思维	3.00	5.00	4.0833	0.1464	0.7173
Q49	形象思维	2.00	5.00	3.7083	0.1532	0.7506
Q50	批判性思维	2.00	5.00	3.6667	0.1667	0.8165
Q51	双向思维	2.00	5.00	3.5000	0.1474	0.7223
Q52	坚忍执着、持之以恒	3.00	5.00	4.0833	0.1028	0.5036
Q53	探索规律	3.00	5.00	3.6667	0.1153	0.5647
Q54	勤勉性	3.00	5.00	3.8750	0.1387	0.6797
Q55	科学进取性	3.00	5.00	3.7500	0.1379	0.6757
Q56	严谨求实	3.00	5.00	3.9583	0.1274	0.6241
Q57	独立自主	2.00	5.00	3.6667	0.1300	0.6370
Q58	变革创新	3.00	5.00	3.8750	0.1250	0.6124

续　表

题号	素 质 要 素	极小值	极大值	均值	标准误	标准差
Q59	求知欲	3.00	5.00	4.0000	0.1593	0.7802
Q60	挑战性	3.00	5.00	3.9583	0.1532	0.7506
Q61	兴趣驱动和好奇心	3.00	5.00	4.1667	0.1667	0.8165
Q62	质疑性	3.00	5.00	3.9167	0.1335	0.6539
Q63	自信心	3.00	5.00	4.0417	0.1409	0.6903
Q64	成就导向	3.00	5.00	3.8333	0.1667	0.8165
Q65	灵活性	1.00	5.00	3.5417	0.1804	0.8836
Q66	专业敏感性	2.00	5.00	3.8333	0.1667	0.8165
Q67	敢于突破和超越、创新	3.00	5.00	4.0833	0.1464	0.7173
Q68	开放包容	3.00	5.00	3.8333	0.1554	0.7614
Q69	爱国情怀	3.00	5.00	3.8750	0.1512	0.7409
Q70	社会责任感	1.00	5.00	3.3333	0.2142	1.0495
Q71	科学献身精神	2.00	5.00	3.3750	0.1571	0.7697
Q72	人文关怀	1.00	5.00	3.5833	0.1896	0.9286
Q73	科学理想	2.00	5.00	3.5417	0.1804	0.8836
Q74	科学道德	2.00	5.00	3.9583	0.1853	0.9079
Q75	学术共同体的作用	1.00	5.00	3.6667	0.1966	0.9631
Q76	学术合作与交流	3.00	5.00	4.0417	0.1409	0.6903
Q77	学术民主	3.00	5.00	4.0833	0.1694	0.8297

第四章　科技创新型人才素质结构
评价指标及量化研究

第一节　评价指标编制的思路框架

一　问题的提出

前述研究中，我们通过行为事件访谈与问卷调查相结合的方法得到科技创新型人才结构所包含的六个维度及素质要素，并从理论划分的角度对六个维度的具体含义以及维度内各因素之间的关系进行了详细阐述。

为进一步解释各维度及各要素之间的关系，阐述不同要素对于潜在因子维度的作用，本书进一步提出以下问题。

第一，创新型人才素质结构的维度与维度之间有一定相关性，但是其相关性或者共变程度如何？仅仅通过质的研究方法难以获取。

第二，同一个维度下不同因素对于同一维度所起的作用是不同的。换言之，各维度之内的要素并非平均地对同一个维度起作用，其权重系数值并不相同。另外，因素内部之间也具有一定的相关性。因此，各个素质特征要素对于同一个潜变量（维度）的贡献和效应不同，具有不同的权重，这需要通过量化的方法进行验证。

第三，科技创新型人才的素质结构及组成要素本身是复杂而抽象的，因此，如何将抽象的素质结构转化为可以实际获取的观测变量指标？简单来说，即我们需要将抽象化的素质特征定义转化为可实际操作的具体行为项目或测量指标。

第四，虽然通过前述文献研究以及质的研究方法建立了科技创新型人才的素质结构维度并按照"知识—技能、创造—创新的能力、创造—创新的思维风格类型、个性—动机、价值观—情感支持、对创新环境的适应程度"六个维度进行划分，但这也仅仅是以理论分析的视角进行的划分。因此，为验证这种维度划分的合理性和科学性，我们还需要在实际中收集具有代表性的行为样本数据来支持理论建构的科技创新型人才素质结构的合理性。

第五，本章关切的问题是科技创新型人才如何评价自身在科学创新过程中所表现出来的行为特征。对科技创新型人才创新行为过程进行考查从而揭示科技创新型人才的素质结构特征。创新型科技人才作为标杆（Benchmarking）样本而言，其素质结构特征与一般性科技人员相比，是否具有区分性？换言之，从人才评价角度而言，所建构出来的素质结构模型能否既反映科技创新型人才创新的行为过程，又具备将一般性科技人员进行鉴别和区分的能力。一言以蔽之，依据高绩效的创新型人才所构建的素质和行为特征评价量表，既能体现创新型人才结构效度，又具有区分一般科技人员的功能，即区分度。

因此，基于以上考虑，本章研究以访谈样本中的绩优样本为效标，根据前述文献综述的研究结果，编制"高校科技创新型人才素质与行为特征调查问卷"，通过量化分析的结果来验证创新人才结构维度划分的合理性；具体而言，是运用验证性因素分析方法，建立结构方程模型对理论与建构模型进行分析，讨论模型建立的科学性，从而使素质结构模型更有针对性地反映高校科技创新型人才的素质结构与创新行为特征。

二　研究假设

第一，依据前述研究结果编制"高校科技创新型人才素质与行为评价问卷"，经过验证性因素分析，具有结构效度和聚合效度，建构的评价指标能总体上揭示并反映广东、江西两省高校科技创新型人才素质结构特征。

第二，构建的评价指标能够区分一般性科技人才，因此可用于高校科技创新型素质测量和评价。

三　研究对象

在广东省、江西省高校从事工程、信息技术、自然科学领域的科技创新型人才，问卷调查的对象为。

（1）主持或以核心成员参加过973项目或863项目。

（2）主持过省部级以上科研课题。

（3）省部级以上重点实验室的学科带头人或负责人。

（4）获得过省部级科技奖励三等奖（含三等奖，排名在前三）以上者。

（5）自然科学领域内获得地方学者称号（如珠江学者、井冈学者、555赣鄱人才称号等）。

（6）两院院士，即中国科学院院士和中国工程院院士。

（7）获得"长江学者"称号（自然科学领域）。

（8）国家自然科学基金杰出青年获得者。

（9）"省千百十"省级培养对象。

（10）教育部"新世纪优秀人才支持计划"项目获得者。

（11）"国家青年千人计划"入选者。

（12）中科院"百人计划"入选者。

（13）至少主持过省部级以上科技项目 1 项。在三大科技论文检索系统（SCI/EI/ISTP）内，近三年内至少在本学科领域发表不少于两篇学术论文（其中 SCI 影响因子大于 1），符合以上确定的任意两项标准即可认为是本研究所确立的对象。

四　量化分析目标

（一）根据前述研究结果，编制"高校科技创新型人才素质与行为特征评价问卷"，收集问卷调查数据，录入计算机。

（二）通过数据分析考查问卷的各项质量指标。具体而言，是要考查编制问卷的信度、结构效度和内容效度。通过探索性因素分析初步得到问卷所反映的共同因子维度，对因子维度进行命名。

（三）进一步通过验证性因素考查每一个共同因子维度以及每一个因子对于维度因子的权重大小及实际效应值。

（四）采用结构方程模型建立"高校科技创新型人才的素质结构模型"，从理论和模型构建的拟合性两方面进行综合分析和探讨，对维度建立的合理性分析和探讨，对预设模型（default model）对比研究。

（五）通过验证性因素分析问卷编制的可靠性，检视问卷的内容效度和结构效度，通过量化的方法探讨各维度之间的关系以及每一个观测变量与潜在变量（因子维度）之间的关系以及效应值大小。

（六）建立高校科技创新型人才素质与创新行为评价指标体系，以鉴别其是否具备某种高绩效的素质和行为特征，为人才测评提供参考。

具体而言，选择绩优组和一般组作为比较样组，用编制问卷分别施测，采用差异显著性检验，用于比较一般性科技人才和优秀科技创新型人才之间是否存在着显著性差异，从而判断评价指标是否具有鉴别科技创新型人才的功能。

五 量化分析的步骤

（1）本章研究主要使用问卷评价法，以自编的"高校科技创新型人才素质与行为特征评价问卷"作为研究和收集数据的工具。

（2）根据研究确立的调查对象标准，在广东、江西两省内25所高校开展问卷调查，采用电子邮件调查和实际问卷发放调查相结合，总共发放问卷1200份，回收有效问卷439份，统一录入计算机中建立数据分析文件。

（3）利用SPSS17.0软件统计包以及AMOS17.0结构方程模型分析软件对数据进行分析。

（4）对研究数据进行分析和讨论。

第二节　科技创新型人才素质结构评价体系的构建

一　评价体系的构建及问卷编制

在第三章，我们得到的科技创新型人才素质结构的六个子维度因子分别是：广博精深的知识—技能、创造—创新的核心能力、创造—创新的思维风格类型、（积极进取，脚踏实地，以成就为导向）的个性—动机维度、价值—情感支持、合作与交流维度。

在创新行为特征的描述上，针对每一个素质概念词的定义及关键行为特征，详细考查了受访样本在创新过程中表现出来的心理和行为特征，结合文献研究，对每一个素质词的概念进行了整理、归纳、修改、编写，同时征求了相关专家的意见，进而再修改。

在概括并提炼每一个素质特征词所包含的具体行为特征时，本书除参考24位高层次科技创新型人才的受访样本以及新华网"第三种中微子震荡模式之旅"视频访谈文本资料，还参考了《院士思维》（四卷）[①]、《科学的道路》（上下卷）[②]、《中国科学院院士自述》[③] 等相关资料，在行为特征的表述上力求体现科技创新型人才创新过程体现出的真实素质、具体行为模式及其心理特征，从而使这些关键素质和行为特征更具有针对性和真实性，为保证编制的评价指标的内容效度和结构效度奠定了坚实的基础。

评价等级采用李克特五点计分法进行。如选"1"表示该项素质及关键行为特征"不符合"受调查对象所从事的科技创新活动；选"2"表示该项素质项目及其所描述的行为特征"较不符合"调查对象从事的科技创新活动；选"3"表示所描述的素质项目及关键行为特征"符合"调查对象所从事的科技创新活动过程，以此类推。这五个级别是：不符合、较不符合、符合、很符合、极其符合。

最后，我们初步编制了六个评价子维度见表4－1：知识—技能评价维度；表4－2：创造—创新的核心能力评价维度；表4－3：创造—创新的思维风格类型评价维度；表4－4：个性—动机评价维度；表4－5：价值观—情感支持评价维度；表4－6：学术共同体内交流与合作倾向性评价维度。为便于开展实际调查，最后将六个子维度的评价问卷统一归整在一张评价问卷上，最终形成总评价问卷，整个调查问卷一共包括6个维度，总共77道题，问卷的具体内容和结构详见本书附件5所示。

---

① 卢嘉锡等主编：《院士思维》，安徽教育出版社2001年版。
② 中国科学院院士工作局主编：《科学的道路》（上下卷），上海教育出版社2005年版。
③ 中国科学院学部联合办公室编：《中国科学院院士自述》，上海教育出版社1995年版。

表 4 - 1　　　　　　　　　　　知识—技能评价维度

序号	素质项目	关 键 行 为 特 征 描 述	不符合	较不符合	符合	很符合	极其符合
			1	2	3	4	5
1	专业知识	我精通并掌握了本学科领域内的专业知识					
2	掌握学科前沿	我能掌握世界科学研究发展的学科前沿开展课题研究					
3	正确的科学研究方法	我善于利用本学科内的研究方法及哲学方法论指导我的科研实践					
4	学科交叉	我经常能运用一门学科或多门学科的概念、理论和方法研究科学问题					
5	理论知识	我能掌握本学科领域内相关的基础理论知识和方法并用于解决科学实际问题					
6	重视实验设计和方法	我在研究中养成了广泛收集事实材料、细心观察、重视实验设计和方法的习惯					

表 4 - 2　　　　　　　　　　创造—创新的核心能力评价维度

序号	素质项目	关 键 行 为 特 征 描 述	不符合	较不符合	符合	很符合	极其符合
			1	2	3	4	5
7	实践应用能力	我经常注重科学实验设计,自己动手,并通过大量的调查研究开展科学活动					
8	创造性问题解决和决策能力	我善于打破传统思维影响和束缚,权衡利弊,采取创造性的方法解决科学中的难题					
9	问题发现	我善于从科学复杂的现象中发现问题,从常规中提出问题,并能抓住具有普遍性的问题					

续 表

序号	素质项目	关 键 行 为 特 征 描 述	不符合	较不符合	符合	很符合	极其符合
			1	2	3	4	5
10	立足实际,解决国家面临的问题	我经常从实际出发,立足于国家面临的问题来考虑我的科学研究活动					
11	持续性学习和思考	在任何环境之下我都能主动自觉地进行学习和思考并形成了良好的习惯					
12	洞察力	我能跟踪到科学发展前沿并能发现别人不能发现的科学问题					
13	策略性思考能力	我总是能够详细制订出每一步要进行的步骤和策略,思考具有逻辑性和系统性					
14	分析和综合能力	我仔细观察并分析每一个现象并从各种现象和问题中综合分析得到新的理论和发现					
15	团队合作	我愿意与他人一起合作,协同攻关,并对团队表达出正向期望,善于建立团队精神					
16	理论与实践相结合	我将理论与实践相结合来开展研究。如勤动手、调查研究、做实验、从事临床和教学实践					
17	坚持真理、实事求是	我经常从反映事物的本质和规律出发来思考和从事科学创新,探索与揭示未知的世界					
18	多样化的经历	我的社会生活阅历丰富,获得过许多科研实践和锻炼,人生经历了许多磨难和艰辛					
19	培养人才和学科建设	我重视年轻人的教育和培养,亲自提供深度辅导并营造各种条件帮助年轻人获得发展的机会,同时善于将人才培养与学科建设结合起来					

序号	素质项目	关 键 行 为 特 征 描 述	不符合	较不符合	符合	很符合	极其符合
			1	2	3	4	5
20	团结一致、协同创新	我善于团结同事朝着既定的科研目标迈进,不盲目单干,通过协同创新实现总目标					
21	信息检索	我善于通过各种媒介手段获取科研发展动态信息,以保证科研活动的高水平性					
22	提出科学假设	我善于从各种事实和问题出发,提出问题假设和猜想,有时还提出"不切实际"的问题					
23	推理能力	我善于从事实或问题中推断出新的结论获取有价值的线索,从而获得新的发现和创见					
24	知识—经验迁移	我善于将已有的知识和经验经过反复比较与权衡后运用于相似或同类的事物上去					
25	注意力	我对感兴趣的问题能保持持续关注且注意力高度集中					
26	想象力	我善于运用直觉和形象思维的方法创造出新的形象,善于"奇思妙想"					
27	理解力	我能将认识对象重组到已有的认知结构当中,实现不同知识和经验的融会贯通					
28	条理性	我做事有条不紊,经常能提出逻辑性强、层次清晰的实验设计和方案并按计划进行					
29	兼收并蓄/博采众长	我采百家之所长为我所用,能包容不同思想和创见并提出新的科学思想					

续　表

序号	素质项目	关 键 行 为 特 征 描 述	不符合	较不符合	符合	很符合	极其符合
			1	2	3	4	5
30	由模仿以创造	我善于从"模仿"一些著名的科学工作入手到真正实现创造					
31	"大科学研究工程"的研究经验	我从事过"大科学工程"项目,具有利用学科交叉和相互渗透进行原始创新的经验					
32	不放过"异常"(或偶然)现象	我决不轻易放过实验中的"异常"数据或偶发现象并对其进行认真分析					

表 4-3　　　　　　　　　创造—创新的思维风格评价维度

序号	素质项目	关 键 行 为 特 征 描 述	不符合	较不符合	符合	很符合	极其符合
			1	2	3	4	5
33	创造性思维	我能独立提出新的概念、理论、方法,不囿于前人,具有创新意识和创新思维、创新方法					
34	综合思维/系统思维/宏观战略思维	我善于用系统和总揽全局的战略思维来分析思考各种事物之间的关系,并作出决策判断					
35	逻辑(抽象)思维	我善于通过演绎推理的方法去把握事物的本质和规律,如采用回溯法、不完全归纳法等					
36	纵向思维	不满足当前事物发展状态,经常问"为什么"进行深入思考,依照事物发展阶段步步推进					
37	横向思维/水平思维/平行思维	我经常能够摆脱固有观念束缚,多角度多侧面思考,不能解决问题时,能"换个地方打井"					

序号	素质项目	关 键 行 为 特 征 描 述	不符合	较不符合	符合	很符合	极其符合
			1	2	3	4	5
38	联想思维	我善于将不同事物进行联想,找出他们之间的相似性和相关性,从而获得更多的科学设想					
39	发散性思维	我善于克服心理定式和常规思维并从多个新视角来观察和分析问题					
40	类比思维	我善于通过比较的方法揭示事物属性上的相似性和相近性,从而使问题得以解决					
41	转化思维	我善于将科学研究成果转化为现实中的生产力					
42	理论思维	我善于从一般的科学原理、定律、公式等进行抽象的逻辑判断和推理来得出结论					
43	辩证性思维	我经常利用变化发展的、联系的、对立与统一的方法来全面认识事物并指导我的科学实践					
44	辐合思维/聚合思维	我善于从众多复杂的问题和现象中找到问题的关键和症结,从而达到解决问题的目的					
45	逆向思维	经常利用反向的思维——"反其道而行之"的方法取得异乎寻常的效果					
46	非线性思维	对不能单纯依靠逻辑思维来解决的难题,利用想象、灵感和直觉思维进行"跳跃性"的思考					
47	灵感思维	我常常因突然受到某种启发而对事物的认识变得豁然开朗起来,解决了悬而未决的难题					
48	直觉思维	我常常凭直觉和预感对事物作出敏锐而迅速的假设和判断,使问题得到解决					

续 表

序号	素质项目	关 键 行 为 特 征 描 述	不符合	较不符合	符合	很符合	极其符合
			1	2	3	4	5
49	形象思维	我擅长将事物具体形象化的方法使问题得以解决					
50	批判性思维	我常常能站在事物的另一面进行审慎反思,提出质疑并指出其不足之处					
51	双向思维	在思考问题时不只是选择一个方向进行思考,而是同时从两个方向思考。如形象与逻辑					
52	坚忍执着	我为了完成或实现某一科学目标,凭借毅力克服一切困难,全身心投入、矢志不渝					
53	探索规律	为了获得事物的本质规律,我坚持不懈,克服一切困难,寻找不同路径方法钻研科学难题					

表 4 – 4　　　　　　　　　个性—动机的评价维度

序号	素质项目	关 键 行 为 特 征 描 述	不符合	较不符合	符合	很符合	极其符合
			1	2	3	4	5
54	勤勉性	为了获得对事物的本质认识,我往往锲而不舍,持之以恒地付出艰辛的劳动					
55	科学进取性	敢于向大自然不断索取知识,主动积极、永不满足地开拓新的科学领域,不断创新					
56	严谨求实	我在科学研究中始终保持严格审慎、客观细致、求真务实的科学态度和工作作风					

序号	素质项目	关 键 行 为 特 征 描 述	不符合	较不符合	符合	很符合	极其符合
			1	2	3	4	5
57	独立自主	我总是通过自身努力独立开展研究和实验,从不受制于他人,自主完成科学研究任务					
58	变革创新	我不拘泥于既有的方法和研究结论,勇于创新,敢于挑战权威,并作出新的突破和创新					
59	求知欲	我对未知事物有着强烈的探索愿望,并为之付出努力					
60	挑战性	我经常选择那些极富挑战性的前沿课题进行研究,决心攻克某个科学难题,不轻信权威					
61	兴趣驱动和好奇心	某个科学问题对我有着强大的吸引力使我经常对它产生持久的注意力,努力寻求解决之道					
62	质疑性	我常给那些与实验研究不符的结果打上一个问号,并仔细分析疑点,使研究不断深入					
63	自信心	我相信自己能够胜任科学研究工作并一定能够完成好					
64	成就导向	我下定决心在某个科学领域内有所建树,成为一个有成就的人					
65	灵活性	我经常能在复杂的情境下采取灵活多样的思考方式,并因地制宜地调整思考和行为方式					
66	专业敏感性	我能迅速发现与专业相关且具有普遍性的科学问题,对问题具有前瞻性和敏锐的预见性					
67	敢于突破和超越、创新	我敢于突破"学术禁区",敢于发起进攻,提出新的创见和问题,超越现有理论框架进行创新					

表 4 – 5　　　　　　　　价值观—情感支持的评价维度

序号	素质项目	关 键 行 为 特 征 描 述	不符合	较不符合	符合	很符合	极其符合
			1	2	3	4	5
68	开放包容	我对科学领域中出现的新事物都采取包容的态度,以开放和包容的心态面对学术批评					
69	爱国情怀	我将科学事业与国家前途命运结合起来,热爱祖国,具有为国争光的荣誉感和使命感					
70	社会责任感	我追求真理,造福社会,推动科学应用于人类和平,同"伪科学"作斗争,避免伦理冲突					
71	科学献身精神	为了追求科学真理,孜孜不倦,甘愿献身于科学研究事业,"春蚕到死丝方尽"					
72	人文关怀	我深刻认识到从事的科学活动与社会、民族、人类乃至宇宙之间具有和谐共存的发展价值					
73	崇高的科学理想	我在青少年时期就树立并构筑了崇高美好的科学愿景,愿为实现它而付出艰辛的劳动					
74	科学道德	我在科研活动中遵守科学行为规范和伦理准则,严于律己,真诚友善,平等谦虚,科研过程一丝不苟,对待科研结果客观理性,追求"真善美"					

表 4 – 6　　　　　　　学术共同体内交流与合作倾向性评价维度

序号	素质项目	关 键 行 为 特 征 描 述	不符合	较不符合	符合	很符合	极其符合
			1	2	3	4	5
75	学术共同体的作用	我认为"学术共同体"对我从事科学研究活动具有重要的影响和作用					
76	学术合作与交流、援助	我认为学术合作与交流能了解学科发展前沿和科学技术,促进学科发展、人才培养和创新					
77	学术民主/科学民主	我认为科学工作者在真理面前人人平等,人人有话语权,分配科研资源应做到公平合理					

二　问卷数据的采集和处理

问卷调查按照事先确定的样本调查标准,采用电子问卷调查和实际发放调查问卷相结合的方式同时进行。发送电子问卷调查方法是根据高校及科研机构网站所公布的相关人员的信息有针对性地进行发送,这些人员大多数都有专门的研究方向并有其代表性的科研成果,便于研究者选出符合研究所需要的调查样本,并有针对性地进行问卷发放和投递。

另外,作者在学习和工作过的高校以及兄弟院校的理工科学院于不同的时间,分批次发放并回收调查问卷。两种方式结合,一共发放调查问卷 1200 份,最后收集到有效问卷 439 份,有效问卷回收率为 37%,采集到的问卷数量可以满足探索性因素分析的需要,将所有数据录入计算机并对数据编码,编码代码表如表 4 – 7 所示,439 份问卷的结构特征分布以及科研成果描述统计,如表 4 – 8 和表 4 – 9 所示。

表 4 – 7　　　　　　　　　　　问卷调查编码表

序号	项目	变量	编 码 代 码				
1	性别	Gen	男 1，女 0				
2	年龄	Age	29 岁以下:1	30—39 岁:2	40—49 岁:3	50—59 岁:4	60 岁及以上:5
3	职称	Title	讲师:1	副高:2	教授:3	其他:0	
4	学科	Discipline	另行编码①				
5	学历	Education Background	专科:1	本科:2	硕士:3	博士:4	博士后:5
6	单位	Institute	另行编码②				
7	人员类别		两院院士 9；长江学者 8；百人计划 7；千人计划 6；百千万人才工程 5；国家杰青 4；地方学者 3；教育部新世纪人才计划 2；省千百十培养对象 1；其他 0				
8	主持和参与的项目	Project number	主持国家级:$ProjN_1$				
			参与国家级:$ProjN_0$				
			主持省部级:$ProjP_1$				
			参与省部级:$ProjP_0$				
9	SCI/ISTP/EI	SCI/ISTP/EI	SCI IF >1 number				
10	专利	Patent	三方专利:3 Patent				
11	国家级重点新产品	key product	KEY PRODUCT				
12	获奖	Prize	国家奖 Prize-N 省部 Prize-P_1；Prize-P_2；Prize-P_3				
13	其他	Other					
14	素质项③	另行编码					

----

① 详见附件 7。

② 同上。

③ 素质项目的英文缩写编码表详见附件 6。

表4－8　　　　　　　　问卷调查结构分布表（N＝439）　　　　　　单位：人，%

变量特征		代码	人数	百分比	有效百分比	累计百分比
性别	男	1	309	70.39	70.39	100.00
	女	0	130	29.61	29.61	29.61
年龄	29岁以下	1	50	11.39	11.39	11.39
	30—39岁	2	187	42.60	42.60	53.99
	40—49岁	3	138	31.44	31.44	85.42
	50—59岁	4	58	13.21	13.21	98.63
	60岁及以上	5	6	1.37	1.37	100.00
职称	讲师	1	98	22.32	22.32	25.97
	副高	2	165	37.59	37.59	63.55
	教授	3	160	36.45	36.45	100.00
	其他	0	16	3.64	3.64	3.64
学历	本科	2	15	3.42	3.42	3.42
	硕士	3	53	12.07	12.07	15.49
	博士	4	281	64.01	64.01	79.50
	博士后	5	90	20.50	20.50	100.00
服务机构	高校	1	428	0.97	97	100.00
	科研院所	2	11	0.03	0.03	3.00

续 表

变 量 特 征		代码	人数	百分比	有效百分比	累计百分比
人员类型	其他①	0	377	85.88	85.88	85.88
	省"千百十"培养对象	1	16	3.64	3.64	89.52
	教育部新世纪人才计划入选者	2	6	1.37	1.37	90.89
	地方学者	3	4	0.91	0.91	91.80
	国家杰青	4	9	2.05	2.05	93.85
	百千万人才工程②	5	10	2.28	2.28	96.13
	国家青年千人计划	6	10	2.28	2.28	98.41
	百人计划	7	3	0.68	0.68	99.09
	长江学者	8	3	0.68	0.68	99.77
	中国科学院院士	9	1	0.23	0.23	100.00
从事专业领域	农业	Agr	1	0.23	0.23	0.23
	建筑	Arc	1	0.23	0.23	0.46
	生物	Bio	58	13.21	13.21	13.67
	化学	Chem	57	12.98	12.98	26.65
	通信	com	1	0.23	0.23	26.88
	计算机	Com	17	3.87	3.87	30.75
	工程	Eng	69	15.72	15.72	46.47

① "其他"指的是没有获得如"长江学者""地方学者"等称号的科技人才。

② 百千万人才工程共分三个层次:第一层次,到2000年,造就上百名45岁左右,能进入世界科技前沿,在世界科技界享有盛誉的学术和技术带头人;第二层次,造就上千名45岁以下具有国内先进水平,保持学科优势的学术和技术带头人;第三层次,培养出上万名30—45岁在各学科领域里有较高学术造诣、成绩显著、起骨干或核心作用的学术和技术带头人后备人选。

变 量 特 征		代码	人数	百分比	有效百分比	累计百分比
从事专业领域	纺织	fangz	1	0.23	0.23	46.70
	金融	Fina	1	0.23	0.23	46.92
	食品科学	Foodsci	1	0.23	0.23	47.15
	地理	Geo	16	3.64	3.64	50.79
	数学	Math	57	12.99	12.99	63.78
	医药	Med	38	8.66	8.66	72.44
	医学	Medi	14	3.19	3.19	75.63
	物理	Phy	103	23.46	23.46	99.09
	心理学	Psy	4	0.91	0.91	100.00

表 4 - 9　　　　科技创新型人才科研成果描述统计（N = 439）

成 果 类 别	极小值	极大值	总和	均值	标准差
主持国家级项目	1	11	574	1.31	1.75
参与国家级项目	2	20	972	2.21	2.56
主持省部级项目	1	30	849	1.93	3.26
参与省部级项目	2	60	1087	2.48	4.44
SCI/EI/ISTP	2	250	6693	15.25	23.81
SCI IF >1 影响因子大于 1 的论文	2	200	4093	9.34	16.81
国家专利	1	21	504	1.15	2.71
美日欧三方专利	0	10	58	0.13	0.75
国家重点新产品开发	0	8	54	0.12	0.59
国家自然科学奖	0	6	94	0.21	0.74
省部级一等奖	0	6	77	0.18	0.60

续　表

成　果　类　别	极小值	极大值	总和	均值	标准差
省部级二等奖	1	7	175	0.40	0.88
省部级三等奖	1	8	204	0.46	1.03

从上述学历、职称、人员类型构成以及科研成果等变量来看，符合本书所确定的样本对象取样标准，因此可用于数据分析，使用SPSS17.0软件统计包进行数据分析，分析结果将在以下章节中予以呈现。

第三节　评价体系的信度和结构效度检验

一　评价体系的信度检验

（一）信度计算方法

信度（reliability）指的是测验结果的一致性或可靠性程度，是衡量编制测验质量的一项重要指标。在经典测验理论信度概念中，信度实质上是测量过程中随机误差大小的反映，信度高意味着测验结果产生的测量随机误差较小，所测结果比较稳定。反之，说明测验的结果不稳定。

信度类型有很多，其中能够反映试题内部一致性程度的信度指标称作同质性信度，其实质是一个测验内部所测内容或特质的相同程度。另一个信度类型是分半信度，指的是将一个测验分成对等的两部分之后，所有被试在这两部分上所得分数的一致性程度。由于分半信度描述的是两部分题目间的一致性，所以它有时也被称作内部一致性系数。

在具体计算测验信度系数时，分别从分半信度和内部一致性信度来进行考查，分半信度（split-reliability）要求建立在两半问卷试题分数方差相等这一假设基础上，但实际数据未必满足这一假定，因此信度往往被低估，而且分半信度根据不同的分半方法具有多个分半信度。为克服这方面的弱点，克龙巴赫（Cronbach）在1951年提出了 a 系数，该系数不要求所测验的题目仅限于（0、1）两种记分，且还可以处理任何测验的内部一致性系数的计算问题，实际数值还是所有可能分半信度的平均值，它只是测量信度的下界的一个估计值。即值越大，必有信度越高；但值小时，却不能断定测量信度不高。① 因此，在计算问卷的信度时，主要使用克龙巴赫 a 信度系数，用以说明测验内部一致性信度。

（二）信度计算结果

依据以上所述的信度的计算和检验方法，我们利用 SPSS17.0 统计软件计算得到整个问卷的克龙巴赫信度系数值为 0.986。相应地，我们得到 6 个子评价维度的分半信度和内部一致性信度系数，其值列于表 4 – 10 中。

表 4 – 10　　　　　六个评价维度的内部一致性信度系数值（N = 439）

评 价 维 度	分 半 信 度	内部一致性信度
评价维度 1（Q1—Q6）	0.7746	0.8040
评价维度 2（Q7—Q32）	0.9135	0.8802
评价维度 3（Q33—Q51）	0.8188	0.9197
评价维度 4（Q52—Q68）	0.8573	0.8854
评价维度 5（Q69—Q74）	0.7614	0.8186
评价维度 6（Q75—Q77）	0.6754	0.7384

---

① 戴海崎、张锋、陈雪枫主编：《心理与教育测量》，暨南大学出版社 1999 年版，第 79 页。

从表 4 - 10 分析结果来看，整个评价问卷信度系数值高达 0.986，高信度系数值表明整个评价维度的内部一致性较高，整个评价维度调查结果一致性程度较高，测量结果可靠。从每一个维度的分析结果来看，其值域都在［0.74，0.92］之间，除维度 6 信度值在 0.74，相比其他维度而言具有较低的信度系数。但从总体上来说，每个维度信度系数值均较高，测量结果可靠稳定，表明测验随机误差较小。

二 评价体系的结构效度检验

（一）问卷结构效度

效度指的是测验是否测量到了与实际所假设的特质理论的吻合程度，简言之，就是一个测验或问卷实际能测出其所测的心理特质的程度[①]。效度是一个相对的概念，不同的测验目的具有不同的效度。

结构效度也称构想效度、建构效度或理论效度，指的是测量的工具反映概念和命题的内部结构的程度。如果说一个测验所测的内容与实际假设的理论是吻合的，那么可以认为该测验的结构效度较高。它一般是通过测量结果与理论假设相比较来进行检验的。其基本步骤为：1. 提出理论假设，将这一假设分解成一些较小的维度，以解释被试在测验上的表现。2. 编制问卷并施测，最后采用相关分析或因子分析等方法对测量的结果进行分析，验证其与理论假设的符合程度。

（二）结构效度的估计方法

第一种方法是在测验内部寻找证据的方法，主要有：

一是考察测验的内容效度。即我们可以事先考察该测验的内容效度，

---

① 戴海崎、张锋、陈雪枫主编：《心理与教育测量》，暨南大学出版社 1999 年版，第 79 页。

因为有些测验对所测内容或行为范围的定义或解释类似于理论构想的解释。因此，内容效度高的测题可以说明结构效度。

二是可以分析被试的答题过程。如果有证据表明某一个题目的作答除了有可能反映所要测的特质之外，还反映着其他因素的影响，那说明该题没有较好地体现理论构想，有可能降低结构效度。

三是可以通过计算测验的同质性信度来检验结构效度。如果有证据表明该测验不同质，则可以断定该测验的结构效度不同。有必要指出，用这种办法得出判断结构效度时，只是结构效度的一个必要非充分条件。

第二种方法是在测验之间寻找证据的方法，主要有：

1. 内容效度法。我们可以考察编制的测验与某个已知有效测量到了某种相同特质的旧测验之间的相关。若二者相关较高，则说明新测验有较高的效度，这种方法叫作相容效度法①。

2. 区分效度法。我们还可以去考察新编测验与某个已知的能有效测量不同特质的旧测验间的相关。若二者相关较高，则说明新测验效度不高，因为它也测到了其他心理特质。但是两者相关不高也只是新测验效度较高的必要非充分条件，这种方法叫作区分效度法②。

3. 因素分析法。因素分析的方法可以用来了解测验的结构效度。其原理是：通过对一组测验进行因素分析，找出影响测验的共同因素。每个测验在共同因素的负荷量（即测验与各因素的相关）就是测验的因素效度，测验分数总变异中来自有关因素的比例就是该测验的结构效度的指标，因素分析法主要包括探索性因素分析和验证性因素分析的方法。

4. 实证效度法。如果一个测验有实证效度，那么可以拿该测验所预测的效标的性质与种类作为该测验的结构效度指标，至少可以从效标的性质和种类来推论测量的结构效度。其具体做法是根据效标把被试分成两类，

---

① 戴海崎、张锋、陈雪枫主编：《心理与教育测量》，暨南大学出版社 1999 年版，第79 页。
② 同上。

考察其得分的差异。第二种做法是根据测验的得分分成高分组和低分组，考察两组在所测特质方面是否有差异。若两组在所测特质方面确实存在显著差异，则说明该测验有效，具有较高的结构效度。

经过以上分析可知，问卷结构效度需要多方面证据支持并证明其是否具有结构效度。因此，本书在考察问卷评价体系的结构效度时，主要是通过内容效度、因素分析的方法以及实证效度的方法来进行综合考察。内容效度主要是基于作者以及有关专家对科技创新型人才的主要特质及其行为特征进行全面的分析、概括和总结，这方面的工作主要是基于对文献的详细调查研究和分析，结合质性访谈的研究得以实现。

考察一个问卷或量表的结构效度的其他方法还有：因子分析法以及从实际中获得效标，确立两组效标样本，通过比较两组不同样本的差异性来反映本评价体系的结构效度的有效性。以下本书分别通过探索性因素分析和验证性因素分析方法以及从实际中获得效标样本的方法来探讨评价体系的结构效度。

三　评价体系的结构效度分析

（一）KMO 和 Bartlett 球形度检验

KMO（Kaiser-Meyer-Olkin）和 Bartlett（Bartlett Test of Sphericity）检验是确立待分析的原有若干变量是否适于进行因子分析的检验指标[①]。

KMO 统计量用于比较变量间的简单相关和偏相关系数，其取值范围介于 0—1 之间。KMO 的值越接近 1，则所有变量之间均有简单相关系数平方和远大于偏相关系数平方和，因此越适于做因子分析。KMO 值越小，说明越不适于做因子分析。Kaiser 给出了一个 KMO 的标准：KMO 大

---

① 余建英、何旭宏编著：《数据统计分析与 SPSS 应用》，人民邮电出版社 2003 年版，第 295 页。

于 0.90 表示非常适合；0.8≤KMO≤0.9 表示适合；0.7≤KMO≤0.8 表示一般；0.6≤KMO≤0.7 表示不太适合；1＜KMO≤0.5 表示不适合做因子分析。

Bartlett 球形度检验是以变量的相关系数矩阵为出发点，它的零假设相关系数矩阵是一个单位阵，即相关系数矩阵对角线上的所有元素都为 1，所有非对象线上的元素都为 0。如果该值较大，且其对应的相关概率值小于我们心中的显著性水平，那么应该拒绝零假设，即认为相关系数不可能是单位阵，也即原始相关变量之间存在相关性，适合作因子分析；相反，如果该统计量比较小，且其对应的相伴概率值大于某个显著水平，则说明不能拒绝零假设，认为相关系数矩阵可能是单位阵，不宜用于因子分析。

因此，根据以上分析，计算 KMO 和 Bartlett 球形度检验得到如下值：KMO 值达到 0.976，表明原始分析数据很适合作因子分析，P 值小于 0.05 拒绝原假设，认为相关系数不可能是单位阵矩阵，原始相关变量之间存在相关性，同样也适于因子分析。因此，经过计算 KMO 和 Bartlett 球形检验，可用于探索性因子分析，检验计算结果详见表 4-11。

表 4-11　　　　　　　KMO 和 Bartlett 的检验（N = 439）

取样足够度的 Kaiser-Meyer-Olkin 度量		0.976
Bartlett 的球形度检验	近似卡方值	27882.685
	df	2926
	Sig.	0.000

（二）探索性因子分析

对原始数据进行探索性因子分析，其主要方法是采用主成分分析法（Principal components analysis），抽取问卷中特征值大于 1 的因子，并对因子进行 Kaiser 标准化正交旋转，以获得科技创新型人才素质结构的因子维度。具体探索过程如下。

1. 第一步，选择在最大变异下不控制因子个数。采用 Kaiser 标准化正交旋转方法，选取特征值大于 1 的值，观察碎石图，一共得到 9 个因子。再观察分析发现，虽然总共抽取到 9 个因子，可以解释的方差也有 65% 以上，但同时也发现，试题题目在第 6、7、8、9 个共同成分上具有很低的因子负荷，对于解释总方差量的贡献率不大。

2. 第二步，根据第一步分析的结果，选择在最大变异下设定控制因子个数，这时设定因子抽取的数为 5 个，再选取特征值大于 1 的共同因子数，仍然采用主成分正交旋转法，结合对碎石图的观察，分析其拐点信息来截取因子个数，此次共抽取到共同因子 5 个，分析各个观测变量在 5 个因子上的因子负荷。

3. 第三步，详细考察分析所有题目在每一个所属的共同成分上的因子负荷，删除那些在某个共同成分因子上低于 0.40 的题目，以及在两个共同因子上都有较高因子载荷的题目，因此考虑删除第 18 题"多样化经历"、第 25 题"注意力"、第 31 题"大科学工程的研究经验"这三个题项，同时第 15 题"团队合作"题项在共同因子 1 和共同因子 5 上都有相同较高的负荷，我们考虑将其归并在第 5 个因子，而第 65 题"灵活性"在第 2、第 3 个因子上都有较高的负荷，经过理论分析并不可取，因此考虑将此题删除，再对数据进行分析，最后得到 5 个共同因子，这时保证了所有题项在 5 个因子上都有 0.40 以上的因子负荷，因子负荷在 5 个因子上的详细分布，如表 4 – 12 所示。

在这一步骤分析中，总的分析原则是"简单结构"以及"理论和内容上的可分析和可解释"。前者要求我们尽可能使大多数的题目能在某个因子上有较高的因子负荷，使得能用较少的因子去解释所要分析的心理结构特征，使得公共因子的解释有效方差在总变异量中最大化，而后者则需要我们根据实际理论分析的角度考量来分析题目与公共因子之间的关系，特别是当一个因子在某个公共因子上出现不是较高的因子负荷时，比如低于 0.40（但大于 0.38）时，或者当一个观测变量（题目）在两个或两个以上的公共因子上都有较大因子负荷时，此时如何取舍则要根据我们对于题目内容以及理论上的进一步分析来全盘综合考察。本书最终删除了问卷的 4 个题项，分别是：第 18 题、第 25 题、第 31 题以及第 65 题。

　　因此，"在理论上获得解释"以及"获得简单结构"是进行探索性因子分析时采取的原则和方法。根据此原则和方法，最终得到如表 4 – 12 所示的各个观测值在 5 个共同因子上都有大于 0.40 的因子载荷值。

　　4. 通过以上步骤的探索性因子分析，最后得到了 5 个共同因子，使得所有题项在 5 个因子上有较高的因子载荷，并对这 5 个共同因子予以命名。

表 4 – 12　　　　　　　　旋转成分矩阵抽取的 5 个共同因子

题 项	因子 1	因子 2	因子 3	因子 4	因子 5
Q1		0.70			
Q2		0.72			
Q3		0.72			
Q4		0.62			
Q5		0.65			
Q6		0.61			
Q7		0.65			
Q8		0.68			
Q9		0.67			
Q10		0.50			

续　表

题 项	因子 1	因子 2	因子 3	因子 4	因子 5
Q11		0.61			
Q12		0.64			
Q13		0.56			
Q14		0.56			
Q16		0.54			
Q17		0.50			
Q19		0.57			
Q20		0.46			
Q21		0.50			
Q22		0.51			
Q23	0.46				
Q24	0.48				
Q26	0.54				
Q27	0.47				
Q28	0.52				
Q29	0.54				
Q30	0.49				
Q32	0.48				
Q33	0.55				
Q34	0.57				
Q35	0.64				
Q36	0.55				

题 项	因子 1	因子 2	因子 3	因子 4	因子 5
Q37	0.63				
Q38	0.61				
Q39	0.68				
Q40	0.62				
Q41	0.60				
Q42	0.60				
Q43	0.66				
Q44	0.65				
Q45	0.69				
Q46	0.73				
Q47	0.69				
Q48	0.74				
Q49	0.63				
Q50	0.64				
Q51	0.48				
Q52				0.53	
Q53				0.55	
Q54				0.58	
Q55				0.54	
Q56				0.47	
Q57				0.47	
Q58				0.51	

题　项	因子 1	因子 2	因子 3	因子 4	因子 5
Q59				0.58	
Q60				0.50	
Q61				0.56	
Q62				0.46	
Q63				0.54	
Q64				0.44	
Q66				0.46	
Q67				0.42	
Q68			0.46		
Q69			0.61		
Q70			0.74		
Q71			0.73		
Q72			0.73		
Q73			0.60		
Q74			0.58		
Q15					0.45
Q75					0.40
Q76					0.60
Q77					0.64

提取方法:主成分分析法;旋转法:具有 Kaiser 标准化的正交旋转法。旋转在 11 次迭代后收敛。

表 4 – 13　　　　　　　5 个因子解释说明的总方差表　　　　单位:%

成分	初始特征值			旋 转 平 方 和 载 入		
	合计	方差的 %	累计 %	合计	方差的	累计
1	37.7726	49.0553	49.0553	14.9534	19.4200	19.4200
2	2.7972	3.6327	52.6880	12.8529	16.6921	36.1121
3	2.7851	3.6170	56.3049	7.8928	10.2504	46.3625
4	1.7767	2.3074	58.6123	7.2961	9.4755	55.8380
5	1.6422	2.1327	60.7450	3.7784	4.9071	60.7450

注: 提取方法: 主成分分析。

(三) 因子命名

表 4 – 12、4 – 13 可以分析得出, 总共萃取的 5 个因子维度根据特征值由大到小排列的顺序为: 因子 1、因子 2、因子 3、因子 4、因子 5, 各个因子解释的总方差量分别为: 49.05%、3.63%、3.61%、2.31%、2.13%。本书经过理论分析, 对因子命名, 命名的结果为。

因子 1: 创新能力—思维风格类型 (能力与思维的匹配系统)。从表 4 – 13 中可以得知, 它能够解释科技创新型人才素质结构中的 49.05% 的方差, 说明在科技创新型人才的素质结构中, 创新能力和思维风格类型在素质结构中起决定作用。

因子 2: 广博精深的专业知识—技能 (专业能力支撑系统)。它能解释人才素质结构中 3.63% 的变异量, 说明一个创新型人才必须具备扎实、广博、精深的专业知识技能作为强大的专业支持系统, 才有可能进行科学创造和创新活动。

因子 3: 科学创新的核心价值理念 (核心价值系统)。它能解释素质结构特征中 3.61% 的变异量, 说明正确科学的价值观对于科学创新活动以及能力的提升具有强大的指导作用。

因子 4：个性—动机（动力支持系统）。它是促进科学家进行创造创新过程的动力系统。它能解释素质结构特征中 2.31% 的变异量，即科学创新需要优质的个性品质以及来自成就导向为内在动力的驱动，这是实现科学创新的强大动力支持系统，作为科学创新的助力系统，如果没有内在动机的追求以及对科学成果的执着追求，科学家不可能获得高水平的科研成就。

因子 5：学术共同体内交流与合作的倾向（创新环境的支持系统）。它能解释创新行为特征中 2.13% 的变异量。

科学家在科学创新时，需要获得各方面的支持，这种支持有家人的关怀和关心，有学术共同体内支持，这和奇可森特米哈依研究中的来自谜米（memo）的支持、导师的支持是一脉相承的（本研究得到了印证）。科学创新需要学术交流与合作，更需要在学术共同体内创造环境和氛围。如果离开支持创新的社会关系以及社会交往网络（如人际关系等关系资本），人们无法获得高效创新的信息资本、关系资本和各种支持性资源。因此，学术共同体交流与合作作为一种"支持和助力系统"对从事科学活动以及创新能力的获得、提升以及产生创新智慧和灵感都具有极为重要的价值和意义。

（四）本节基本结论

1. 经过探索性因子分析，我们得到 5 个因子维度用以解释科技创新型人才素质结构的 5 个因子，分别是：能力和思维类型因子、专业和技能因子、核心价值观因子、个性—动机因子、学术共同体内交流与合作倾向因子。

2.5 个因子内容的构成与前述质的理论研究分析结果基本一致。只是在因子 1 的维度上，探索性因子分析的结果是将原有理论假设中的两个维度思维风格类型和创新核心能力合并到一个公共因子，从实际的数据来看，反映了科学创新型人才素质结构中占主导地位的两大核心素质族群是创新的能力和思维风格类型。

3. 这种分析结果与心理学研究的"思维与能力如果获得了较好的匹配，那么就能获得高创造力的效果"这一研究结论是一致的，也说明思维与能力之间的相关关系。

（1）人的能力与其思维类型极度匹配，就能创造出高水平的科学成果。这或许能够说明：并非具备了某一种能力或思维类型风格就能取得创新，两者只有找到契合点，才能更好地引发科学的创新。

（2）从这一方面来说，思维与能力是并驾齐驱的，实证数据分析的这一特点为理论分析提供了证据，作者将在本书最后一章详细探讨"能力与思维"这一维度对科学创新的重要作用。

4. 探索性因素分析法发现，一共萃取到 5 个因素，其中：

（1）构成能力和思维因子的题目有 27 题，分别是第 23、24、26、27、28、29、30、32、33、34、35、36、37、38、39、40、41、42、43、44、45、46、47、48、49、50、51 题，这一维度可以解释 49.05% 的变异量，其分问卷的 Cronbach a 系数为 0.968。

（2）构成专业—技能的指标有 20 个，分别是第 1、2、3、4、5、6、7、8、9、10、11、12、13、14、16、17、19、20、21、22 题，Cronbach a 系数为 0.955。

（3）构成核心价值观的指标有 7 个，分别是第 68、69、70、71、72、73、74 题，其 Cronbach a 系数为 0.906。

（4）构成个性—动机的指标有 15 个，分别是第 52、53、54、55、56、57、58、59、60、61、62、63、64、66、67 题，其 Cronbach a 系数为 0.955。

（5）构成学术共同体的合作与交流倾向的指标有 4 个，分别是第 15、75、76、77 题，其 Cronbach a 系数 0.818。

（6）修订后问卷的信度系数达到了 0.985，显示了非常高的信度系数值，说明问卷调查结果是可靠的、稳定的，5 个因子所对应的测量指标的分类结果以及各个因子维度信度系数结果如表 4－14 所示。

表 4－14　　5 个因子所对应的测量指标（修订后）的分类及信度系数表　　单位：个

因子维度	测量指标（共 73 个）	指标数量	Cronbach a 系数
能力与思维结构系统	Q23、Q24、Q26、Q27、Q28、Q29、Q30、Q32、Q33、Q34、Q35、Q36、Q37、Q38、Q39、Q40、Q41、Q42、Q43、Q44、Q45、Q46、Q47、Q48、Q49、Q50、Q51	27	0.968
专业—技能支持系统	Q1、Q2、Q3、Q4、Q5、Q6、Q7、Q8、Q9、Q10、Q11、Q12、Q13、Q14、Q16、Q17、Q19、Q20、Q21、Q22	20	0.955
科学创新的核心价值观	Q68、Q69、Q70、Q71、Q72、Q73、Q74	7	0.906
个性—动机因子	Q52、Q53、Q54、Q55、Q56、Q57、Q58、Q59、Q60、Q61、Q62、Q63、Q64、Q66、Q67	15	0.955
学术共同体的合作与交流倾向性	Q15、Q75、Q76、Q77	4	0.818

注：修订后整份问卷信度系数为 0.985。

第四节　评价指标验证性因素分析

在第三节，作者对问卷各个子评价维度进行了探索性因子分析，得到的研究结果与预先设定的理论假设较为一致的结论。本节试图采用验证性因素分析方法对修订的评价问卷分析。仍然根据如前所述的取样标准，在广东、江西两省高校采用电子邮件调查和实际调查相结合方式，获得研究所需要的第二批样本，总共发放问卷1000份，回收有效问卷365份，对这些数据使用AMOS7.0结构方程模型分析软件分析。

在本节研究中，采用结构方程模型（Structural Equation Model，SEM）方法进行验证性分析，目的和意义在于：

一是结构验证。即检验基于探索性因子分析得到的5个因子结构是否得到了另外一批样本的数据支持，以了解理论所建构的模型与我们实际取样搜集到的数据是否契合，对整个假设模型适配度拟合度指标的检验。从这个意义上说，结构方程模型是一种理论模型检验（the-ory-testing）①。

二是比较和评估建立的模型。通过对建立的结构方程模型比较和评估，以评价模型是否为最优模型。

三是检验问卷各个观测题项的测量误差，并且将测量误差从题项的变异量中抽离出来，使得因素负荷量具有较高精确度。这在探索性因素分析中是无法做到的。同时还可以通过设定某些共同因素之间是否相关，比如可以将这些共同因素间的相关设定为共变关系。通过详细考察因子与因子之间的相关或共变关系，从而更好地解释所建立的素质模型，使模型解释更具实际意义。

四是评估测量的信度和效度。SEM模型分析又称潜在变量模型，在社会科学领域中主要用于分析观察变量（observed variables）间的复杂关系，它是一种将测量与分析整合在一起的计量研究技术，可以同时估计模型中的测量指标、潜在变量，不仅可以估计测量过程中的误差，也可以评估测量的信度和效度。

基于以上分析，采用结构方程模型量化研究方法，可以较好地对建构的素质结构模型验证和比较，通过对各种拟合指数评价，从而考查预设模

---

① 吴明隆：《结构方程模型——AMOS的操作与应用》（第2版），重庆大学出版社2009年版，第3页。

型（或叫假设模型、理论模型）与实测数据结构的契合程度，同时结构方程模型还可以通过模型修正，释放一些路径增加模型与数据拟合程度，但无论如何修饰，建立的模型必须遵循理论上建构的实际意义和价值，这是使用结构方程模型必须谨遵的一个原则。

按照探索性因素分析结果，建立如图4-1所示的"高校科技创新型人才素质结构模型"。在该素质结构模型中共有5个因子，每个因子对应着不同观察指标变量，以反映每一个因子对应的结构效度。另外，由于素质结构模型包含多个影响因素，各个因素之间存在相关或共变关系。因此，假设因子之间会产生共变影响。因此，不同因子之间建立的相关关系，如图4-1所示。

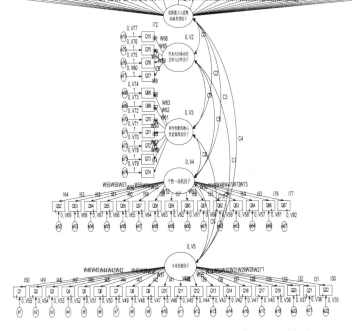

图4-1　高校科技创新型人才素质结构模型

在接下来的研究中，通过以下步骤对模型总体拟合程度考察。

1. 分别考查5个因子维度各自的结构效度。即通过单一因子的结构模型来考查观测指标变量是否反映了各自的单一因子的维度，同时考查观测变量对应于每个因子的回归系数以及测量的残差（误差）值及其关系。

2. 建立5个因子的斜交模型。以此考查因子之间是否存在相关关系或共变关系，即通过考查多个因子的直交模型与斜交模型，根据实测数据，从而考查因子之间是否存在共变关系。

3. 在假设模型（default model）适配度较好的情况下，从收敛效度（也叫聚合效度，即测量相同构念的测量指标变量会落在同一个因素构念上）的观点，探讨每个潜在变量的指标变量在因子构念的因子负荷量（factor loading）是否相等。如果指标变量因子负荷相等的假设模型获得支持，表示指标变量反映的潜在特质大致相等。通过限制因子构念的指标变量相同，是CFA模型中测量不变性（measurement invariance）的应用。因此，通过参数限制比较预设模型的测量不变性检验。

一　五个单因子效度的检验

（一）能力与思维风格类型因子效度检验

能力与思维因子在本章第三节获得的内部一致性信度系数为0.968，显示具有较好信度。以下采用验证性因素分析各个测量指标对所属因子的载荷系数（路径系数），采用极大似然方法（Maximum likelihood）参数估计，估计结果如图4-2所示，各测量指标的标准回归系数（权重）见表4-15。模型的各项拟合性指标如表4-16所示。

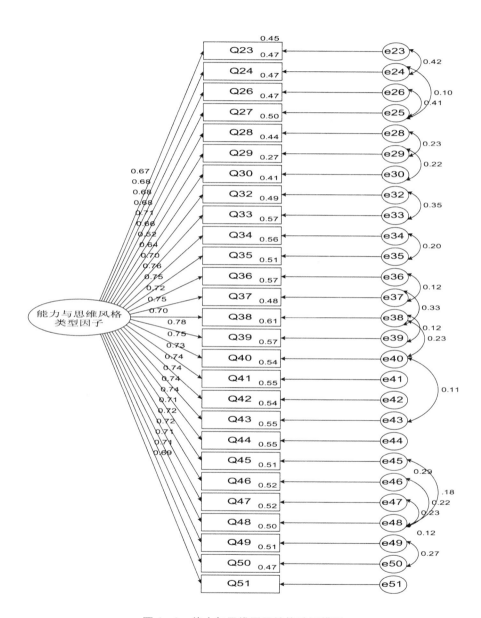

图 4 - 2　能力与思维因子结构验证模型

表 4 – 15　　　　　　　　　　回归系数估计结果（N = 365）

路　　　径			未标准化回归系数	标准误	T 值	P 值	标准化回归系数
Q41	←	能力与思维风格类型因子	1				0.734
Q42	←	能力与思维风格类型因子	0.882	0.061	14.478	***	0.742
Q43	←	能力与思维风格类型因子	0.837	0.059	14.299	***	0.735
Q44	←	能力与思维风格类型因子	0.871	0.061	14.387	***	0.742
Q45	←	能力与思维风格类型因子	0.916	0.063	14.484	***	0.744
Q46	←	能力与思维风格类型因子	0.925	0.067	13.791	***	0.712
Q47	←	能力与思维风格类型因子	0.878	0.063	13.935	***	0.721
Q48	←	能力与思维风格类型因子	0.896	0.064	13.898	***	0.719
Q49	←	能力与思维风格类型因子	0.827	0.061	13.633	***	0.706
Q50	←	能力与思维风格类型因子	0.835	0.061	13.778	***	0.712
Q51	←	能力与思维风格类型因子	0.799	0.06	13.215	***	0.685
Q40	←	能力与思维风格类型因子	0.85	0.058	14.637	***	0.754
Q39	←	能力与思维风格类型因子	0.954	0.062	15.32	***	0.784
Q38	←	能力与思维风格类型因子	0.769	0.058	13.364	***	0.696
Q37	←	能力与思维风格类型因子	0.84	0.057	14.679	***	0.755
Q36	←	能力与思维风格类型因子	0.807	0.058	13.86	***	0.717
Q35	←	能力与思维风格类型因子	0.876	0.06	14.539	***	0.75
Q34	←	能力与思维风格类型因子	0.873	0.059	14.742	***	0.758
Q33	←	能力与思维风格类型因子	0.84	0.062	13.457	***	0.698
Q32	←	能力与思维风格类型因子	0.773	0.063	12.246	***	0.639

续　表

	路　径	未标准化回归系数	标准误	T 值	P 值	标准化回归系数
Q30	← 能力与思维风格类型因子	0.698	0.071	9.878	***	0.52
Q29	← 能力与思维风格类型因子	0.781	0.061	12.783	***	0.665
Q28	← 能力与思维风格类型因子	0.808	0.059	13.716	***	0.71
Q27	← 能力与思维风格类型因子	0.781	0.059	13.191	***	0.685
Q26	← 能力与思维风格类型因子	0.846	0.064	13.191	***	0.685
Q24	← 能力与思维风格类型因子	0.719	0.055	13.15	***	0.684
Q23	← 能力与思维风格类型因子	0.777	0.06	12.892	***	0.671

表 4 - 16　　　能力与思维风格类型因子模型拟合指数一览表（N = 365）

拟合指数	CMIN/df	比值	P 值	RMSEA	NNFI	CFI
计算结果	686.908/306	2.245	0.000	0.058	0.934	0.942

从表 4 - 15 中可以看出，所有路径系数 T 值都大于 2，表明参数是显著不为 0（显著性水平为 0.01，***表示非常显著）。以上结果表明 27 条路径回归系数均达到显著性水平。

有必要指出，在考察预设模型拟合指数时，发现预设模型在 NNFI 指数上拟合并不十分理想，程序计算结果提示模型需要进行 MI（Modification Indices）修正，并提示测量指标的一些测量误差之间存在共变关系（各测量误差如表 4 - 17 所示），综合分析误差之间的共变关系，获得理论方面支持的依据主要是：（1）有相关关系的误差表明两个观测变量可能测量到了共同的特质部分。（2）两个观测变量可能测量到了其他因子或者产生了同样的误差。

　　由于潜变量因子是"能力与思维风格类型",而用于观察的各个指标都是"能力和思维"的具体行为特征。因此,反映潜变量特质的各个观测变量之间可能存在交叉和重叠作用,这种交叉和重叠作用可能是导致误差产生的原因之一。换言之,从理论上来说,绝对单一地对某人创新行为过程起作用的某个心理品质的要素是不存在的。因此,就会使不同系统误差之间可能存在一个共变关系。另外,这种误差之间的相关也提示我们要重新审视测量指标,包括审视搜集数据过程要有效控制随机误差的产生。基于此种理论分析,同时根据模型修正指标值,分别增加如图4－2所示误差之间的路径相关,经模型修正之后得到拟合度较好的上述模型。

　　表4－16经模型拟合度检验,能力与思维因子问卷卡方值（CMIN/df）为2.245,P值为0.000。一般认为卡方值在2.0—5.0之间为"可以接受模型"[1],且越小越好;RMSEA的值为0.058,低于0.08,表示有较好的拟合,一般认为低于0.05表示具有非常好的拟合（越小越好）。NNFI和CFI指数则在0.90以上时（越大越好）,认为模型具有非常好的拟合。总的来说,能力与思维因子结构模型显示较好的拟合。因此,能力与思维风格因子模型与实测数据之间具有较好的拟合度。

表4－17　　　　　　　　　误差之间协方差及相关系数

路径			协方差	S. E.	C. R.	P
e24	↔	e23	0.132	0.019	7.116	***
e25	↔	e26	0.146	0.021	6.947	***
e29	↔	e28	0.078	0.019	4.171	***

---

　　① 侯杰泰、温忠麟、成子娟:《结构方程模型及其应用》,教育科学出版社2004年版,第156—160页。

路径			协方差	S. E.	C. R.	P
e30	←→	e29	0.107	0.026	4.095	***
e33	←→	e32	0.132	0.022	5.939	***
e37	←→	e36	0.033	0.015	2.294	0.022
e38	←→	e37	0.091	0.015	5.895	***
e43	←→	e40	0.03	0.015	1.999	0.046
e40	←→	e38	0.063	0.015	4.294	***
e49	←→	e50	0.088	0.019	4.718	***
e47	←→	e48	0.081	0.019	4.236	***
e46	←→	e48	0.084	0.02	4.102	***
e45	←→	e46	0.103	0.021	4.927	***
e45	←→	e48	0.06	0.018	3.241	0.001
e35	←→	e34	0.056	0.016	3.528	***
e25	←→	e24	0.031	0.014	2.27	0.023
e48	←→	e49	0.041	0.017	2.394	0.017
e39	←→	e38	0.033	0.015	2.286	0.022

（二）专业—技能因子模型结构效度检验

经过验证性因素分析，各个测量指标对所属因子载荷系数（路径系数）采用极大似然方法（Maximum likelihood）参数估计，估计结果如图4－3所示，各指标的标准回归系数（权重）情况如表4－18所示。模型的各项拟合性指标如表4－19所示。

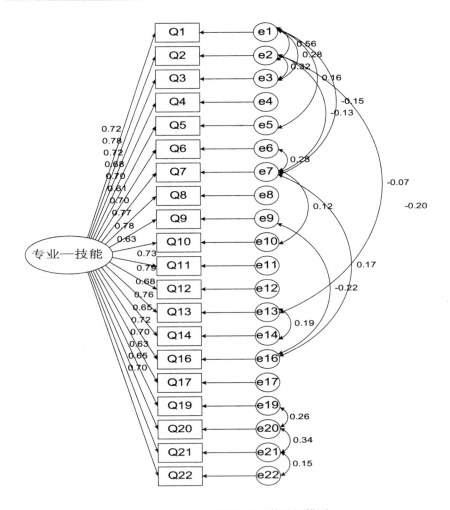

图 4 - 3　专业—技能因子结构验证模型

表 4 - 18　　　　　　专业与技能回归系数估计结果（N = 365）

	路　　径		未标准化回归系数	标准误	T 值	P 值	标准化回归系数
Q1	←	专业—技能	1				0.724
Q2	←	专业—技能	1.065	0.048	21.971	***	0.777
Q3	←	专业—技能	0.978	0.061	16.054	***	0.721

路　径			未标准化 回归系数	标准误	T 值	P 值	标准化 回归系数
Q4	←	专业—技能	0.89	0.069	12.809	***	0.678
Q5	←	专业—技能	0.876	0.06	14.567	***	0.705
Q6	←	专业—技能	0.81	0.07	11.551	***	0.613
Q7	←	专业—技能	0.968	0.079	12.324	***	0.701
Q8	←	专业—技能	1.116	0.076	14.676	***	0.773
Q9	←	专业—技能	1.097	0.074	14.772	***	0.779
Q10	←	专业—技能	0.898	0.075	11.933	***	0.633
Q11	←	专业—技能	0.995	0.072	13.829	***	0.73
Q12	←	专业—技能	1.066	0.071	14.96	***	0.787
Q13	←	专业—技能	0.883	0.069	12.786	***	0.678
Q14	←	专业—技能	1.005	0.069	14.463	***	0.762
Q16	←	专业—技能	0.861	0.07	12.267	***	0.653
Q17	←	专业—技能	0.948	0.07	13.584	***	0.717
Q19	←	专业—技能	0.994	0.075	13.186	***	0.697
Q20	←	专业—技能	0.773	0.065	11.828	***	0.628
Q21	←	专业—技能	0.834	0.068	12.31	***	0.652
Q22	←	专业—技能	0.945	0.071	13.267	***	0.701

表 4 - 18 中所有观察指标的 20 条回归系数 T 值都大于 2，表明回归系数显著不为 0（显著性水平为 0.01）。以上结果表明这 20 个观察指标变量均能较好地反映"专业与技能因子"结构效度。

表 4 - 19　　　　　　专业与技能因子模型的拟合指数一览表（N = 365）

拟合指数	CMIN/df	比值	P 值	RMSEA	NNFI	CFI
计算结果	330.28/154	2.145	0.000	0.056	0.953	0.962

在考察预设模型拟合指数时，程序计算结果提示模型需要进行 MI（Modification Indices）修正，并提示测量指标一些测量误差之间存在共变关系（各测量误差如表 4 - 20 所示），通过理论分析，很可能是两个测量指标测量了相同特质部分，于是根据模型修正提示，分别增加如图 4 - 3 所示的误差间路径相关，经模型修正之后得到拟合度较好的上述模型。

表 4 - 19 经模型拟合度检验，能力与思维因子卡方值（CMIN/df）是 2.145，P 值为 0.000，一般认为卡方值在 2.0—5.0 之间为可以接受模型，且越小越好；RMSEA 的值为 0.056，低于 0.08，表示具有较好的拟合，NNFI 和 CFI 指数则在 0.95 以上时（越大越好），认为模型具有较好拟合。总的来说，专业—技能因子结构模型经模型修正之后显示了较好的拟合度。

表 4 - 20　　　　　　　测量误差之间的协方差及相关系数

路　径			协方差	相关系数	S. E.	C. R.	P
e1	←→	e2	0.186	0.558	0.022	8.558	***
e1	←→	e3	0.1	0.276	0.021	4.818	***
e1	←→	e7	- 0.058	- 0.154	0.018	- 3.194	0.001
e2	←→	e3	0.105	0.321	0.02	5.244	***

续　表

路　　径			协方差	相关系数	S. E.	C. R.	P
e2	↔	e7	−0.044	−0.127	0.017	−2.575	0.01
e2	↔	e13	−0.024	−0.072	0.014	−1.7	0.089
e2	↔	e16	−0.068	−0.195	0.016	−4.369	***
e20	↔	e21	0.128	0.34	0.021	6.217	***
e19	↔	e20	0.103	0.258	0.021	4.853	***
e13	↔	e14	0.063	0.19	0.019	3.291	0.001
e6	↔	e7	0.118	0.283	0.023	5.12	***
e7	↔	e16	0.066	0.165	0.021	3.137	0.002
e7	↔	e10	0.051	0.116	0.022	2.26	0.024
e21	↔	e22	0.058	0.155	0.02	2.966	0.003
e9	↔	e16	−0.08	−0.225	0.02	−4.096	***
e1	↔	e5	0.055	0.162	0.015	3.627	***

（三）科学创新核心价值观因子模型

依据上述计算方法，得到如图4－4所示的核心价值观因子结构模型，各指标标准回归系数如表4－21所示。误差之间相关表明两个观测变量测量到了同一个心理特质，经模型修正以后（各个误差相关如表4－22所示），模型各项拟合性指标均表现良好，具体如表4－23所示。

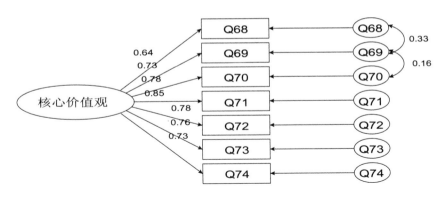

图 4 - 4　核心价值观因子结构验证模型

表 4 - 21　　　　　　　　核心价值观回归系数估计结果（N = 365）

路　　径			未标准化回归系数	S. E.	T 值	P	标准化回归系数
Q68	←	核心价值观	1				0.643
Q69	←	核心价值观	1.316	0.092	14.286	***	0.731
Q70	←	核心价值观	1.386	0.112	12.375	***	0.777
Q71	←	核心价值观	1.524	0.115	13.242	***	0.852
Q72	←	核心价值观	1.416	0.113	12.484	***	0.785
Q73	←	核心价值观	1.431	0.118	12.166	***	0.759
Q74	←	核心价值观	1.314	0.112	11.779	***	0.728

表 4 - 22　　　　　　　　测量误差之间的协方差和相关系数

路　　径			协方差	相关系数	S. E.	C. R.	P
e68	→	e69	0.11	0.327	0.021	5.36	***
e69	←	e70	0.051	0.161	0.019	2.69	0.007

表 4 - 23　　　　　　核心价值因子模型的拟合指数一览（N = 365）

拟合指数	CMIN/df	比值	P 值	RMSEA	NNFI	CFI
计算结果	23.499/12	1.958	0.024	0.051	0.986	0.992

表4-21中所有路径系数 T 值都大于 2，表明参数显著不为 0（显著性水平为 0.01），以上结果表明 7 条核心价值观回归系数路径均达到显著性水平，能较好反映科技创新型人才创新过程所秉持的核心价值观。

（四）个性—动机因子模型

依据上述计算方法，得到如图 4-5 所示的核心价值观因子结构模型，各指标的标准回归系数见表 4-24 所示，15 条回归系数都达到显著不为 0；误差之间的相关表明两个观测变量可能测量到了某一个共同的心理品质，产生了相同的测量误差，经过模型修正以后（各个误差相关系数如表 4-25 所示）；表 4-26 表明模型的各项拟合性指标都表现良好，说明这 15 个观测指标都能较好反映"个性—动机因子模型"。

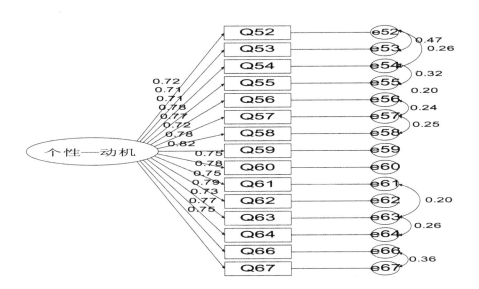

图4-5　个性—动机因子结构验证模型

表 4 – 24   个性—动机回归系数估计结果（N = 365）

路　径			未标准化 回归系数	标准差	T 值	P	标准化 回归系数
Q52	←	个性—动机	1				0.723
Q53	←	个性—动机	0.995	0.054	18.344	***	0.709
Q54	←	个性—动机	1.014	0.066	15.446	***	0.706
Q55	←	个性—动机	1.095	0.075	14.663	***	0.776
Q56	←	个性—动机	1.052	0.072	14.584	***	0.772
Q57	←	个性—动机	1.020	0.075	13.631	***	0.724
Q58	←	个性—动机	1.115	0.075	14.84	***	0.785
Q59	←	个性—动机	1.152	0.074	15.523	***	0.819
Q60	←	个性—动机	1.119	0.079	14.241	***	0.754
Q61	←	个性—动机	1.124	0.076	14.708	***	0.779
Q62	←	个性—动机	1.049	0.074	14.238	***	0.754
Q63	←	个性—动机	1.113	0.074	14.987	***	0.794
Q64	←	个性—动机	1.094	0.08	13.702	***	0.727
Q66	←	个性—动机	1.164	0.08	14.622	***	0.774
Q67	←	个性—动机	1.135	0.081	14.097	***	0.748

表 4 – 25   测量误差间协方差和相关系数

路　径			协方差	相关系数	标准差	T 值	P
e66	↔	e67	0.122	0.363	0.021	5.805	***
e63	↔	e64	0.079	0.257	0.018	4.401	***
e57	↔	e58	0.074	0.247	0.017	4.291	***
e56	↔	e57	0.072	0.243	0.016	4.432	***

续　表

路　径			协方差	相关系数	标准差	T 值	P
e52	↔	e53	0.156	0.469	0.02	7.796	***
e52	↔	e54	0.089	0.261	0.016	5.504	***
e54	↔	e55	0.103	0.325	0.018	5.816	***
e55	↔	e56	0.053	0.196	0.014	3.673	***
e61	↔	e63	0.053	0.196	0.016	3.396	***

表 4 - 26　　　　个性—动机因子模型的拟合指数一览表（N = 365）

拟合指数	CMIN/df	比值	P 值	RMSEA	NNFI	CFI
计算结果	242.01/81	2.98	0.000	0.074	0.949	0.961

（五）支持与合作因子模型

依据上述计算方法，得到如图 4 - 6 所示的支持与合作因子结构模型。各指标标准回归系数如表 4 - 27 所示，4 条回归系数均达到显著不为 0，表明 4 个观察变量较好地反映"支持与合作"因子。表 4 - 28 表明模型各项拟合性指标表现完美，说明 4 个观测指标均能很好地反映"支持与合作"因子，结构效度堪称完美。

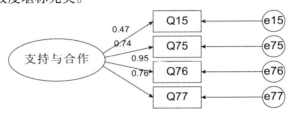

图 4 - 6　支持与合作因子结构验证模型

表 4 – 27　　　　　支持与合作因子回归系数估计结果（N = 365）

路　　径			未标准化回归系数	标准差	T 值	P	标准化回归系数
Q15	←	支持与合作	1				0.47
Q75	←	支持与合作	1.661	0.19	8.76	***	0.737
Q76	←	支持与合作	2.128	0.231	9.203	***	0.954
Q77	←	支持与合作	1.795	0.202	8.873	***	0.76

表 4 – 28　　　　支持与合作因子模型的拟合指数一览表（N = 365）

拟合指数	CMIN/df	比值	P 值	RMSEA	NNFI	CFI
计算结果	2.002/2	1.001	0.368	0.002	1.000	1.000

以上检验了 5 个单个因子模型的结构效度，从检验结果来看，能力—思维因子模型、专业—技能因子模型、个性—动机因子模型、核心价值观因子 4 个单一因子模型经过模型修正后提高了数据与模型的拟合性，各项拟合指标也显示了较好的结构效度。其中支持与合作因子模型在未经任何修正下显示了非常好的模型与数据的拟合。总的来说，这 5 个单因子模型结构效度总体良好。

二　五因子斜交模型的检验

以上分别对 5 个单因子模型进行了检验，下面检验 5 个因子的斜交结构模型是否成立。

第一步，建立如图4-7所示的因子斜交模型，5个因子间的关系假设为相关关系。

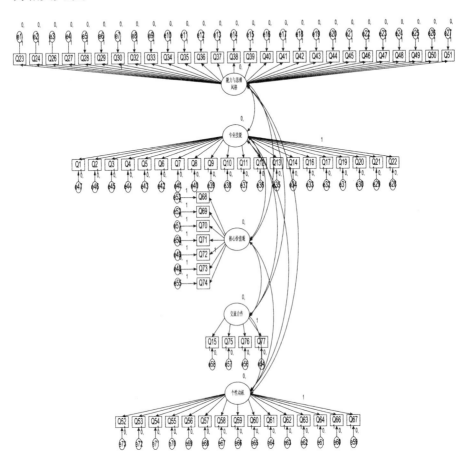

图4-7　五因子斜交模型结构图

第二步，通过执行 AMOS7.0 程序计算得到模型拟合的各项指标，拟合指标显示整个模型有待于进一步完善，并通过修正指数（Modification Index，MI）提供的信息对模型修正，修正采用以下方式。

一是考查修正指标值，如大于5，表示该残差值有修正必要，但模型修正应当满足并与理论或经验法则相契合，修正时要满足结构方程模型的假设，比如满足测量指标残差与潜变量间无关。

二是对参数修正指标值大于 5 的值逐一考查，主要考查测量指标残差之间的共变或相关。残差值相关度较高，表明测验结果显示了较大的系统误差，同时也表明两个测验项目之间测量到了某个或某些共同心理特质，而它们又不能归属于整个测验所测的任何一个主流因子，因此需要对问卷进行检视。

三是重新对评价指标的编制质量进行检视，采取的主要方式有：

1. 删除信度系数低于 0.40 的项目，如第 30 题、第 15 题、第 6 题。

2. 通过删除一些偏离主流因子的题目、增加测量准确性的题目提高拟合程度，从而减少系统误差间的相关对整个测量结果的影响，使得调查的结果更能够反映受试者的真实作答水平。在这个过程中，本书作者再一次对整个问卷的编制质量进行全面审视，将词义不清晰、模棱两可及表述内容与其他题项可能存在重叠或重复的试题题项删除，删除的题项有：能力与思维因子中的第 30 题、第 32 题、第 36 题、第 37 题、第 38 题、第 41 题、第 46 题、第 51 题；专业—技能因子中的第 1 题、第 6 题、第 16 题、第 17 题、第 20 题；核心价值观因子中的第 68 题、第 69 题、第 71 题；个性—动机因子中的第 66 题；学术共同体内支持与合作因子的第 15 题。加上前面的 3 题，一共 18 题，再重新对模型检验，新建立的 5 因子结构模型如图 4 - 8 所示。

第三步，通过计算以检视模型建立的各项拟合指标，根据模型的 MI 修正值增加模型的拟合程度（如图 4 - 9 所示的结构模型）。

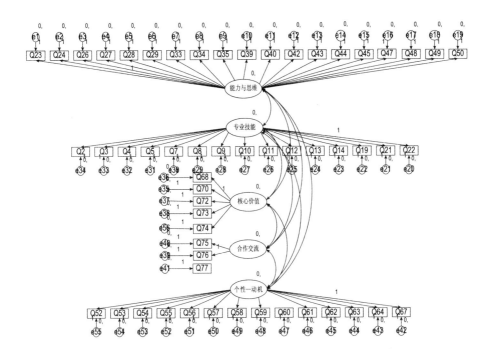

图 4 - 8　5 因子斜交模型结构图（删除了 18 个测题）

三　五因子斜交模型检验结果

（一）因子在测量指标的回归系数检验，如表 4 - 29 所示

从表 4 - 29 可以看出，5 个因子对各自测量指标的回归系数都显著不为 0。以能力和思维因子的观测指标第 23 题为例，因子对各个测量指标的直接效应为能力与思维因子每提高 1 个标准差，对应于测量指标的效应值就提高 0. 69，其他依次类推。

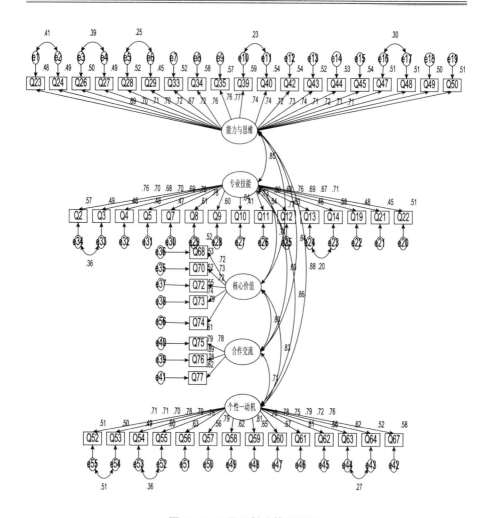

图 4-9　5 因子斜交模型结构

表 4-29　　　　　　　　　　　　　五因子模型的回归系数

	路　　径		未标准化回归系数	标准差	T 值	P	标准化回归系数
Q23	←	能力与思维	1				0.69
Q24	←	能力与思维	0.921	0.056	16.53	***	0.698
Q26	←	能力与思维	1.092	0.085	12.826	***	0.706
Q27	←	能力与思维	1.007	0.079	12.779	***	0.703

续　表

	路　径		未标准化回归系数	标准差	T 值	P	标准化回归系数
Q28	←	能力与思维	1.028	0.078	13.099	***	0.722
Q29	←	能力与思维	0.994	0.081	12.219	***	0.671
Q33	←	能力与思维	1.090	0.083	13.139	***	0.724
Q34	←	能力与思维	1.096	0.08	13.75	***	0.759
Q39	←	能力与思维	1.173	0.084	13.926	***	0.77
Q40	←	能力与思维	1.041	0.078	13.369	***	0.738
Q42	←	能力与思维	1.095	0.082	13.341	***	0.735
Q43	←	能力与思维	1.028	0.079	13.094	***	0.721
Q44	←	能力与思维	1.071	0.081	13.22	***	0.728
Q45	←	能力与思维	1.137	0.085	13.366	***	0.737
Q47	←	能力与思维	1.091	0.084	12.983	***	0.715
Q48	←	能力与思维	1.125	0.087	12.997	***	0.716
Q49	←	能力与思维	1.042	0.081	12.895	***	0.71
Q50	←	能力与思维	1.048	0.081	12.969	***	0.714
Q35	←	能力与思维	1.109	0.081	13.725	***	0.758
Q22	←	专业技能	1				0.714
Q21	←	专业技能	0.898	0.071	12.605	***	0.674
Q19	←	专业技能	1.030	0.079	13.009	***	0.695
Q14	←	专业技能	1.046	0.073	14.308	***	0.764
Q13	←	专业技能	0.916	0.072	12.64	***	0.676
Q12	←	专业技能	1.119	0.075	14.92	***	0.795

路　　径			未标准化回归系数	标准差	T 值	P	标准化回归系数
Q11	←	专业技能	1.039	0.076	13.740	***	0.733
Q10	←	专业技能	0.940	0.079	11.926	***	0.638
Q9	←	专业技能	1.137	0.078	14.575	***	0.777
Q8	←	专业技能	1.169	0.08	14.613	***	0.779
Q7	←	专业技能	0.993	0.077	12.837	***	0.686
Q5	←	专业技能	0.898	0.069	13.020	***	0.696
Q4	←	专业技能	0.922	0.073	12.648	***	0.676
Q3	←	专业技能	0.986	0.075	13.089	***	0.7
Q2	←	专业技能	1.081	0.076	14.179	***	0.757
Q70	←	核心价值	1				0.727
Q68	←	核心价值	0.867	0.065	13.311	***	0.723
Q72	←	核心价值	1.005	0.076	13.305	***	0.722
Q73	←	核心价值	1.074	0.079	13.607	***	0.738
Q74	←	核心价值	1.095	0.075	14.504	***	0.786
Q67	←	个性—动机	1				0.76
Q64	←	个性—动机	0.941	0.065	14.509	***	0.722
Q63	←	个性—动机	0.958	0.059	16.098	***	0.789
Q62	←	个性—动机	0.902	0.06	15.139	***	0.749
Q61	←	个性—动机	0.974	0.061	15.865	***	0.779
Q60	←	个性—动机	0.971	0.063	15.311	***	0.756
Q59	←	个性—动机	0.984	0.059	16.601	***	0.809

续 表

	路 径		未标准化回归系数	标准差	T 值	P	标准化回归系数
Q58	←	个性—动机	0.970	0.06	16.105	***	0.789
Q57	←	个性—动机	0.913	0.06	15.177	***	0.75
Q56	←	个性—动机	0.939	0.058	16.246	***	0.795
Q55	←	个性—动机	0.954	0.06	15.814	***	0.777
Q54	←	个性—动机	0.875	0.062	14.067	***	0.703
Q53	←	个性—动机	0.863	0.061	14.227	***	0.71
Q52	←	个性—动机	0.864	0.061	14.280	***	0.712
Q76	←	合作交流	1				0.891
Q75	←	合作交流	0.889	0.05	17.888	***	0.784
Q77	←	合作交流	0.931	0.052	17.907	***	0.785

（二）五因子与残差之间相关系数，如表 4 - 30 所示

表 4 - 30 包括两部分内容，第一部分为 5 个因子之间的相关关系，T 值都大于 2，P 值 *** 为十分显著，标准化之后的相关系数介于 [0.604，0.885] 之间，显示了较高的相关。表明 5 个因子之间存在着相关或共变关系是显著不为 0，即因子与因子之间存在相关关系，科技创新人才素质结构中的因子与因子之间存在着相关关系。表中的另一部分是残差之间的相关关系，表明两个指标测量到了某个共同的特质部分，一定程度上会影响问卷的结构效度，但这并不影响 5 个因子确实存在的相关关系。

表 4 – 30　　　　　　　　　　　五因子相关及共变残差相关系数

各因子相关路径			未标准化相关系数	标准差	T 值	P	标准化相关系数
能力与思维	→	专业技能	0.286	0.032	8.891	***	0.848
能力与思维	→	核心价值	0.262	0.031	8.513	***	0.765
能力与思维	→	合作交流	0.253	0.03	8.37	***	0.64
个性—动机	→	能力与思维	0.333	0.036	9.281	***	0.885
专业技能	→	核心价值	0.271	0.032	8.34	***	0.71
专业技能	→	合作交流	0.265	0.032	8.183	***	0.604
个性—动机	→	专业技能	0.361	0.039	9.348	***	0.863
核心价值	→	合作交流	0.372	0.038	9.667	***	0.834
个性—动机	→	核心价值	0.353	0.038	9.182	***	0.831
个性—动机	→	合作交流	0.35	0.038	9.281	***	0.715
e54	→	e55	0.175	0.021	8.25	***	0.514
e52	→	e53	0.116	0.019	6.088	***	0.364
e43	→	e44	0.084	0.018	4.574	***	0.268
e33	→	e34	0.127	0.021	5.975	***	0.36
e23	→	e24	0.065	0.019	3.428	***	0.197
e16	→	e17	0.106	0.021	5.122	***	0.297
e10	→	e11	0.064	0.016	3.949	***	0.229
e5	→	e6	0.084	0.019	4.466	***	0.255
e3	→	e4	0.131	0.02	6.502	***	0.386
e1	→	e2	0.123	0.018	6.848	***	0.409

（三）模型建构信度和收敛效度

通过对测量指标的因素负荷、信度系数及测量误差、组合信度、平均变异抽取量值的计算，我们得到如表4-31所示的观测指标的信度系数一览表。

表4-31　　　　　　　各测量指标信度系数一览

测量指标	因素负荷	信度系数	测量误差	组合信度	平均变异量抽取值
Q23	0.690	0.476	0.524		
Q24	0.698	0.488	0.513		
Q26	0.706	0.498	0.502		
Q27	0.703	0.494	0.506		
Q28	0.722	0.521	0.479		
Q29	0.671	0.450	0.550		
Q33	0.724	0.524	0.476		
Q34	0.759	0.577	0.424		
Q35	0.758	0.575	0.425		
Q39	0.770	0.593	0.407		
Q40	0.738	0.544	0.455		
Q42	0.735	0.541	0.460		
Q43	0.721	0.520	0.480		
Q44	0.728	0.531	0.470		
Q45	0.737	0.543	0.457		
Q47	0.715	0.511	0.489		
Q48	0.716	0.512	0.487		
Q49	0.710	0.503	0.496		

测量指标	因素负荷	信度系数	测量误差	组合信度	平均变异量抽取值
Q50	0.714	0.510	0.490		
能力与思维因子				0.950	0.522
Q21	0.674	0.454	0.546		
Q19	0.695	0.483	0.517		
Q14	0.764	0.583	0.416		
Q13	0.676	0.457	0.543		
Q12	0.795	0.633	0.368		
Q11	0.733	0.538	0.463		
Q10	0.638	0.407	0.593		
Q9	0.777	0.604	0.396		
Q8	0.779	0.607	0.393		
Q7	0.686	0.470	0.529		
Q5	0.696	0.484	0.516		
Q4	0.676	0.457	0.543		
Q3	0.700	0.490	0.510		
Q2	0.757	0.573	0.427		
专业技能因子				0.937	0.517
Q68	0.723	0.522	0.477		
Q70	0.727	0.528	0.471		
Q72	0.722	0.522	0.479		
Q73	0.738	0.545	0.455		

测量指标	因素负荷	信度系数	测量误差	组合信度	平均变异量抽取值
Q74	0.786	0.618	0.382		
核心价值因子				0.858	0.547
Q67	0.760	0.578	0.422		
Q64	0.722	0.522	0.479		
Q63	0.789	0.622	0.377		
Q62	0.749	0.560	0.439		
Q61	0.779	0.607	0.393		
Q60	0.756	0.571	0.428		
Q59	0.809	0.654	0.346		
Q58	0.789	0.622	0.377		
Q57	0.750	0.563	0.438		
Q56	0.795	0.631	0.368		
Q55	0.777	0.604	0.396		
Q54	0.703	0.494	0.506		
Q53	0.710	0.504	0.496		
Q52	0.712	0.507	0.493		
个性—动机因子				0.950	0.574
Q76	0.891	0.795	0.206		
Q75	0.784	0.615	0.385		
Q77	0.785	0.616	0.384		
合作与交流因子				0.861	0.675

表4－30中，潜在变量组合信度是模型内在质量的判别标准之一，若

组合信度值在 0.600 以上，表明模型的内在质量良好[①]。上述 5 个因子组合信度值分别为：0.950、0.937、0.858、0.950、0.860，信度系数值均大于 0.600，表示模型内在质量非常好。另一个与组合信度类似的指标为平均方差抽取量（average variance extracted）[②]，它可以显示被潜在因子解释的变异量多大程度来自测量误差，平均方差抽取量越大，指标变量被潜在变量因子解释的变异量百分比越大，相对测量误差越小。一般判别标准为其值大于 0.500 时潜在变量可以解释其指标变量变异比值，是一种聚合效度（收敛效度）指标，其数值越大，表示测量指标越能反映共同因子结构的潜在特质。

从表 4 - 31 中可以看到，5 个因子值分别为 0.522、0.517、0.547、0.574、0.675，均高于 0.500 标准，表明模型内在质量理想。归纳起来，得到以下结论。

1. 能力与思维因子建构信度为 0.950，平均方差抽取量为 0.522；专业与技能因子建构信度为 0.937，平均方差抽取量为 0.517；核心价值因子建构信度为 0.858，平均方差抽取量 0.547；个性—动机因子建构信度为 0.950，平均方差抽取量为 0.574；合作与交流因子建构信度为 0.860，平均方差抽取量为 0.675。

2. 科技创新型人才素质结构五因子模型具有较佳的建构信度和聚合效度，表明问卷内部质量良好。

（四）五因子斜交模型拟合度指标，如表 4 - 32 所示

根据模型所得到的各项拟合指标值，从表 4 - 32 可知，卡方值为 2.205，小于 5 的标准，因此认为该模型可以接受；RMSEA 的值为 0.058，

---

① 吴明隆：《结构方程模型——AMOS 的操作与应用》（第 2 版），重庆大学出版社 2010 年版，第 227 页。

② 同上。

低于 0.080，表示模型与数据具有较好的拟合；NNFI 和 CFI 指数则在 0.900 以上时（越大越好），认为模型具有较好的拟合。总的来说，五因子的斜交模型与数据之间具有较好的拟合度。

表 4 - 32　　　　　五因子斜交模型的拟合指数一览(N = 365)

拟合指数	CMIN/df	比值	P 值	RMSEA	NNFI	CFI
计算结果	3228.543/1464	2.205	0	0.058	0.900	0.900

第五节　评价问卷的实证效度

为检验本书提出的"五因子素质结构模型"具有鉴别和区分一般科技人员创新素质特征的功能，通过对两个独立样本实测数据的检验和比较，以此判断五因子模型包含的各个维度及构建的素质指标反映了高校科技创新型人才素质与行为特征，从而说明问卷评价指标具有建构效度。

本书采用修订的"科技创新型人才素质与行为特征评价问卷"[1]，在广东、江西两省高校选择科技创新绩效为优的科技创新型人才作为效标，其数据主要来源于访谈的 24 份样本的问卷调查数据以及从实际问卷调查中获得的 34 名优秀科技工作者，共计 58 名。科技人员类型详见表 4 - 33。从表 4 - 33 中可以看出，本次评价的人员类型的最低标准是"省'千百十'培养对象"，符合科研绩效优异的效标选择标准。

一般组为在广东、江西两省高校从事科技工作的一般科技人员 98 名，人口统计学变量特征详见表 4 - 34 所示。

---

① 该量表题项总共包含 57 题，最后修订量表题项详见附件 8。

表 4-33　　　　　　绩优组样本变量特征分布情况（N=58）　　　　单位:人,%

变量特征		人数	百分比	有效百分比	累计百分比
性别	男	46	79.31	79.31	100.00
	女	12	20.69	20.69	20.69
年龄	29 岁以下	2	3.45	3.45	3.45
	30—39 岁	20	34.48	34.48	37.93
	40—49 岁	22	37.93	37.93	75.86
	50—59 岁	11	18.97	18.97	94.83
	60 岁及以上	3	5.17	5.17	100.00
职称	讲师	2	3.45	3.45	3.45
	副高	15	25.86	25.86	29.31
	教授	41	70.69	70.69	100.00
学历	硕士	4	6.90	6.90	6.90
	博士	48	82.76	82.76	89.66
	博士后	6	10.34	10.34	100.00
人员类型	外籍院士	2	3.45	3.45	3.45
	省"千百十"培养对象	13	22.41	22.41	25.86
	教育部新世纪人才计划入选者	4	6.90	6.90	32.76
	地方称号学者	4	6.90	6.90	39.66
	国家杰青	9	15.52	15.52	55.17
	百千万人才工程	10	17.24	17.24	72.41
	千人计划	9	15.52	15.52	87.93
	中科院百人计划	3	5.17	5.17	93.10
	长江学者	3	5.17	5.17	98.28
	中科院院士	1	1.72	1.72	100.00

续　表

变　量　特　征		人　数	百分比	有效百分比	累计百分比
从事专业领域	农业	1	1.72	1.72	1.72
	建筑	1	1.72	1.72	3.45
	生物	2	3.45	3.45	6.90
	化学	11	18.97	18.97	25.86
	信息	1	1.72	1.72	27.59
	工程	16	27.59	27.59	55.17
	地理	5	8.62	8.62	63.79
	数学	3	5.17	5.17	68.97
	医学	5	8.62	8.62	77.59
	物理	13	22.41	22.41	100.00

表 4 - 34　　　　　一般组样本分布情况（N = 98）　　　　单位：人，%

变　量　特　征		人　数	百分比	有效百分比	累计百分比
性别	男	33	33.67	33.67	33.67
	女	65	66.33	66.33	100.00
年龄	29 岁以下	25	25.51	25.51	25.51
	30—39 岁	36	36.73	36.73	62.24
	40—49 岁	23	23.47	23.47	85.71
	50—59 岁	13	13.27	13.27	98.98
	60 岁及以上	1	1.02	1.02	100.00

变 量 特 征		人 数	百分比	有效百分比	累计百分比
职称	讲师	14	14.29	14.29	14.29
	副高	45	45.92	45.92	60.20
	教授	24	24.49	24.49	84.69
	其他	15	15.31	15.31	100.00
学历	本科	13	13.27	13.27	13.27
	硕士	32	32.65	32.65	45.92
	博士	47	47.96	47.96	93.88
从事专业领域	生物	8	8.16	8.16	8.16
	化学	5	5.10	5.10	13.27
	计算机科学	4	4.08	4.08	17.35
	工程	14	14.29	14.29	31.63
	金融数学	1	1.02	1.02	32.65
	纺织	1	1.02	1.02	33.67
	数学	21	21.43	21.43	55.10
	医药	25	25.51	25.51	80.61
	医学	7	7.14	7.14	87.76
	物理	12	12.24	12.24	100.00
	总计	98	100.00	100.00	

本次调查的高校和科研院所有：中山大学、华南理工大学、华南师范大学、华南农业大学、暨南大学、南方医科大学、广东工业大学、惠州学院、广东药学院、广州中医药学院附属二院、中科院广州地球与化学研究所、南昌大学、江西师范大学、江西中医药大学、东华理工大学、南昌航

空航天大学等 16 个单位，共计 158 人。

一 两组独立样本的假设检验

利用 SPSS17.0 独立样本检验方法计算，研究假设为：

1. 原假设 H_0：高绩效组与一般组在"科技创新型人才素质与行为特征评价"上的平均分没有显著差异。

2. 备择假设 H_1：高绩效组与一般组在"科技创新型人才素质与行为特征评价"上的平均分具有显著性差异。利用 SPSS17.0 两独立样本 T 检验，得到如下结果。

二 两组独立样本平均分差异比较和 T 检验

（一）两独立样本平均分差异比较，计算结果如表 4 − 35 所示

表 4 − 35 两独立样本组的平均分差异比较

题号	两组样本比较	N	平均值	标准差	均值标准误
S1	一般组	98	3.1939	1.0220	0.1032
	绩优组	58	3.7759	0.8795	0.1155
S2	一般组	98	3.3061	0.9128	0.0922
	绩优组	58	3.8103	0.8472	0.1112
S3	一般组	98	3.1735	0.7736	0.0781
	绩优组	58	3.7414	0.9283	0.1219
S4	一般组	98	3.3163	0.8323	0.0841
	绩优组	58	3.7586	0.8015	0.1052

续　表

题号	两组样本比较	N	平均值	标准差	均值标准误
S5	一般组	98	3.3061	0.9240	0.0933
	绩优组	58	3.7069	0.8788	0.1154
S6	一般组	98	3.2653	1.0310	0.1041
	绩优组	58	3.6552	0.8895	0.1168
S7	一般组	98	3.3878	0.8925	0.0902
	绩优组	58	3.8621	0.8675	0.1139
S8	一般组	98	3.1020	0.9137	0.0923
	绩优组	58	3.5172	0.8834	0.1160
S9	一般组	98	3.3571	0.8645	0.0873
	绩优组	58	3.8621	0.8261	0.1085
S10	一般组	98	3.0510	0.9778	0.0988
	绩优组	58	3.6724	0.9059	0.1189
S11	一般组	98	3.2959	0.8520	0.0861
	绩优组	58	3.5862	0.8384	0.1101
S12	一般组	98	3.3061	0.8544	0.0863
	绩优组	58	3.7931	0.8738	0.1147
S13	一般组	98	3.0918	0.9642	0.0974
	绩优组	58	3.5517	0.9210	0.1209
S14	一般组	98	3.3673	0.8542	0.0863
	绩优组	58	3.7069	0.8586	0.1127
S15	一般组	98	3.1939	0.9703	0.0980
	绩优组	58	3.6552	0.9652	0.1267

题号	两组样本比较	N	平均值	标准差	均值标准误
S16	一般组	98	3.3061	0.8174	0.0826
	绩优组	58	3.5862	0.8990	0.1180
S17	一般组	98	3.4184	0.8113	0.0820
	绩优组	58	3.6897	0.8626	0.1133
S18	一般组	98	3.1531	0.9345	0.0944
	绩优组	58	3.4655	0.9772	0.1283
S19	一般组	98	3.2755	0.7703	0.0778
	绩优组	58	3.5690	0.8808	0.1157
S20	一般组	98	3.3163	0.8446	0.0853
	绩优组	58	3.6724	0.7811	0.1026
S21	一般组	98	3.1429	0.9306	0.0940
	绩优组	58	3.5517	0.7762	0.1019
S22	一般组	98	3.2347	1.0434	0.1054
	绩优组	58	3.8276	0.8813	0.1157
S23	一般组	98	3.1633	0.8084	0.0817
	绩优组	58	3.7069	0.7725	0.1014
S24	一般组	98	3.1939	0.8812	0.0890
	绩优组	58	3.7414	0.8284	0.1088
S25	一般组	98	3.1735	0.8855	0.0894
	绩优组	58	3.7069	0.9178	0.1205
S26	一般组	98	3.2449	0.8380	0.0847
	绩优组	58	3.5517	0.8820	0.1158

续　表

题号	两组样本比较	N	平均值	标准差	均值标准误
S27	一般组	98	3.1122	0.7980	0.0806
	绩优组	58	3.6207	0.8950	0.1175
S28	一般组	98	3.1327	0.8328	0.0841
	绩优组	58	3.5000	0.8219	0.1079
S29	一般组	98	3.1020	0.7664	0.0774
	绩优组	58	3.5690	0.8607	0.1130
S30	一般组	98	3.1327	0.7817	0.0790
	绩优组	58	3.5517	0.8820	0.1158
S31	一般组	98	3.0816	0.7276	0.0735
	绩优组	58	3.8276	0.9010	0.1183
S32	一般组	98	3.1327	0.8572	0.0866
	绩优组	58	3.7414	0.8897	0.1168
S33	一般组	98	3.1633	0.7955	0.0804
	绩优组	58	3.4483	0.8619	0.1132
S34	一般组	98	3.1327	0.8203	0.0829
	绩优组	58	3.6552	0.8068	0.1059
S35	一般组	98	3.3776	0.7532	0.0761
	绩优组	58	3.7241	0.8120	0.1066
S36	一般组	98	3.2551	0.7504	0.0758
	绩优组	58	3.6379	0.8100	0.1064
S37	一般组	98	3.2857	0.7733	0.0781
	绩优组	58	3.7241	0.9137	0.1200

题号	两组样本比较	N	平均值	标准差	均值标准误
S38	一般组	98	3.2041	0.8490	0.0858
	绩优组	58	3.6552	0.8283	0.1088
S39	一般组	98	3.3878	0.8076	0.0816
	绩优组	58	3.7931	0.7894	0.1036
S40	一般组	98	3.1531	0.6939	0.0701
	绩优组	58	3.7069	0.8167	0.1072
S41	一般组	98	3.0510	0.8295	0.0838
	绩优组	58	3.6379	0.7880	0.1035
S42	一般组	98	3.3163	0.8687	0.0877
	绩优组	58	3.6379	0.9309	0.1222
S43	一般组	98	3.1122	0.9293	0.0939
	绩优组	58	3.5517	0.9210	0.1209
S44	一般组	98	3.2551	0.8288	0.0837
	绩优组	58	3.6379	0.9679	0.1271
S45	一般组	98	3.2041	0.7593	0.0767
	绩优组	58	3.7241	0.7444	0.0977
S46	一般组	98	3.3265	0.7966	0.0805
	绩优组	58	3.6897	0.8209	0.1078
S47	一般组	98	3.1633	0.8698	0.0879
	绩优组	58	3.5690	0.9005	0.1182
S48	一般组	98	3.0918	0.9315	0.0941
	绩优组	58	3.8276	0.8195	0.1076

续　表

题号	两组样本比较	N	平均值	标准差	均值标准误
S49	一般组	98	3.3469	0.7612	0.0769
	绩优组	58	3.7069	0.7725	0.1014
S50	一般组	98	3.3776	0.7532	0.0761
	绩优组	58	3.7931	0.9130	0.1199
S51	一般组	98	3.2857	0.8734	0.0882
	绩优组	58	3.7069	0.7949	0.1044
S52	一般组	98	3.2959	0.8398	0.0848
	绩优组	58	3.7586	0.8848	0.1162
S53	一般组	98	3.0714	0.9443	0.0954
	绩优组	58	3.5862	0.9558	0.1255
S54	一般组	98	3.4388	0.7607	0.0768
	绩优组	58	3.8793	0.9380	0.1232
S55	一般组	98	3.2959	0.7351	0.0743
	绩优组	58	3.7759	0.8593	0.1128
S56	一般组	98	3.5102	0.8403	0.0849
	绩优组	58	3.8448	0.8335	0.1094
S57	一般组	98	3.6735	0.8221	0.0830
	绩优组	58	3.9483	0.8255	0.1084

（二）两独立样本 T 检验，计算结果如 4-36 所示

表 4-36　　　　　　　绩优组与一般组的平均分 T 值检验

题　号	T	df	Sig. (双侧)	均值 差值	标准 误差值	差异的 95% 置信区间	
S1	-3.6154	154	0.00	-0.5820	0.1610	-0.9000	-0.2640
S2	-3.4233	154	0.00	-0.5042	0.1473	-0.7952	-0.2133
S3	-4.1093	154	0.00	-0.5679	0.1382	-0.8409	-0.2949
S4	-3.2517	154	0.00	-0.4423	0.1360	-0.7110	-0.1736
S5	-2.6657	154	0.01	-0.4008	0.1503	-0.6978	-0.1038
S6	-2.3989	154	0.02	-0.3899	0.1625	-0.7109	-0.0688
S7	-3.2412	154	0.00	-0.4743	0.1463	-0.7634	-0.1852
S8	-2.7767	154	0.01	-0.4152	0.1495	-0.7106	-0.1198
S9	-3.5836	154	0.00	-0.5049	0.1409	-0.7833	-0.2266
S10	-3.9407	154	0.00	-0.6214	0.1577	-0.9329	-0.3099
S11	-2.0687	154	0.04	-0.2903	0.1403	-0.5675	-0.0131
S12	-3.4115	154	0.00	-0.4870	0.1427	-0.7690	-0.2050
S13	-2.9270	154	0.00	-0.4599	0.1571	-0.7703	-0.1495
S14	-2.3949	154	0.02	-0.3395	0.1418	-0.6196	-0.0595
S15	-2.8753	154	0.00	-0.4613	0.1604	-0.7782	-0.1444
S16	-1.9924	154	0.05	-0.2801	0.1406	-0.5578	-0.0024
S17	-1.9714	154	0.05	-0.2713	0.1376	-0.5431	0.0006
S18	-1.9842	154	0.05	-0.3125	0.1575	-0.6235	-0.0014
S19	-2.1788	154	0.03	-0.2935	0.1347	-0.5595	-0.0274
S20	-2.6159	154	0.01	-0.3561	0.1361	-0.6250	-0.0872

题 号	T	df	Sig.（双侧）	均值差值	标准误差值	差异的95%置信区间	
S21	− 2.8154	154	0.01	− 0.4089	0.1452	− 0.6958	− 0.1220
S22	− 3.6277	154	0.00	− 0.5929	0.1634	− 0.9158	− 0.2700
S23	− 4.1261	154	0.00	− 0.5436	0.1318	− 0.8039	− 0.2834
S24	− 3.8338	154	0.00	− 0.5475	0.1428	− 0.8296	− 0.2654
S25	− 3.5873	154	0.00	− 0.5334	0.1487	− 0.8272	− 0.2397
S26	− 2.1672	154	0.03	− 0.3068	0.1416	− 0.5865	− 0.0271
S27	− 3.6747	154	0.00	− 0.5084	0.1384	− 0.7818	− 0.2351
S28	− 2.6755	154	0.01	− 0.3673	0.1373	− 0.6386	− 0.0961
S29	− 3.5116	154	0.00	− 0.4669	0.1330	− 0.7296	− 0.2043
S30	− 3.0838	154	0.00	− 0.4191	0.1359	− 0.6875	− 0.1506
S31	− 5.6554	154	0.00	− 0.7460	0.1319	− 1.0065	− 0.4854
S32	− 4.2265	154	0.00	− 0.6087	0.1440	− 0.8933	− 0.3242
S33	− 2.0962	154	0.04	− 0.2850	0.1360	− 0.5536	− 0.0164
S34	− 3.8683	154	0.00	− 0.5225	0.1351	− 0.7894	− 0.2557
S35	− 2.6977	154	0.01	− 0.3466	0.1285	− 0.6004	− 0.0928
S36	− 2.9894	154	0.00	− 0.3828	0.1281	− 0.6358	− 0.1298
S37	− 3.1961	154	0.00	− 0.4384	0.1372	− 0.7094	− 0.1674
S38	− 3.2362	154	0.00	− 0.4511	0.1394	− 0.7265	− 0.1757
S39	− 3.0550	154	0.00	− 0.4053	0.1327	− 0.6675	− 0.1432
S40	− 4.5072	154	0.00	− 0.5538	0.1229	− 0.7966	− 0.3111
S41	− 4.3501	154	0.00	− 0.5869	0.1349	− 0.8534	− 0.3204
S42	− 2.1758	154	0.03	− 0.3216	0.1478	− 0.6136	− 0.0296

续　表

题　号	T	df	Sig.（双侧）	均值差值	标准误差值	差异的95%置信区间	
S43	- 2.8641	154	0.00	- 0.4395	0.1534	- 0.7426	- 0.1364
S44	- 2.6176	154	0.01	- 0.3828	0.1463	- 0.6717	- 0.0939
S45	- 4.1645	154	0.00	- 0.5201	0.1249	- 0.7668	- 0.2734
S46	- 2.7206	154	0.01	- 0.3631	0.1335	- 0.6268	- 0.0994
S47	- 2.7787	154	0.01	- 0.4057	0.1460	- 0.6941	- 0.1173
S48	- 4.9805	154	0.00	- 0.7357	0.1477	- 1.0276	- 0.4439
S49	- 2.8387	154	0.01	- 0.3600	0.1268	- 0.6105	- 0.1095
S50	- 3.0739	154	0.00	- 0.4156	0.1352	- 0.6826	- 0.1485
S51	- 3.0079	154	0.00	- 0.4212	0.1400	- 0.6978	- 0.1446
S52	- 3.2600	154	0.00	- 0.4627	0.1419	- 0.7431	- 0.1823
S53	- 3.2758	154	0.00	- 0.5148	0.1571	- 0.8252	- 0.2043
S54	- 3.2008	154	0.00	- 0.4405	0.1376	- 0.7124	- 0.1686
S55	- 3.6982	154	0.00	- 0.4799	0.1298	- 0.7363	- 0.2236
S56	- 2.4109	154	0.02	- 0.3346	0.1388	- 0.6088	- 0.0604
S57	- 2.0147	154	0.05	- 0.2748	0.1364	- 0.5443	- 0.0053

（三）本节研究结论

1. 从表4 - 36 计算结果来看，所有 P 值显著性水平均小于 0.05 水平，拒绝原假设，即接受备择假设，两组样本平均分具有显著性差异，这说明绩优组和一般组的平均分存在显著性差异。

2. 绩优组的平均分要显著高于一般组的平均分，这说明问卷评价构建的五因子素质结构模型具有鉴别度和区分度，能够反映高校科技创新型人才素质结构特征，可以对科技创新型人才素质结构进行评价与测量，并预测其行为特征。

第六节　研究结论和小结

本章通过编制评价问卷，构建了对科技创新型人才素质结构评价的测量指标，并从探索性因素和验证性因素分析两个角度对评价问卷的 5 个因子维度的素质结构模型进行了信度和效度检验，研究结果表明：

1. 经过探索性因子分析，得到 5 个解释科技创新型人才素质结构的 5 个因子，分别是：能力和思维类型因子、专业和技能因子、个性和动机因子、核心价值观因子、学术共同体内的交流与合作倾向性因子。

2. "高校科技创新型人才素质与行为评价问卷"质量符合测量学的信度和效度标准。无论是各个因子维度还是整个评价问卷，量化研究结果表明评价问卷具有较高的内部一致性信度，显示评价问卷测量结果可靠。

3. "高校科技创新型人才素质与行为评价问卷"具有较好的结构效度。根据实际采集的数据，作者利用结构方程模型（SEM）对问卷的结构效度进行了检视，分别对 5 个因子：创新思维—能力因子、专业—技能因子、个性—动机因子、核心价值观因子、学术共同体内的交流与合作倾向性因子模型进行验证性因子分析，结果表明所建构的 5 个因子模型具有较佳的拟合指数，说明 5 个因子的结构效度较好。

4. 五因子对科技创新型人才素质结构模型方差贡献率影响权重不同，由大到小依次排列的顺序为：创新能力—思维、专业和技能、个性—动机、核心价值观、学术共同体内的交流与合作倾向性。

5. 建构并检验了五因子素质结构斜交模型。各项检验程序表明，构建的五因子素质结构模型的建构信度和收敛效度都较佳。

6. 五因子之间存在较强的正相关关系。其中，创新能力—思维因子与个性—动机因子具有较强的正相关关系，相关系数 r = 0.885；专业技能因子与合作交流因子相关系数 0.604 为最低。5 个因子之间的相关程度由高到低的顺序为：能力与思维 VS 个性—动机（r = 0.885）、专业技能 VS 个性动机（r = 0.863）、能力与思维 VS 专业技能（r = 0.848）、合作交流 VS 核心价值观（r = 0.834）、个性—动机 VS 核心价值观（r = 0.831）、能力与思维 VS 核心价值观（r = 0.765）、个性—动机 VS 合作交流（r = 0.715）、专业技能 VS 核心价值观（r = 0.71）、能力与思维 VS 合作交流（r = 0.64）、专业技能 VS 合作交流（r = 0.604），这说明 5 个因子之间并非独立，而是有着较强的正相关关系。

7. 最后通过检验两个独立样本平均分的显著性差异说明五因子素质结构模型是否具有实证效度，从而说明建构的五因子模型具有建构效度，得到以下结论：

（1）高绩效组显著高于一般组平均得分，两者具有显著性差异。

（2）科技创新型人才五因子素质结构模型具有结构效度，能够反映高校科技创新型人才素质与行为特征。

（3）评价问卷具有区分度，即各项评价指标能够区分并预测高绩效创新型科技人才与一般科技人员，可用于测量高校科技创新型人才素质和行为特征，并可用来甄别科技人才是否具有某项素质特征，可对各项素质特征进行评价和测量。

第五章 相关问题的讨论

第一节 关于科技创新型人才素质结构的讨论

一 五因子在科技创新型人才素质结构中的作用概述

根据前几章的研究结论，得到科技创新型人才（以下简称创新人才）素质结构中的 5 个因子所包括的 57 项关键素质特征，具体详见表 5 - 1。下面就 5 个因子在创新人才素质结构中的特点及相互关系以及对于科技活动创新所起的作用进行讨论和分析。

表 5 - 1　　　　五因子素质模型包含的素质要素（57 项素质）

5 个因子	包 含 的 关 键 素 质 要 素
以问题解决为导向的专业能力	掌握学科前沿、科学研究方法、学科交叉、理论知识、实验操作能力、问题发现、创造性问题解决和决策能力、立足实际，解决国家社会需求课题、持续性学习和独立思考、洞察力、策略性思考能力、分析和综合能力、人才培养和学科发展、信息检索、善于提出科学假说
强基础的认知智力和灵活多样的思维方式	推理能力、知识—经验迁移、想象力、理解力、条理性、兼收并蓄/博采众长、创造性思维、综合思维/系统思维、逻辑抽象（推导）思维、发散性思维、类比思维、理论思维、辩证性思维、辐合思维/聚合思维、逆向思维、灵感思维、直觉思维、形象思维、批判性思维

5 个因子	包含的关键素质要素①
独立进取的个性品质和内在动机	坚忍执着、探索规律、勤勉性、科学进取性、严谨求实、独立自主、变革创新、求知欲、挑战性、兴趣驱动和好奇心、质疑性、自信心、成就导向、敢于突破和超越创新
科学创新所秉持的核心价值观	开放包容、爱国情怀、社会责任感、人文关怀、科学理想、科学道德
学术共同体内的交流与合作倾向性	学术共同体的作用、学术合作与交流、学术民主

科技创新活动本身是一项探索未知、开辟新领域的复杂过程，具有一定的曲折性、艰巨性、不确定性、开放性、隐蔽性，这一特性也决定了人才素质结构系统的复杂性，这个系统是创新主体在先天与后天环境条件共同作用下的身心发展的总体水平，从内在素质结构而言主要包括：创新主体必备的知识、方法、技术、能力、思维风格类型、人格和个性特征、价值观等要素。从系统的复杂性而言，素质结构是一个复杂系统，因为各种因素及因素群之间是交互起作用的，彼此之间存在千丝万缕的联系，但是这并不意味着科技创新型人才的素质结构是不可以认识和解构，从素质结构的系统性以及对科学创新所起的作用角度来看，我们可将科技创新型人才素质结构中的 5 个因子看成科学创新过程中的五大系统。

（一）第一个是"以问题解决为导向的专业能力"支撑系统

在这个系统下创新主体必须掌握学科专业内必备的知识、方法以及由此而形成的以解决科学问题为导向的专业能力。这同建房子打地基一样，地基一定要宽、厚、深、实，形成稳固的基础，才能在这个基础上形成高楼大厦。同样地，只有形成以问题解决为导向的专业能力才能为科学创新奠定稳固的基础，这是科学创新的起点和基点。在以解决问题为导向的专

---

① 素质要素的详细定义，参见本书附件 2。

业能力支撑系统下又包含几个重要的组成部分，分别是。

一是掌握最前沿的科学领域的学科知识（包括交叉学科）和方法。这些素质特征包括：掌握学科前沿、科学研究方法、学科交叉、理论知识、实验操作的技能[①]。这些素质是创新过程必须具备的专业知识和基本技能基础，也是形成广博精深的知识和专业体系的基础。因此，这些素质特征构成了科学创造的前提和基础。

二是以发现问题和解决问题为目的的能力。科学发现始于问题，正如美国细菌学家史密斯（Theobald Smith）所说："我总是着手处理眼前摆着的问题，主要因为容易得到资料，而没有资料研究工作则寸步难行。"[②] 这一个类别下包括如下素质特征：善于提出科学假设、问题发现、创造性问题解决和决策能力、立足实际解决实际问题、具备洞察力并能用敏锐的判断跟踪科学发展最前沿动态，发现有价值的科学问题。

三是要具备不断学习和独立思考的能力。学习和思考的能力是为解决问题做准备的，在解决问题的过程中，需要创新人才进行持续性学习和思考。这是思考能力很重要的品质，也是解决问题必须采取的习惯和态度。我们经常说的"教学相长"是说教师的教和学生的学是紧密联系在一起的，教可以促进学，学也可以促进教，我们同样发现了这一点是很重要的"学习能力"。比如"培养人才和学科建设"，只不过科技创新人才是将人才的培养（教学）与整个学科建设联系起来，其目的是促进整个学科的发展和建设以及取得更多的科学研究成果。

学习和思考能力是科学创新过程中的一个必经阶段，学习和思考能力在创新人才素质结构中占有重要地位，现代学习型社会中，会不会学习、能否独立思考从而产生有价值的"思考力"，是非常重要的素质之一。学习和思考几乎贯穿整个创新活动过程的始终，该能力之下又包括如下具体

---

① 具体的素质特征的详细定义及其行为描述可参见附件9中的修订量表。

② ［美］W. I. B. 贝弗里奇：《科学研究的艺术》，科学出版社1979年版，第9页。

素质特征：策略性思考能力、信息检索、分析和综合能力、人才培养和学科发展。

（二）第二个系统是素质结构中"强基础智力的认知系统和灵活多样的思维方式"

该系统在创新人才素质结构中占有主导性作用，该认知系统主要包括以创新为主导的核心能力和以思维方式的灵活性特征为主导的两大主因素族群。

斯腾伯格认为，智力对创造的作用主要体现在智力元成分对创造的影响上。本研究表明，智力的作用体现在智力的具体组成成分对科学创新的作用上，这些能力我们称之为创新的"核心能力"，主要是因为科学创新人才具备较高的智力，这些智力与一般的智力不同，既是基础的智力又是核心的关键能力，其突出的特点是他们能将掌握的"专业能力"在科学创新过程中灵活的迁移和运用，善于将知识转化为能力，能够实现知识与知识、知识与经验之间的融会贯通，而且还擅长学习和吸收他人长处并"为我所用"，做到活学活用，同时善于做出选择，富有智慧，这些核心能力主要有：

1. 推理能力：善于从事实或问题中推导出新的结论并获取有价值的线索，从而获得新的发现和创见。

2. 知识—经验迁移：善于从已有知识和经验出发，经过综合分析运用于相似或同类事物中去，实现不同知识和经验的相互迁移，灵活运用，具有融会贯通的能力。

3. 理解力：能将认识对象纳入并重组于已有认知结构中，能够理解认识对象和事物的来龙去脉。

4. 想象力：善于充分运用直觉和形象的思维方法创造出新的形象的"奇思妙想"。

5. 条理性：做事有条不紊，经常能提出逻辑性强、层次清晰的实验设计和方案并按计划进行。

6. 兼收并蓄、博采众长的能力：善于采百家之所长为其所用，能包容不同思想和创见并提出新的科学思想。

以上这些强智力基础的认知能力构成了科技创新的核心能力，其主要特点有。

第一，逻辑推理能力极强，善于应用专业能力实现知识—经验的迁移，具有很强的理解能力，对于新出现的事物也有很强的适应和学习能力，并将其纳入已有的认知结构系统。

第二，创新人才还善于利用丰富的想象力如直觉和形象思维进行跳跃性思考，跳跃性思考更有助于他们获得非同一般的科学发现，而这往往是获得重大科学成果的重要条件，在基础研究领域表现得尤其突出。

第三，在项目执行和问题求解的过程中表现出极强的逻辑性和条理性，对科学发现及成果具有前瞻性和预见性。

在思维方式上，这些思维方式特点可以概括为：思维的灵活性和开放性、变通性；逻辑性和系统性研究风格；思维方式的"非逻辑性"特征；具有哲学思辨性和反思性。

具体来说，这些思维方式表现为 4 种形式。

（1）灵活开放、变通性强的思维方式。这种思维类型的特点是思维具有开放灵活性，思维方式不拘泥于常规，并常常能在不同情境下使用灵活变通的思考方式，能根据不同的科学问题调整思考和行为方式。这种思维类型主要有：创造性思维、发散性思维、联想思维、逆向思维、辐合性思维等。

（2）逻辑抽象、理论系统性思维方式。逻辑抽象和系统性思维是创新人才一贯的思维方式，这种思维方式无论是在基础性研究还是应用型研究人才身上都有所体现，其主要特点是思维严谨严密，逻辑性强，具有系统性，分析能力和综合概括思维能力极强，思维具有战略性。从受访的创新人才样本来看，逻辑抽象思维方式在从事数学、物理学、化学等专业的创新人才群体体现得较多且较为密集，而系统性思维则在应用工程类的科技创新型人才身上体现得较为集中，这可能与工程更需要系统性思维有关。同时这两种思维又是相互交叉、互相起作用的，只是在不同的创新人才群体身上，其侧重点会有所不同。

（3）依靠形象、直觉和灵感的"非逻辑性思维"。科学发现和创新绝不仅仅依赖于理性的逻辑抽象和推导，还依赖于形象思维、直觉思维以及灵感的瞬间迸发的"非逻辑性思维"。

这种"非逻辑性思维"所的特点是：超越常规逻辑思维水平思考，能够在不同时间和空间自由跨越，它是在丰富的知识和经验的基础上，是用头脑中形成的"知识块"以及构建的"核心能力"去认识事物的一种思维形式。由于这些"知识组块"和"核心能力"具有整体性特征。因此，直觉可以使人们只根据少量信息就超越逻辑的程序而迅速进入事物内部从而达到对事物本质的洞察。正如爱因斯坦说过的那样，"真正可贵的因素是直觉"。在科学发现中，利用直觉思维或者灵感思维、形象思维从而获得新发现和启迪的案例不胜枚举。这种非逻辑性的思维特点就是突如其来、突然迸发出的新观点、新方法、新思路，但却说不清楚到底是什么引发了这样的结果。但必须指出，这种看似"非逻辑性"的思维特点其实是"逻辑性思维"长期积累的结果从而引发的"爆发"式效应。

（4）具有哲学思辨性和反思性思维类型。这种思维的特点是思维呈现反思性、比较性和辩证性，具有"科学哲学方法论"特征，他们总是善于利用科学的、辩证唯物主义和历史唯物主义的哲学观和方法论的思想，看问题习惯于用全面发展、一分为二、联系的、辩证的观点而不是以一个点或一个面来看问题。这种思维类型主要有：辩证性思维、批判性思维、类比思维。

关于第二个系统中的"强基础智力的认知系统和灵活多样的思维方式"中思维与核心能力的区别和联系，本书发现了与斯腾伯格的思维风格类型理论相异的观点，具体论述可见本章第二节的有关论述。

（三）第三个系统是"独立进取的个性品质和内在动机"

该系统是促进创新人才创造创新的动力系统，即科学创新需要优质的个性品质以及以成就导向为内在动机的驱动，这是实现科学创新的强大动力系统。作为科学创新的动力系统，如汽车上的马达一样，它是促进创新人才不断进行科学探索的动力来源。如果没有优良的个性心理特质，创新人才就不太可能保持昂扬的斗志和热情，就有可能失去科学探索的勇气和动力。如果没有以成就为导向的内部动机以及对科学成果的执着追求，创新人才就不太可能获得高水平科研成果。这个系统可以分为两个层次。

第一个层次是独立进取、创新个性心理品质，其中包括：坚忍执着、探索规律、勤勉性、科学进取性、严谨求实、独立自主、变革创新、挑战性、质疑性、自信心、敢于突破和超越创新。这些研究发现证实了美国心理学家戴维斯于1980在第22届国际心理学大会上提出的创新型人才的某些人格特征，这些人格特征有：独立性强（独立自主）；自信心强（自信心）；敢于冒险（挑战性）；有理想抱负（科学进取性）；不轻信他人意见（质疑性）；易于被复杂奇怪的事物吸引；有基本的审美观；幽默感；兴趣爱好既广泛又专一；具有好奇心[1]。

这些个性品质是创新人才具有的共性特征，其特点是：独立、积极、坚持（可持续性）、进取、创新。这些个性品质是构成创新意识和创新精神的基本元素，是创新素质的优良特性和"内在的自然倾向性"。

比如创新人才群体无论遇到何种困难，都能凭借其坚韧不拔的毅力和

---

[1]　徐春玉、李绍敏：《以创造应对复杂多变的世界》，中国建材出版社2003年版，第252—258页。

勇气去克服困难，直到获得科学新发现。探索规律是创新人才的个性特征，又是科学自身的内在要求及其规定性。就科学研究最终目的而言就是探索未知、发现真理。在他们看来，从事科学研究的责任和义务是探索未知，可以带给他们一种前所未有的成就感和满足感或者说是一种愉快而积极的情绪体验，正是这种愉快而积极的情绪体验更进一步促使他们为获得科学新发现继而保持着对科学的满腔激情和热爱。除了这份热爱和激情外，在创新人才身上还有一种品质，即将科学活动本身看成"事业"而不是"职业"，具有事业心表明创新人才愿意付出一生的努力来追求科学真理，因此在他们身上有一种"不达目的，绝不罢休"的"英雄胆识"，在获得一项科学成就时还想获得更多、更好的成果，这充分体现了一种积极进取的个性品质。本书将积极进取性①的个性品质定义为"主动积极，敢于向大自然不断索取知识、勇于创新；具有强烈事业心，永不满足，能直面困难和挑战，努力追求卓越，不断开拓新的科学领域"。

　　科学需要创新，须具备质疑精神和敢于突破、敢于创新的勇气。这有时比能力和思维更为重要。具有质疑意识才不会被权威和既有定论绊住双脚而裹足不前，才有可能突破前人研究局限进行更大范畴的创新。进一步而言，是否敢于提出新问题，敢于提出新见解，敢于突破和敢于实现创新，是创新人才积极进取性（或叫进攻性，意指向大自然索取知识）和富有创新个性品质的集中体现，而且成为了优秀创新人才身上很重要的个性品质，使创新人才保持旺盛的科研斗志和进取精神，是取得卓越成就的动力来源。

---

　　①　进取性是创新人才身上很重要的品质，国外与此对等的英文单词是"进攻性"（Aggressiveness），最先提出此词的是1979年诺贝尔物理学奖得主温伯格。后来有许多创新人才多次都提到这种个性品质，比如杨振宁在中国科研环境建设论坛中专门提出过这样的问题："我觉得有一个非常大的特点，就是美国最成功的物理学家，绝大多数都不符合中国传统的君子做人的态度。他们是非常的aggressive（具攻击性）而且practice（奉行）所谓one-upsmanship（个人逢战必赢的行事作风）。那么我想问在座的几位，在生物学领域是不是也有这个现象……"详见（http：//blog. sciencenet. cn/cn/blog – 2237 – 7445858. html）。

第二个层次是创新人才的内部动机，这些内部动机因素包括：兴趣驱动和好奇心、成就导向、求知欲。兴趣驱动和好奇心意指某个科学问题对创新人才有着强大的吸引力并使其产生持续的注意力，努力促使其寻找解决办法。成就导向意指对成就感和荣誉感的追求。求知欲表现为对知识的渴望，对未知事物有着强烈的探索新知的愿望和渴求，并为之付出努力。这些是构成内部动机的主要因素。斯腾伯格认为创造动机主要应该是内在的，针对任务本身的。阿莫布莉（Amabile，1996）认为，在创造诸成分理论中，工作动机是其中最主要的成分，而在工作动机中最重要的是内部动机。后来她又认为外部动机同样会起作用，其关键是外部动机的性质如何。

我们认为，内在动机是促进创新人才从事科学研究的内在动力。从受访的样本来看，有的受访者也承认会受到"奖金、职称、荣誉称号、奖励"等外部报酬性因素的影响，但是他们最终认为对科学家所从事的科学研究活动而言，最重要的是对科学研究产生的兴趣和热爱，即"兴趣驱动和好奇心"的引导和驱动促使他们在科学事业上不断攀登和探索，开拓进取，发展和创造，最后取得一定的科学成果。比如一个受访者认为："成就和荣誉创之艰辛，应当珍视，但不能成为包袱，科学研究真正需要的是发展思维、发展见识和始终一贯的勇气，这是成功的真正动力所在。发展即开拓，即是不避艰难险阻、坚韧不拔投入其中的创造，才是长盛不衰持久的学术生命力。"

总的来说，构成素质结构中的动力系统包含两个部分：既包括创新人才人格特质中的个性心理特征（个性品质），又包括个性倾向的系统（动机因素），这两个部分之间相互促进，相互作用。

（四）第四个系统是"科学创新所秉持的核心价值观"

本书研究结果表明，就统计而言，该系统能解释素质结构系统变异

3.61%的变异量，说明科学价值观之于科学创新活动以及能力提升具有指导作用。这个价值系统是创新人才进行科学创新秉持的核心价值观，是创新人才对科学研究是什么、科学研究活动能为人类带来什么价值、从事科学研究本身的终极意义和目的的思考、看法以及态度。这些价值观对他们从事科学活动具有引导和价值选择及"价值参照"的作用。这些价值观是创新人才核心价值观的体现。总的来说，他们求真、求善、求美，追求和谐、永恒、普世的科学价值观，这些价值观具体表现为：科学道德、科学理想、人文关怀、爱国情怀、社会责任感、开放包容，对科学创新具有"价值引领"、"价值选择"及"价值参照"的作用。

第一，科学道德体现创新人才核心价值观，是科学创新的灵魂。

科学道德是创新人才在科研活动中遵守的科学行为规范和伦理准则，表现为严于律己、真诚友善、平等谦虚、科研过程一丝不苟，对待科研结果客观理性，追求"真善美"。科学道德的首要前提是求真，反映科学家道德核心价值观的要求是"求真"，科学家探索真理的过程是"求真"的过程。从一定意义上而言，没有"求真"所要求的实事求是的科学道德，就没有科学的真正创新，因为科学道德中"求真"的价值追求与创新客体的"真实性"具有一脉相承性。试想，一个人对他人科研成果的剽窃，即使暂时获得了"科研成果"，但这种"科研成果"就其本质而言并无"创新"可言，因为创新并非其真实创造，而是移植或如法炮制他人的成果，这些"虚假成果"还会误导和干扰人们进行的科学活动从而成为创新的"绊脚石"。因此，就这一点而言，没有科学道德就不可能有真正意义的科学创新。

第二，创新人才在科学实践活动中具有人文价值取向和社会责任感。

主要包括三个方面的内容：

1. 人文价值取向集中表现为对人的价值关注，体现以人为本的价值理念。他们关注和理解科学家群体如何更好地发挥科学创造性。比如一致认为社会及国家应当为创新人才创造力的释放创造更为宽松、民主、和谐、公平的科研环境和制度，对于正确评价科技创新型人才要有较为人性化的制度设计和安排。

2. 对科学创新型人才培养以及学科建设表现出高度的社会责任感。

大多数受访者认为科学工作者的社会责任不仅在于科学探索，发现未知，获得更多科学成果，还要为国家培养出具有国际视野、国际化水平、具有国际竞争力的科技创新型人才。如有一位受访者认为"我随时用国内外本学科发展的最新成就去充实和更新教学内容，指导和帮助他们选择课题、争取任务、解决难题，引导他们占领学科制高点。到目前为止，我已招收和培养了包括硕士和博士在内的研究生共二百余名。其中，有许多已成为大专院校、科研机构和大中型企业的业务骨干和领导干部，有的被国家教委和省授予'跨世纪人才'称号，有的已成长为教授和博士生导师"。

有一位受访者在谈到社会责任感时如是说："正是由于这种对社会责任的倾心，我才能一再地做出果断的选择，始终保持发展锐气；才能执着于自己的事业，并最终多方面地充实丰富了自己，使自己成为一名不只是徒有虚名的科学家。"

3. 创新人才对自然环境的生态性和可持续发展表现出高度关注。

他们注重对环境的保护，认为不能过度开采和利用地球资源，要关注生命的质量以及子孙后代的发展，要"充分估计到由于这种实践活动所导致的自然平衡的改变，将对人类的生存和发展带来什么样的影响"。

如一位受访者认为："人类改造自然的一切活动及其全部的努力，就其直接目的而言，都是为了给人类生存和发展创造更好的条件和环境。但是这种活动和努力所导致的实践后果，特别是远期的、间接的后果，却可能与人们的初衷相背离。所以，解决问题的出路不在于'回到自然中去'，消极地维持自然平衡，而在于充分地估计到实践活动的后果，充分地估计到由于这种实践活动所导致的自然平衡的改变，将对人类的生存和发展带来什么样的影响，从而做出趋利避害的最佳选择。"

4. 具有爱国情怀。

在和平时期，爱国情怀的突出特征是具有高度的社会责任感和使命感，这种责任意识是立足当前实际，根据国家发展需要，为国家和社会多做有益的工作，创造高层次科研成果，能在世界同行中占有一席之地。这种为国家争取荣誉的使命感使他们认为中国的科学工作者并不比外国人缺少创新和创造能力，中国人已经在许多领域如数学、物理学、化学等学科取得了相当领先的国际地位，因此他们不会放弃追逐，并希望能为国家做出更多、更好的科学成就。

第三，具有崇高的科学理想。

理想主要是在青少年时期逐步形成的，在以后的科学实践活动中不断得到强化。在创新人才的身上，有一种特别的理想和信念，这种理想与追求来源于两个方面：一是科学家自身秉持的科学信仰。信仰是一种无法通过传统的"证实"或"证伪"方法证明的对"事实"毫不怀疑的确信，并且对这些"事实"充满敬畏和尊重[1]，其本质是一种对自然和宇宙本质的深刻而系统的认识；二是对科学成果的荣誉感和成就感的追求，尤其是对一流学术成果的追求，并希望得到国际国内同行对自我成就的肯定和认可。

第四，具有开放包容的态度。

突出体现为创新人才善于吸收科学领域内的新知识、新事物，虚心学习，对学术批评保持包容接纳的心态。这种价值观使得创新人才具有"海纳百川"的胸怀和气度。因此，在此种价值观的引领下他们更愿意接受学术界的学术批评，性格保持谦虚谨慎。

---

① 陈洪、吕淑琴：《诺贝尔奖得主的哲学思考》，科学出版社 2012 年版，第 60 页。

（五）第五个系统是"学术共同体内的交流与合作倾向性"

这种倾向表明创新人才是否愿意同"学术共同体"内成员交流与合作，体现的是创新者对待外部环境是否积极寻求合作、交流、帮助和支持的意愿的倾向性，是创新个体积极适应创新环境变化能力的一种反映。它能解释创新人才素质结构中创新行为特征 2.13% 的变异量。

这种倾向性包括三方面内容。

一是学术共同体的支持。表现为"我愿意接受并寻求学术共同体内的成员（包括我的家人、亲朋好友、导师、学术同行等）的建设性意见及各种支持，因为我觉得这能促进我更好地从事科学创新"。

二是学术合作与交流。表现为"我愿意并善于同国内外同行进行学术合作与交流以促进学科发展、人才培养以及科学创新"。

三是学术民主。表现为"我在科学创新活动中总是善于营造和创设宽松、和谐、民主的科研环境和氛围，并努力做到科研资源的分配的公平公正合理"。

结合访谈以及调查结果，本书认为这个因子在整个素质结构系统中具有重要地位和作用。如果说前面四个因子是基于创新主体的内部心理特征角度而言，体现了个体的内部素质结构特征，那么这个因子则是个体在学术共同体内与环境客体进行交互作用产生的潜移默化的影响，突出地表现为在组织创新的团队中，创新个体是否愿意与组织内成员（包括同辈、师长、导师等）交流与合作的倾向性，本书认为：

第一，学术合作与交流之于促进科学创新具有重要意义。它一般包含两个层次：一是同国内研究者同行的合作与交流；二是站在国际前沿与国外最顶尖的研究者的合作与交流。

学术合作与交流的意义在于：

首先，通过学术合作与交流可以触发灵感、启迪智慧、促进创新。

其次，交流有助于发现研究中的不足和短板，还有助于避免"妄自尊大"，了解从事的研究处于哪个层次和水准，需要在哪方面进行改进和提高。通过频繁的国际研讨，站在最前沿的科学研究舞台之上，以图共同进步和提高，促进学科深层次发展。

最后，国际合作与交流可以互通有无、加强互补，也有利于创新型科技人才的培养，还可以发现合作的共同研究课题，共同解决一些重大的课题，特别是涉及人类共同利益的一些课题，比如航空航天领域、探索宇宙的奥秘、登月计划等，通过合作交流来弥补自身的弱势，从而达成课题研究目标。

第二，科学创新不可能在真空中产生，必然受到外部创新环境和团队中其他成员的影响。

在创新过程中，来自外部环境及学术共同体内成员的影响无处不在。因此在这种环境下需要创新个体充分发挥自身主观能动性，主动寻求科学家共同体的帮助和支持，充分地与共同体内成员开展合作与交流，善于同组织内成员交流与合作获得各种支持。

第三，对"学术共同体"概念进行了适当的拓展。

本书认为以下两个主要问题是需要引起注意的：一是学术共同体内成员的构成，即哪些成员对于创新人才具有重要的影响；二是学术共同体内文化资本与关系资本的获取对创新人才行为的影响。

1. 将"学术共同体"概念的外延进行适当拓展。

传统上，学术共同体被定义为"受到一群志同道合学者的影响，他们遵守共同的学术规范、道德准则，相互联系、相互影响，共同推动学术的发展，并由此形成群体的影响和作用"。本书认为，创新人才需获得各方力量支持，这种支持不仅有来源于学术共同体内朋辈、导师组专业上的支持，还有来自创新个体家庭主要成员的支持，比如夫妻关系中对另一方的支持。因此，我们将创新个体对来自"学术共同体"内重要影响的态度倾向性界定为"不仅受到科学共同体内组织成员的影响，还包括与创新者个人有密切相关的人物，其中包括：师长、家庭成员、同事和朋友"。概括而言，学术共同体是所有与创新者有着密切关联且有着重要影响的各种社会关系的总和。

2. 创新人才对文化资本及其社会资本的态度会影响创新行为的方式。

文化资本即本专业领域内形成的专业规则，与奇可森特米哈依的"创造力系统模型"对应的概念为"领域内的符号系统"。文化资本即指被体现出来的文化信息。文化资本常常体现在一些人的身上，比如教师、专家或者同辈，他们将文化信息领域内在化，文化资本也可以在书、电脑、博物馆或其他文化制品等材料中找到。

社会资本则表现为"人通过社会关系网络或其他社会结构而获得利益的一种能力"①。法国社会学家皮埃尔·布尔迪厄（Pierre Bourdieu，1985）的定义更为具体："彼此相识或赏识的一些人建立起正式或非正式的关系网。"② 社会资本指与该关系网相联系的现时与潜在资源之集大成。布尔迪厄认为社会资本一般能够促进个体文化资本的增长，因而增加该个体的文化资本。这种对文化知识的促进，再加上随之产生的社会关系网和机遇，会为个体获得较高成就铺平道路。科利曼（Coleman，1990）将社会资本的功能定义为："能够实现某些目标的东西，没有它这些目标将不可能实现。"③

文化资本及其社会关系资本在创新中具有重要作用，而创新者对组织内创新文化资本和社会资本所持的态度则会影响其行为方式，进而影响科学研究产出的效率和质量。正如布尔迪厄（Bourdieu，1985）揭示的那样，

---

① Portes，A.，"Social Capital: Its origins and application in modern sociology"，*Annual Review of Sociology*，Vol. 24，1998，pp. 1 – 24.

② Bourdieu，P.，"The forms of social capital. In J. G. Richardson（Ed.）"，*Handbook of theory and research for the sociology of education*，New York: Greenwood，1981，pp. 241 – 258.

③ Coleman，J.，*Foundation of social theory*，Cambridge M. A.: Belknap Press of Harvard University Press，1990，pp. 300 – 324.

通往文化信息和重要的社会关系网的大门总是对团体精英之子们敞开着，杰出导师的弟子可以收获相似的益处。社会学家朱克曼（Zuckerman，1977）的发现则将这种社会资本解释为"跟着诺贝尔奖获得者学习的科学家也会相当成功"。

调研发现，创新人才认为文化资本和社会资本在科学创新过程中发挥了重要角色，如果缺少文化资本和社会资本的支持，他们将无法获得高效创新的信息、知识资本以及赖以创新的各种条件比如科技平台、创新师资和创新团队，而善于创新的个体则对文化资本和社会资本给予了更多的关注，也投入了更多的时间和精力去经营并获得关系资本（注：这里将文化资本和社会资本统称为关系资本）的支持，当他们面临一些棘手问题时（这些问题并不仅限于科学问题解决，还包括项目实施过程中面临的诸多困难和麻烦，比如资金短缺、科研设备是否到位等），总是善于利用关系资本来寻求帮助和支持，这种关系资本可以看成是学术共同体内支持其不断创新的"助力系统"，这种助力系统往往对创新能力的提升、创新智慧的启迪和灵感的触发发挥着重要作用。因此，创新个体获取关系资本的能力，创新个体对关系资本所持有的合作意愿、态度都同创新者的行为特征发生着各种关联。因此，对关系资本的获取能力成为科技创新人才重要的能力要素，某种意义上扮演着创新人才创新过程中不可或缺的外部助力系统的角色。

第四，科学团体内个人交流与合作的态度倾向性。

个人对交流与合作的态度会影响其科学创造力。越是重视合作与交流，在学术活动互动中双方就表现得越积极和主动，因为他们可以共享的知识和信息越多，因此产生革新的可能性也就越大。

我们在访谈中发现几乎所有的受访者都有同他人开展合作与交流的良好意愿和倾向，他们大多数人都愿意分享自己的学术成果，愿意与同行进行友好真诚的学术交流。在研究过程中，他们试图通过他人的力量帮助其完成科研项目，在获取项目以及在项目实施过程中，都表现出积极主动、具有强烈合作意愿的态度倾向。因此，通过项目开展学术交流与合作，创新主体之间往往能发现科学中的新问题，更容易产生新的灵感，从而有利于新的发现，这对于创造力的发挥、问题解决和具体任务目标的达成都具有启发作用。

因此，个人对于团体内交流与合作的意愿及态度直接影响到个人创造力水平的发挥程度。事实上，现代科学特别是大科学工程项目，已经越来越需要不同的创新个体之间开展协作和交流从而来弥补个人知识、经验和能力结构的不足，创新个体之间还通过交流与沟通共享对方的"个体经验"[①]。在此基础上几个科学家以一种"经验共同体"的形式投入科学研究，其科学成果也由大家共享，这种方法已越来越成为现代社会知识产生的主要途径。因此，科学团体内交流与合作的态度倾向性影响个体创造力水平，从而影响个体创新方式。

综上所述，从构成创新型人才素质结构系统的角度来看，科技创新型人才五因子模型分别由 5 个子系统构成，这 5 个子系统可看成是促进科学创新的子系统。为便于理解，我们将这五大素质结构的子系统分别概括为：以问题解决为导向的专业能力（专业技能支撑系统）、强基础智力（认知智力）的认知能力和灵活多样的思维方式（能力和思维系统）、独立进取的个性品质和内在动机（动力系统）、科学创新所秉持的核心价值观（核心价值系统）、学术共同体内的交流与合作倾向性（关系资本获得的社会支持系统）。

---

① 陈洪、吕淑琴：《诺贝尔奖得主的哲学思考》，科学出版社 2012 年版，第 231 页。

第二节　核心能力与思维方式关系的讨论

在前述研究中，我们分别从质的研究视角和量的研究视角建立了高校科技创新型人才的素质结构模型，使建构的素质模型既有基于事实的质性分析依据，如通过对高层次科技人才的行为事件访谈获得素质模型建构必备的素质要素特征，并在此基础上编制了创新人才素质结构与行为评价问卷，然后又在实证研究的基础上构建了创新人才的五因子素质结构模型，从而使得对科技创新型人才的素质结构有一个较为全面的认识，但我们又发现，建立在行为事件访谈基础上的素质结构模型（六维度模型）与结构方程模型建构的五因子素质模型有一些差异。

我们看到，以质性访谈的方法分析得到的是 6 个维度的素质结构模型：知识—技能维度、创造—创新能力维度、创新思维风格类型维度、个性—动机维度、创新核心价值观维度、合作与交流维度，然而通过结构方程模型建构得到的却是五因子模型：能力思维因子、专业技能因子、核心价值观因子、学术共同体内的交流与合作倾向性因子，两者最大区别是减少了一个维度，即将质性分析的六维度模型中的思维与能力分属的二个维度合并为一个共同因子"强基础的认知智力和灵活多样的思维方式"，其主要原因是五因子素质结构模型具有实证研究的基础。

第一，探索性因素分析结果表明，原本分属于两个不同维度下的观测指标都在"强基础的认知智力和灵活多样的思维方式"这个公共因子上有较高的因子负荷。

第二，在验证性因子分析中，这种结果得到了进一步验证。这说明理论上将"思维"与"能力"这两个维度归并整合为一个公共因子进行解释是可行的，但同时是否可以将人才素质结构中的创新思维和创新能力这两个维度归为"思维与能力因子"则要进一步讨论，即反映科技创新人才素质结构中的两个维度：能力与思维风格类型是否可以归整到一个因子进行解释，这两者是相互独立还是彼此相关？能力与思维都属于素质结构中的认知智力结构中的重要部分，在科技创新活动过程中是独立起作用还是共同起作用？因此，根据理论分析，形成以下观点。

一　创新能力与创新思维形式不同，但在个体创新行为过程中两者并非截然分开，而是相互促进，相辅相成

在已往研究中，斯腾伯格提出了著名的思维风格理论，这种理论认为："风格是一种思维的方法，它不等于能力，而是个体倾向采取的运用自身能力的一种方式。"[1]他认为"思维风格是指个体以何种方式运用和开发自己的智力，思维风格并不是一种能力，而是个体选择怎样使用能力的方式"[2]。在斯腾伯格理论概念体系之下，能力与风格之间是有区别的。能力决定了人在执行任务时完成的质量好坏，而风格则决定了人会采取何种方式以完成该任务。斯氏的思维风格类型理论主要是针对传统教育模式的弊端提出来的，其研究对象主要是学生，他认为好学生的标准不应当只有一个，或者根本就不存在绝对的"好""坏"标准。每个学生的思维方式都各具特点，换一种标准，换一个环境或换一个时间来界定，好坏可能就会随之变化。斯腾伯格之所以提出"思维风格"的理论，其目的正是要澄清和确立这些相对客观也更为合理的标准。

然而，我们通过实证研究证明，创新人才在科学创新时，运用某种思维方式和运用能力是相互统一的，思维与能力并不是截然独立的两个维

---

[1]　Sternberg, R. J., *Thinking Style*, Cambridge University Press, 1997, pp. 6 – 26.

[2]　[美] 罗伯特·斯腾伯格、陶德·陆伯特：《创意心理学》，曾盼盼译，中国人民大学出版社2009年版，第6页。

度，在创新行为过程中，两者的作用可以整合在一起，也就是说两者在形式和内容上会有所区别，但两者在创新行为过程中一起发生作用，共同对科学创新行为过程以及获得创新成果起着重要作用，即两者是"你中有我，我中有你"的关系。在前述研究中，我们得知，构成创新型人才素质结构的五个因子中，该因子可解释人才素质结构变异方差的49.05%，我们还发现，如果这两个因子是独立的，那么就不会在一个共同因子上有相对较高的因子负荷，这说明思维与能力之间并非截然分开，而是相互作用，相互影响。一言以蔽之，思维风格类型与能力其实是在一个更高的层面上而言具有相互统一的关系，他们共同存在并统一于人才素质结构中的认知结构系统，发挥着主导作用。

二 思维与能力在人才素质结构中作用和地位对等，没有本质区别

在构成人才的素质结构中，从创新行为特征的角度而言，能力与思维也是并驾齐驱的，一个人在使用何种方式或者选择何种偏好进行思考时，必然也同时表明他具备并掌握了运用某种思维的能力。比如创新人才在进行发散性思维思考时，他就要善于从多个视角来观察和分析问题，这是一种发散性思维的表现，然而他运用发散性思维的过程并不是静止的、抽象的，而是要充分依靠他的某种能力来完成工作任务和目标，如他要善于通过多种途径来获得各种信息，并从多个角度来分析问题，并考虑每一种可能的方案所带来的每一种结果，最后他还必须从中筛选出有价值的信息来对各种可选择的方案进行比较、分析和评估，最后得到与研究目标相契合的最优路径和方法，使科技创新活动得以进行和继续。在主体创新行为发生过程当中，他要运用多种角度、多种视角思考，这本身就需要一种全面思考和分析问题的能力。当创新主体发挥发散性思维时，其实就是在调动各种发散性思考所需要的能力（在这一点上，斯腾伯格也认为思维风格是人们运用能力的一种方式）。试想，创新主体如果没有具备多角度、多侧

面进行思考分析和比较筛选评估信息的能力，我们怎么能认为他的思维方式是发散性的呢？而他又怎么能够将整个科学活动开展下去呢？

三 对思维与能力区分的意义不大，它们是构成素质结构的重要组成部分

我们对质性访谈资料重新进行了检视，发现这些高层次科技创新型人才在选择何种思维方式比如灵感思维、直觉思维、系统性思维等思维方式进行科学创新活动时，并没有对能力和思维方式进行区分。实际上，他们是将"思维"等同于"能力"。比如直觉，既可以看成一种能力也可以看成一种思维活动。因为直觉虽然是一种不自觉的思维活动并表现出某种期限性，但也并非自然生成，而是扎实的基础功底，坚定的科学信念、长期的思想准备和一时顿悟的结果。

在潜意识中，他们也并未刻意对它们做出区分，而是经常将使用到的某种思维风格与能力对应起来。比如从事数学基础理论研究的科技人员往往善于依靠逻辑、推理为主的方法进行抽象思维，而这种逻辑推理思维往往是在后天的学习和科研实践中逐步形成的，最后发展成获得科学发现的重要能力和思维习惯。换言之，这种逻辑推理的思维方式以及同时具备的逻辑推理能力、计算能力、对数学的理解判断能力、想象力的发挥已经不知不觉在潜意识中融入了他们的认知能力结构系统当中，成为创新人才智力结构中不可或缺的重要组成部分，此时能力与思维之间已经没有可以进行区别的分界，思维与能力都必须以科学活动为载体方能体现出来，两者是相互统一的。概括来说，创新人才独特的思维方式和其独特的能力结构紧密地连接在一起。

因此，斯腾伯格的思维风格类型理论将思维风格与能力水平相区别开来有失偏颇，这或许和斯氏所调查的样本群体有关系，斯氏的思维风格理论主要是以学生为样本调查得出来的研究结论，与本研究的对象科技创新

型人才不同。一个人选择何种思维方式进行思考与运用某种创新能力之间是相对应的，两者具有相辅相成的对应关系。当科技创新型人才在运用某种思维方式时，也实际表明了他在调动创新的核心能力中的某个思维要素进行思考和创新，两者并不是截然分开的。因此，本书认为将思维与能力整合归类为一个共同因子类型即"强基础的认知智力和灵活多样的思维方式"是可行的。

第三节　五因子相互关系的阐释和讨论

一　五因子相互关系

五因子之间存在较强的正相关关系。其中，能力与思维因子与个性—动机因子具有较强的正相关关系，相关系数 $r = 0.885$，专业技能因子与合作交流因子之间的相关系数最低。五个因子之间的相关程度由高到低的顺序排列为：能力与思维 VS 个性—动机（$r = 0.885$）、专业技能 VS 个性动机（$r = 0.863$）、能力与思维 VS 专业技能（$r = 0.848$）、合作交流 VS 核心价值观（$r = 0.834$）、个性—动机 VS 核心价值观（$r = 0.831$）、能力与思维 VS 核心价值观（$r = 0.765$）、个性—动机 VS 合作交流（$r = 0.715$）、专业技能 VS 核心价值观（$r = 0.710$）、能力与思维 VS 合作交流（$r = 0.64$）、专业技能 VS 合作交流（$r = 0.604$），这说明五个因子之间并非独立，而是有着较强的正相关关系。具体分述如下。

第一，能力与思维 VS 专业技能（$r = 0.848$）。以问题解决为导向的专业能力可以使创新核心能力得到迅速提升，能力与思维之间相互促进，相互影响。反之，强基础的认知智力和灵活多样的思维方式对以解决问题为主要目的的专业能力提升具有促进作用。

第二，专业技能 VS 个性动机（r = 0.863）。以问题解决为导向的专业能力可以培养独立进取的个性品质和内在动机。反之，独立进取的个性品质和内在动机又可以促进人的专业能力的提升。

比如一个能够创造性解决科学问题的人，他身上一般具有几种或多种个性品质，如积极进取的个性、坚韧不拔、持之以恒的毅力，善于独立思考等，这些个性特征是在长期的专业训练中逐步形成并发展起来的，而这些个性特征对专业能力的提升具有促进作用。

第三，专业技能 VS 核心价值观（r = 0.710）。专业能力对于价值观具有正向影响。反之，价值观对于专业能力的提升也具有正向影响。

例如，科学家专业能力越强，越会影响并强化他自身关于科学的核心价值观，平常所说的一个人的能力越大，其责任意识和使命感也相应就越强就是一个很好的比喻方式。反过来，一个人如果拥有强烈的使命感和责任意识也会促进他某一个方面能力的提升，因为使命感和强烈的责任心会促使他学习更多的技能从而来充实并提升其专业能力，解决更多的科学问题，从而为人类谋福利。这可以解释为什么一个真正伟大的科学家往往对祖国和人民怀有深深的情感以及具有高度的社会责任心，而这种深深的情感和社会责任感又反过来促进他专业能力的提升，从而能更好地为祖国和人民服务。

第四，专业技能 VS 合作交流（r = 0.604）。学术共同体内交流与协作可以有效弥补个体知识和能力结构中的不足和缺陷，因而更好地促进科学问题的解决从而提升个人的专业能力。反之，以问题解决为导向的专业能力又可以促进学术共同体内交流与协作的水平与层次，更有利于问题的解决。

例如，开展大科学工程项目不仅需要依靠科学家为主体的个人的以解决问题为导向的独立从事科研的专业能力，而且还需要不同科学家个体与团队成员之间的协作与交流，发挥科研组织的协同作用来共同完成课题的目标和任务。

第五，能力与思维 VS 个性—动机（r = 0.885）。创新人才的个性心理与思维方式是有密切联系的。创新人才的某些独特的个性品质和内在动机可以促进其核心能力的有效提升和某种独特思维方式的形成。反之，灵活多样的思维方式和核心能力又可以促进科学家良好个性品质的形成。

例如，科学家的个性心理品质以及内在动机往往会形成他在某个领域内特有的思维和认知能力。比如大多数数学家的个性特征表现为严谨、坚忍执着、勤勉、独立思考，在解决问题时总是习惯于运用严密的逻辑推理的思维方式，而这种推理思维的能力也反过来促进了数学家严谨求实、慎思独立、"大胆假设、小心求证"的个性品质。

第六，能力与思维 VS 核心价值观（r = 0.765）。科学价值观对认知智力的发展以及灵活多样的思维方式形成具有正向影响。反之，认知智力发展以及思维方式对于价值选择具有正向影响。具体来说，创新人才的价值观的选择对思维方式具有制导作用，它引导或制约着思维方式；而思维方式则是价值观实现的工具或手段，在一定程度上制约着价值观能否实现以及实现的程度。

例如，具有人文关怀价值观的科学家，比如医学家，他追求的价值是人的健康以及努力提升病人的生命质量，那么他的思维方式以及核心能力的形成就是按照此标准和价值观逐步养成的。好的医生会用最少的钱、最佳的治疗方案减轻病人的痛苦，并在最短的时间内帮助病人治愈疾病，最终提高生命的质量。一个科学家关心什么，追求什么，反映到价值观上则会影响他思考问题和处理问题时所采取的思维方式，同时价值系统又对科学家认知智力系统起到调节和选择的作用，主要调节着其运用思维的方式、对行动方案和目标的选择。总之，核心价值观调节并影响着核心能力和思维方式，两者具有正向相关的关系。

第七，能力与思维 VS 合作交流（r = 0.640）。创新能力强以及思维方式表现较为灵活的创新人才一般都善于与学术共同体内的同行交流和协作，从而弥补自身能力的不足和缺陷，因为一个人不可能解决所有科学问题，他必须要有合作与协作意识和意愿，才能在学术同行中立于不败之地。反之，合作与协作倾向性越强，就越能促进核心能力进一步形成以及思维方式的灵活多样。

例如，有一个受访者说道："要认清楚自己的特长，不要想着很多东西一个人就可以解决，这很不现实，一定要有团队协作的精神，在这个团队合作里面一定要很虚心地向一些有经验的工程师学习和交流，不管这个工程师的学历水平是什么样的，只要他的思维、技术能力、实践动手能力有优点你就要向他学习，这点很关键。"

第八，个性—动机 VS 合作交流（r = 0.715）。独立进取的个性品质和内在动机对学术共同体内的交流与合作倾向性具有正向影响。反之，学术共同体内的交流与合作倾向性对个性品质和内在动机也具有正向影响。

例如：学术共同体内的交流与合作可以了解到别人较为优异的能力，开阔视野，了解自身能力的不足，还可以增加自信心，树立克服困难的决心和勇气。而积极进取的个性品质和以成就为导向的内在动机则会增强创新人才与学术共同体内同行交流的意愿和主观能动性。特别是当一个人面临困难和挫折时，来自学术共同体内成员的帮助和支持可以进一步培养克服困难、坚韧不拔的意志品质，如毅力、决心和勇气。这对于良好个性品质的养成和培育都具有重要作用。

第九，个性—动机 VS 核心价值观（r = 0.831）。价值观对个性品质的形成具有促进作用。反之，个性品质也会影响价值观的形成。

具体来说，创新人才价值观的确立与稳定，使其行为具有明显的独立性和自主性。他的理想和信仰、遵循什么样的道德原则和行为标准，都与他已确立的价值观有密切联系，都是根据什么对他最有价值而决定的。创新人才价值观中最核心的内容表现为科学道德、爱国情怀、社会责任感、科学理想、人文关怀、开放包容，决定了他在科学实践活动中对自我实现的具体规定性和目标要求。概括地说，就是创新人才所确立的价值观决定了个性品质的质量，从而进一步规定了他的整个精神素质和道德风貌，而优异的个性品质则又会促进道德水平的进一步完善和稳固。

第十，核心价值观 VS 交流协作（ r = 0.834）。创新人才核心价值观对交流与合作倾向性具有正向影响。反之，合作与交流倾向性也影响价值观的选择和确立。

价值观系统在创新人才的行动选择中具有重要的调节作用，它在一定程度上影响了人们做出选择和采取行动方式的内在规定性和倾向性。在一个提倡交流和协作的组织内，组织内成员为了能有效地解决科学问题，往往会产生交流与协作的意愿和需求，并善于通过这种方式来获得学术共同体内的帮助和支持，而这种合作与交流的主动性、积极性和协同性又会促成其价值系统进行不断的更新和稳固。

二　讨论

以上分别就两个因子之间的相互关系进行阐述，但实际上构成个人素质结构的五个因子间在一个具体的创新行为过程中存在交互影响的作用，这些因子之间往往具有交叉和共变性，共同对创新过程起着重要影响和交互作用。比如科学家选择一个科学问题进行研究（问题发现），运用到的核心能力就有多个（如推理能力、理解力），在具体提出解决办法或某个原创思想时也会运用多种思维方式进行思考（多种思维方式的综合运用），既有来自兴趣和成就感满足的需要，又需要科学家长期的坚持和努力（个性—动机），还需要来自学术共同体内各种关系资本的支持（社会关系支持）。因此，一个创新行为过程的背后，一定是多个素质特征共同起作用以及多个因子相互作用的结果。

第四节 建议与对策

一 对科技创新型人才的培养建议

在对"科技创新型人才素质结构"进行解构之后，我们就可以有针对性地具体提出科技创新型人才培养的对策和建议。就科技创新型人才素质结构而言，本书认为在创新型科技人才培养方面应注重培养的素质维度有：以问题为解决导向的专业能力、强基础认知智力和灵活多样化的思维方式、独立进取的个性品质和内在动机、科学创新所秉持的核心价值观、学术共同体内交流与协作的倾向。

1. 科技创新型人才的培养目标，既要重视培养广博精深的专业技能，更要重视培养解决实际问题的能力。

科学创新需要知识技能的培养，更需要具备科学创造与创新的能力。因为知识和技能为科学创新提供了可能，但并非知识越多越好，最重要还在于将知识活学活用，有效地加以转化，即能不能实现科学创新不在于一个人掌握了多少的专业知识和技能，更在于是否具备将知识运用于问题本身，从而解决实际科学问题的能力。

因此，在人才培养的方向上不仅要重视科学理论知识的教授，更要重视以解决实际问题为导向的专业能力培养。这种专业能力的形成是以"问题解决"作为评判依据的。因此，在如何培养科技创新型人才上，本书认为不仅要重视对科技人才的广博而精深的专业技能和专业知识的传授，更要重视以问题为导向的知识的应用，最终形成解决实际问题的能力。

例如，我国与世界发达国家相比较而言，虽然具有一定的差距，但在理论和实验室研制样品性能上，这种差距可能不大。然而，一旦要开发产品，特别是要进行大规模生产，与国外的差距就十分明显了。原因是多方面的，但其中有一点就是科技人员可能只满足于理论成果的发明创造，而一旦要将理论成果转化为实际问题，可能会存在不少困难。这或许与缺乏解决问题能力有关系。换言之，当下许多科技人员尚不具备将理论成果转化为实际生产力的能力。

因此，在形成科学创新技能和专业能力上，以下素质要素在解决问题中具有重要作用：实验设计与操作能力、发现问题的能力，运用科学知识提出问题假设，还要善于掌握信息进行搜索的能力，从而掌握世界科学最前沿发展动态，保证开展的科学研究处于国际最前沿。立足于国际、国内实际问题的解决，特别是要立足于实际，立足于中国实际问题的解决，努力培养问题解决和决策能力。因此，概括来说，从"问题解决为导向"的核心素养和能力的培养来看，一个科技人员需以"问题解决为导向"作为出发点，在解决问题的过程中不断学习、独立思考、分析问题、对问题具有见微而知著的洞察力，进而形成独立判断、有策略性地进行思考从而最终找到解决问题的最佳路径和最优方法。

2. 科技创新人才的培养需要结合学科属性特质，加强科学创新所必备的"强基础的认知智力"和"灵活多样的思维方法"两项素质的培育和训练。

一个人的智力所包含的成分是复杂的，也是多元的。心理学研究表明，不同的智力理论对于智力具有不同的内涵和定义。这里的认知智力主要指的是科学创新所必须具备的核心能力，这些能力主要包括：推理能力、理解力、想象力、条理性（做事有条不紊，研究方案具有逻辑性并按计划进行）、知识—经验的迁移能力、兼收并蓄、博采众长。这些能力的共同点是共同属于基础性的智力成分，但又高于基础性的智力要求。比如推理能力和理解力是智力的重要组成部分，但是要实现科学创新则更需要高于甚至超越常人的逻辑推理能力和强理解力。因此，在科技创新人才核心智力培养方面，需要加强对这些能力的培养和训练。

从思维方式的多样性而言，科学创新需结合学科的特点形式进而培养一种或多种灵活的多样化思维方式。科学家在选择以何种思维方式进行创新时，总是以其偏好的某一种或几种思维方式同时进行，比如有的人擅长理论思维，有的人可能擅长形象思维，或者依靠"非抽象性的"思维如直觉或灵感思维，但是在具体实现创新时，往往是一种或几种思维方式共同起作用。数学的严密性造就了数学家思维的严密逻辑性，数学家多采用演绎推理的方式来思考问题；林学的实践性造就了林学家思维的开放性，林学家多采用归纳推理的方式来思考问题。归纳推理有助于发现问题、总结问题、提出假设，有助于把一个学科的成果推广到另一个学科；演绎推理有助于严密地思考问题，有助于由表及里地探索事物的本质。因此，思维方法的训练是与专业能力的形成和培养结合在一起的，灵活多样化的思维不能脱离专业能力而独立进行。从思维方式的表现特点而言，要培养灵活开放、强变通性的思维方式；逻辑抽象和理论性思维方式；依靠形象、直觉和灵感的"非逻辑性思维"以及带有哲学思辨性或者反思性的思维类型，如批判性思维方式的训练。

3. 科技创新型人才的培养要注重培养独立、积极进取的个性品质。

某种意义上而言，没有个性，就没有科学创新。良好个性品质是科学创新的强大动力。科技人才的一个最重要的品质，就是对自然界某个课题的进取性或"进攻性"（意指攻克某一个长期关注的难题）。这种素质比掌握知识更为重要，无论在什么工作岗位上，都要抱定一个信念，就是要做出一点与众不同的东西。国外具有高创造力的个体身上都有一种积极进取的个性，具备这种个性的人往往会不拘泥于常规思维，对科学持以"进攻"的态度，即为了达到科学目标获得高水平成就，往往能够在极度困难的环境下坚持不懈，他们独立、积极、坚持、进取，具有革新性和创新性,从不抱残守缺,而这些个性品质是形成科学家创新意识和创新精神的基本元素,也是科学家勇往直前,不断攀登科学高峰的不竭动力。因此科技创新型人才的培养不仅要注重培养创新能力和创新思维,更要注重对科学家优秀个性品质的锻造和培养,特别是积极、独立、进取的个性品质,要重视对良好个性和品质的培养,这是一个人取得成功的重要个性品质。

4. 学校教育目标中尤其要重视对科学核心价值观的渗透、教育和培养。

科学家身上具有优异于一般科技工作者的科学核心价值观,这些科学核心价值观包括:科学道德、人文价值取向和社会责任感、崇高的科学理想、开放包容的胸怀和气度。

人的价值观在对人的行为选择中发挥着重要指引作用,拥有何种价值观决定了人们的处事及其行为方式,而人的价值观的形成大多数是在青少年这一阶段逐步形成并发展的,到了成年之后又逐步得到强化和稳固。因此,从青少年阶段就应当对他们进行科学品德教育,科学品德教育的目的是培养学生的科学素养,其核心是培养并树立正确的科学价值观,其重要途径之一是通过品德教育,具体载体是科普教育,帮助学生树立正确的科学观,激发学生对科学追求的向往和热爱。通过适当的形式,使其了解古今中外优秀科学家的成长故事,展现科学家科学创新背后的科学事迹所蕴藏的科学精神,并从中得到感悟和启发,进而使他们从小就鼓起对科学进行探索的决心和勇气,对科学抱有一份执着的追求和信念。通过开展科普实践活动,培养他们树立崇高的科学理想和科学信仰。将科学中求真、求善、求美的核心价值观教育渗透至教育活动当中。

因此,学校教育目标中,科学核心价值观的培养显得尤其重要,对个体行为具有引领作用,从受教育者个人的发展和中华民族的教育创新而言,都势在必行。

5. 重视学术民主与合作开放包容的教育培养方式,尽快改变我国目前存在的"近亲繁殖"的师资结构。

科学家卢瑟福在领导著名的英国剑桥大学卡文迪许实验室期间，吸收了大量外国学者，对于不论来自何国、何方，曾由什么人培养过的人，均一视同仁，发现和调动一切积极因素，协同工作。对于自己培养的学生，即使优秀者也很少留下工作，而是输送出去，在校外做出成就以后再聘请其回来任教。

与重视学术民主、合作开放包容的教育培养方式相比，我国家族式、半封闭的师资队伍结构就显得落后了。这种组织形式容易形成论资排辈、家长作风，滋长排外和本位主义，不利于发扬科学民主和开展协作交流，对于出大成果和培养拔尖人才都是有妨碍的。因此，要尽快改变这种"近亲繁殖"的师资结构。

6. 营造科学创新环境和文化氛围，注重学术共同体内的协同创新、交流和合作。

一是科学创新离不开社会环境的支持。这种支持性的环境既包括科技人才评价的制度环境，又包括组织团体良好的组织文化环境。良好的科学创新的文化环境，可以让人舒心工作，将精力集中于当前的科学创新活动，从而更容易出成果。而充满人性关怀的科研评价制度，可以发挥不同层次科技人员的积极性，对不同类别和层次科技人才的科学合理评价，可促进各种人才脱颖而出，从而有所创造。同时，良好的科研环境和文化氛围可防止科技人员之间过度竞争，消除不良、不公平竞争，可让优质科技资源在广大科学工作者中得到合理、公平、公正的分配。

二要注重学术共同体内的协同创新与合作。协同创新即将自身的最具特长和优势的学科（企业、技术、管理等核心竞争力要素）集结起来共同为解决某一类问题而进行的共同合作创新，使创新的深度和广度进一步扩大，也更有利于产生更多的创新成果，这种协同创新下的组织有如下特性：（1）能在更大范围、更多领域内迅速提升核心竞争力，更有利于提升创新能力。（2）能够整合不同的资源，将团队做强做大，为进一步提高创新能力、创新水平打下坚实的基础。（3）能够共同攻关解决难题，特别是解决以前单靠个体不能解决的问题，有效提高创新的速度、创新的效率和创新的能力。（4）可以产生"滚雪球"效应。

7. 将人才培养与科学创新相结合，特别要让年轻人脱颖而出，为年轻人的发展提供各种支持。

高校系统内存在"重科研成果，轻人才培养"现象，即将科学创新与人才培养对立起来。实际上人才培养与科学创新是一致的，不是对立关系。因为在很多时候往往是"学生培养了教授"。因此，要让最好的老师培养出最优秀的学生，要让学生从事国际上最前沿的课题特别是基础领域，这样有助于打破一个缺口，某个学科方向的缺口一旦被打开，那么就有可能成为该方向或领域的领头者，其他国家的科学家则会追随你从事这方面的研究。

李政道教授曾提出高质量、高层次科技人才培养的路径主要有三条："一是年轻；二是素质好，有创造性；三是培训工作要快要猛，不能中途停顿。这样让青年人保持一股锐气，创造出别人不能创造的东西。"可见，要培养创造性人才还在于对青年科技人才的教育和培养，另外还要真正发挥青年教师协同作战、协同攻关的能力，比如可以将青年教师组织起来，形成一个由中青年教师、博士后、博士、硕士研究生、国内访问学者等组成的科研集团，以发挥集体协同优势，同时要为他们的发展提供各种支持，包括不要让他们有经济上的后顾之忧，要有一个合理的"第三通道"，让那些真正素质好、具有创新能力的优秀青年科技人员能够脱颖而出。

二　科技创新型人才评价的对策

本书编制了"高校科技创新型人才素质与行为特征评价问卷"，建立的评价标准基于人才素质结构及其创新行为特征评价，为人才评价提供了一种方法和参考模式乃至标准，因此，对于识别科技创新型人才内部素质结构及其创新行为特征具有一定借鉴意义。因此，可使用该问卷对科技创新型人才的素质结构进行评价。

1. 可为科技创新型的人才素质测评提供借鉴参考。

由于问卷的编制和开发都建立在实证研究基础之上，实证研究的结果显示本问卷具有良好的信度和建构效度，因而可用于对高校科技创新型人才素质进行评价。

例如，我们可以通过该问卷来建构科技创新型人才素质评价的体系和框架，具体可采取以下步骤：

第 1 步：设定评价维度。该维度下有五个维度指标，分别为：以问题解决为导向的专业能力、强基础认知智力和灵活多样化的思维方式、独立进取的个性品质和内在动机、追求和谐、永恒普世的科学价值观、学术共同体内的交流与合作倾向性。

第 2 步：设定评价指标。每一个维度下包括的素质要素可作为评价项目的测量指标，如以第 1 个维度"以问题解决为导向的专业能力"为例，包括 16 个关键素质要素，分别为：掌握学科前沿、科学研究方法、学科交叉、理论知识、实验操作能力、问题发现、创造性问题解决和决策能力、立足实际，解决国家社会需求课题、持续性学习和独立思考、洞察力、策略性思考能力、分析和综合能力、人才培养和学科发展、信息检索、善于提出科学假说，其他四个维度以此类推。

第 3 步：对每个指标都划定相应的权重。

第 4 步：设定评价等级，比如可以设定为四个等级：优秀、良好、中等、差。

第 5 步：建立评价模型。即通过各指标体系来收集可以量化的数据，可采用模糊数学的综合分析方法，将所有数据作归一化处理，最后可计算得出每个人在素质项目上的总分，从而对个人的创新能力及其素质要素进行评价。

2. 可为创新型人才素质开发和培训提供参考标准。

编制开发的问卷作为一种人才测评的工具，其实质是以绩优组为研究对象编制开发的，因而可作为一种"绩优"行为标准的测量参照。该问卷显示出的行为标准可为问卷使用者提供"可达目标"行为标准，借此可朝着参照目标迈进，从而为科技创新人才培训和开发提供明确的方向和目标。

3. 可为高校人事部门的科技创新型人才提供测评。

高校人力资源管理部门可对新进科技人才进行入职前评价，通过对科技人才创新素质和具体行为的自我评价，可了解到新进科技人员对自我素质的自评分数，为人才测评提供参考，此种方法还可以结合其他考查指标加以综合考察，如科研成果创新性（需要组织专家组专门认定），从而使人才评价更为科学全面。

4. 可为各高校理工科学生的综合素质测评提供参考标准。

当前，各个高校都非常重视创新型人才的培养，许多高校也都在探索有利于创新人才培养的模式，可根据本问卷反映出来的共同素质结构和要素指标，制定出每一个理工科专业的具体创新人才培养模式，并制定出不同专业水平下的创新能力与素质可达到的标准，并对其培养模式和方案进行优化设计，从而为优化创新人才培养模式提供一种借鉴和参照。

另外，本问卷还可以为学生的综合素质测评提供一个"效标优良"的参照标准，可通过该问卷对学生的素质水平进行较为全面的综合评定，还可以对学生进行发展性评价。因此，根据问卷的标准，为高等学校制定学生综合素质评价时，可以有针对性地比照这些素质和行为特征进行教育和培养，使得素质目标的实现和达成更具有实现的可能性和可操作性。

第五节　研究小结及未来研究方向

一　本书达成的研究目标

（1）建立了高校科技创新型人才素质词典，对科技创新型人才关键素质特征词进行了详细定义，并对每一项素质所包含的关键行为特征进行了详细的描述和刻画，使得人才的素质与具体的行为标准对应起来，从而可以进一步解释行为背后的潜在因素对人们创新的行为与结果产生的影响和作用。

（2）本书通过关键行为事件的质性方法和实际数据的调查，运用质性分析和量化分析的方法，以广东、江西两省高校科技创新型人才为研究对象，构建了高校科技创新型人才的五因子素质结构模型。

（3）通过实证研究方法编制了"高校科技创新型人才素质及其行为特征评价问卷"。

（4）遵循教育与心理测量学的质量指标的要求，根据研究需要，分批采集研究所需的实测数据，运用探索性因素分析与验证性因素分析的方法分别对问卷的信度和效度进行了检测，研究结果表明编制的问卷具有一定的建构信度和结构效度。

（5）通过实际调查，以绩优组的科技创新型人才为效标，分别对绩优组与一般组两组样本进行了检验，对两组人员在问卷上的自我评价分数作了对比分析。结果表明，两组分数在问卷上的五个评价维度以及所测项目上都存在显著性差异（$P < 0.05$），即效标组（绩优组）分数显著高于一般组（对照组）。说明该评价问卷具有实证效度，检验结果也说明该问卷具

有一定的区分度，能够对一般科技人员与绩优的科技人员在素质特征及其创新行为特征上进行有效区分，可作为科技创新型人才素质测评的评价工具。

二　未来研究方向

第一，科技创新型人才评价是一项内容非常丰富的课题，本书主要研究了人才素质结构的内在要素，构建了科技创新型人才的五因子素质结构模型，揭示了素质构成的各个因素以及内部要素之间的关系，对创新人才内在素质结构特征的内在特点和质的规定性，以及各个因子维度对于整个素质模型的作用进行了研究和探讨，揭示了高校科技创新型人才所具备的素质结构特征，但这主要是从创新人才内部要素进行的研究，这些研究也仅仅是人才评价中的一部分内容，而对于科技创新人才成长的外部影响因素，比如家庭、社会支持网络、组织创新气氛、文化等并未做深入细致研究和探讨，这或许能成为后续研究的一个努力方向。

第二，受作者能力和时间所限，本书选择以高校科技创新型人才作为研究对象，这些研究对象并非来自"具有世界级影响力的天才式人物"。因此，研究的样本体现出来的创新行为特征也只能代表一定范围内研究对象的创新行为特征，或者说只能代表某一地域内高校科技创新型人才的行为样本特点。从大的范围来讲，本书提供的研究也只是所有人才类型中的一个小样本。因此，应审慎看待本研究成果在实践应用中的概化和拓展程度。

第三，在未来研究中还可以制定"科技创新型人才评价标准"的常模标准，从而为科技创新型人才的实际测量与评价提供参考标准。

第四，在未来研究中，正如以上第一点提到的，还可以从影响人才成长的外部因素进行分析探讨，有以下几点值得关注。

1. 人际关系。如家庭成员是如何影响个人的？家庭的主要成员对创新人才的影响方式和发生机制是什么样的？对于创新的结果能起到什么样的作用？比如与创新人才有密切关联的人有导师、亲人、朋辈、友人以及同事等有关的社会关系成员。

2. 情绪、情感因素。这是很重要也是很丰富的内容。一个科学家内心情感世界的丰富性、多样性与科学成果的产生或许具有不可或缺的关联性。科学家情感因素对于科学创新和科学创造产生的必然或偶发作用可能引发一部分研究者的兴趣。

3. 社会、教育和文化的因素。教育经历和背景对能力的形成和发展以及创新方式、创新过程具有重要影响。文化从本质上是人们在某个地域内形成的相对稳定的行为方式。一个人受到各种文化的影响，有出生时受到的启蒙教育，还有人生的重要成长阶段或人生关键时期受到的"教育影响"，还可能受到某个历史时期内某个主流价值观及文化思潮的影响。因此，文化的核心内容是价值观，文化对科学创新的作用具有双重性，既有阻碍作用，也有促进作用，这些因素于创新机制发生的作用如何？文化对人才的产生、成长、发展具有何种作用方式和影响力？这些问题所涉内容极为丰富、学科范围亦极为广泛，甚至远比现在所能想到的还要深广，或许是未来研究方向中很重要的研究内容。

4. 团体创造力。本书研究焦点和关注面主要是在"个体层面"上，对个体的创新过程中的技能、能力、思维、个性、动机、价值观、合作与交流倾向性等方面讨论和关注较多，但没有从整个科研团队创造力的角度去揭示团队对于个体创新的重要意义和价值。创新个体的创新很大程度上是在团队中完成，由于创造性成果的获得越来越需要依靠团体或团队合作，所以就越需要关注团体创造的过程。未来研究可以对团体创造力做进一步思考，尤其是团体成员或小组成员对个体在动机、能力和个性、价值观影响方面可以进行探讨，从而从更为广阔的视野上去理解创新人才在创新过程中存在的个体、教育、文化及人际关系背景造成的差异和原因，从而为优化工作团体环境和丰富组织创造力理论提供有用的信息。

附件1：高校科技创新型人才
素质特征调查问卷

尊敬的老师：

　　您好！非常感谢您在百忙之中参与问卷调查！

　　本问卷调查的目的是：了解科技创新型人才在科学创新活动中的关键素质特征，并以此建构高校科技创新型人才的素质结构，为我省科技创新型人才评价提供实证研究的依据。因此您的评价对我们的研究至关重要。

　　本调查为无记名调查。对于您的回答，我们将严格保密并承诺仅用于研究之目的。

　　再一次感谢您的大力支持与参与！

《高校科技创新型人才素质结构及评价》课题组

2013 年 9 月

第一部分：个人资料

请您根据个人实际情况，在"□"内画"√"

1. 性别：□男 □女；

2. 年　龄：□29岁以下；□30—39岁；□40— 49岁；□50—59岁；

□60 岁及以上；

3. 职务/职称：

职务：

职称：□讲师（或相当）；□副教授（或相当）；□教授（或相当）；其他（可自填）_____；

4. 您所在学科和研究方向：_____

5. 学历：□专科；□本科；□硕士；□博士；□博士后；

6. 所在单位（研究机构）：

7. 是否属于以下类别人员：□中国科学院院士；□中国工程院院士；□长江学者；□百人计划入选者；□千人计划入选者；□百千万人才工程国家级人选；□地方称号学者（如珠江学者、井冈学者、555 赣鄱人才）；□国家杰出青年基金获得者；其他：_____；

您主持国家级项目_____项；参与国家级项目_____项；

您主持省部级以上项目_____项；参与省部级以上项目_____项；

您在 SCI、EI、ISTP 等重要刊物上以第一作者发表论文_____篇；其中被 SCI 收录且影响因子大于 1.0 的论文有_____篇；

您作为第一申请人获得国内发明专利共有_____项，获得美、日、欧三方专利_____项；

您作为主持人或核心成员所开发的国家级重点新产品_____项；

您获得国家自然科学奖、科技发明奖、科技进步奖三等奖以上奖励_____项；

您或您的科研团队获得省部级科技进步奖三等奖_____项；二等奖_____项；一等奖_____项；

您获得的其他重要科技成果还有：_____。

第二部分：科技创新型人才素质特征评价问卷

填写说明：根据您从事科研的实际经验和感受，请您对这些素质特征对您"科技创新的重要性程度"进行评价，并在空格内打"√"。一个素质特征词只选一次，不要多画，也不要少画。如：选"1"表示该项素质特征项目对于您所从事的科技创新活动不重要；选"2"表示该项特征对您的科技创新活动"较不重要"；选"3"表示该项素质对于您的科技创新来说重要，以此类推。

序号	素质项目	不重要	较不重要	重要	很重要	极其重要
		1	2	3	4	5
1	专业知识					
2	掌握学科前沿					
3	正确的科学研究方法					
4	学科交叉					
5	理论知识					
6	重视实验设计和方法					
7	实践应用能力					
8	创造性问题解决和决策能力					
9	问题发现					
10	立足实际,解决国家急需问题					
11	持续性学习和思考					

序号	素 质 项 目	不重要	较不重要	重要	很重要	极其重要
		1	2	3	4	5
12	洞察力					
13	策略性思考能力					
14	分析和综合能力					
15	团队合作					
16	理论与实践结合					
17	坚持真理、实事求是					
18	多样化的经历(如科研、生活等)					
19	培养人才和学科建设					
20	团结一致、协同创新					
21	信息检索					
22	善于提出科学假设					
23	推理能力					
24	知识—经验迁移					
25	注意力					
26	想象力					
27	理解力					
28	条理性					
29	兼收并蓄/博采众长					
30	由模仿以创造					
31	"大科学研究工程"的研究经验					
32	不放过"异常"(偶然)现象					

续 表

序号	素 质 项 目	不重要	较不重要	重要	很重要	极其重要
		1	2	3	4	5
33	创造性思维					
34	综合思维/系统思维/宏观战略思维					
35	逻辑(抽象)思维					
36	纵向思维					
37	横向思维/水平思维/平行思维					
38	联想思维					
39	发散性思维					
40	类比思维					
41	转化思维					
42	理论思维					
43	辩证性思维					
44	辐合思维/聚合思维					
45	逆向思维					
46	非线性思维					
47	灵感思维					
48	直觉思维					
49	形象思维					
50	批判性思维					
51	双向思维					
52	坚忍执着					
53	探索规律					

续　表

序号	素质项目	不重要	较不重要	重要	很重要	极其重要
		1	2	3	4	5
54	勤勉性					
55	科学进取性					
56	严谨求实					
57	独立自主					
58	变革创新					
59	求知欲					
60	挑战性					
61	兴趣驱动和好奇心					
62	质疑性					
63	自信心					
64	成就导向					
65	灵活性					
66	专业敏感性					
67	敢于突破和超越、创新					
68	自我发展/自我实现					
69	开放包容					
70	爱国情怀					
71	社会责任感					
72	科学献身精神					
73	人文关怀					
74	崇高的科学理想和道德					

序号	素 质 项 目	不重要	较不重要	重要	很重要	极其重要
		1	2	3	4	5
75	学术共同体					
76	学术合作与交流、援助					
77	学术民主/科学民主的学术氛围					

第三部分：补充性回答

　　您认为除了以上所列的素质特征外，作为一名科技创新型人才还需要具备怎样的素质或能力？请您详细列出并给出例子。

　　答：

　　最后温馨提醒您检查一遍是否存在漏答项。感谢您能够参与本课题的调查，然后将调查问卷以电子邮件的方式发送至问卷的始发邮箱。并祝您工作顺利！生活愉快！预祝您取得更多更好的科研成果！

附件2：78项素质特征词的定义及关键行为特征描述

序号	素质词项	定　义	关键行为特征的描述	所属维度
1	专业知识（EXP）	通过系统的专业教育和科技实践所获得的,并用于从事科学或技术活动的知识和技能	精通和掌握本学科领域内知识;熟悉国内外学科发展趋势;利用专业知识提出创新的科学或技术问题解决方案	知识与技能①
2	掌握学科前沿（FRK）	能适时掌握本学科领域内最新研究发现和成就,最新科学思想与观念及其发展形势	追踪热点、站在学科前沿来思考和从事科学研究活动;追求创新;超前意识紧跟世界科学发展和步伐	知识与技能
3	科学研究方法（SRM）	是科学一般研究方法的理论知识。具体而言,是有系统地寻求知识的程序和步骤,并按照本学科研究范式分析和解决问题,其步骤包括:问题认知与表述、实验数据收集、假说的构成与测试②	善于观测、实验、科学分析从而导出有价值的科学结论。利用具有普遍意义的哲学方法论以及学科具体而又特殊的方法指导实践。比如,坚持实验与观测统一。方法多样性（多向性）和灵活性;重视实验设计和实验技术;理论思维与实验设计相结合	知识与技能

---

① 初步将这78项素质分为六个维度:知识与技能维度、创造与创新能力维度、思维风格类型维度、个性和动机维度、情感—价值维度、对创新环境的适应程度维度
② 详见维基百科:http://zh.wikipedia.org/wiki/,梅里亚姆-韦伯斯特辞典。

续　表

序号	素质词项	定　义	关键行为特征的描述	所属维度
4	学科交叉（INK）	在两个或两个以上学科之间产生的新学科，是不同学科之间相互渗透和影响的结果	能运用一门学科或多门学科的概念、理论和方法去研究另一门学科的对象或交叉领域的对象，使不同学科研究方法和对象相结合①	知识与技能
5	理论知识（THK）	是对某专业领域内的知识经过分析、比较、概括、综合和抽象而形成并反映事物规律和本质系统的知识体系	掌握本学科领域内相关的基础理论知识和方法，能理解并领会具体概念、原理，反映知识体系之间内在的逻辑联系；在理论指导下提出新观点，开展科学实验活动，取得预期成功	知识与技能
6	重视实验设计和方法（TED）	广义的实验设计指科学研究的一般程序的知识，它包括从问题的提出、假说的形成、变量的选择一直到结果的分析、论文写作等一系列内容。尤其重视对实验过程和步骤、方法的选择。狭义的实验设计着重解决的是从如何建立统计假说到作出结论这一阶段②	广泛收集事实材料、细心观察、重视实验设计和方法；养成注重实验、不唯上、不唯书、不唯权威、独立思考、勇于创新的习惯；在实验研究中，不只是按原先设计的那样去印证，而是仔细观察每一个现象，并加以分析从而认识事物本质，有新的发现	知识与技能
7	实践应用能力（APP）	立足于国情、实际和实践，善于利用知识和技能去解决实际中的问题，做到学以致用，具有将研究成果转化成现实生产力的能力	通过科学实验设计，自己动手，大量反复的调查研究，反复计算讨论，艰苦设计制作将科学研究或技术开发思想转化为现实的物质成果，产生一定的效果和影响力	创造与创新能力

---

①　廖志豪：《基于素质模型的高校科技创新型人才培养研究》，博士学位论文，华东师范大学，2012 年，第 91 页。

②　详见百度百科：http：//baike.baidu.com/view/1110073.htm。

续　表

序号	素质词项	定　义	关键行为特征的描述	所属维度
8	创造性问题解决和决策能力（CPDM）	理解各种复杂现实情况,积极寻找附加资源和信息,权衡各种可能性,从而在困难而复杂的环境下选择和采取最恰当的行动过程。其中包括:采取创造性方法解决问题、超越传统思维束缚、打破常规进行思考、创造性地利用资源①	能打破传统思维影响和束缚,另辟蹊径,灵活权衡现实困难,分析复杂情况,最终获得以下可能成果:科学发现、发明、利用研究成果解决问题、能够抓住事物之间不易显现的相关联系,采取方案和设计来有效解决问题	创造与创新能力
9	问题发现（PRF）	从纷繁复杂的现象及其各种信息来源捕捉并发现科学问题,提出具有一定研究价值问题的能力②	正确选定研究方向;发现并提出科学问题、从复杂现象中发现问题;能从众多问题中发现新问题;从常规细微之处发现问题、提出具有普遍性意义和研究价值的问题;善于抓住课题,看准就全身心投入	创造与创新能力
10	立足实际,解决国家面临问题（PRA）	立足于国内外形势,从我国国内科研发展需要出发,开展科学研究并创造性解决国家面临问题的能力	立足于实际需要,实事求是,着眼于未来;克服科研条件不足的困难,解决国家重大科技攻关中的难题;独立自主开展科研实践,取得一定效果和社会影响	创造与创新能力
11	持续性学习和思考（LRN）	从实际出发,基于自我发展和国家需要,从当前的科研工作和职业生涯设计的角度,积极主动学习和思考,从而获得个人能力以及各种经验和专长的提升和改善	在任何情境、环境之下都主动自觉开展持续性学习和思考;养成一定的学习习惯;善于独立思考科学问题;科研能力得以改善和提高	创造与创新能力

①　来源于哈伊公司官网的素质词典:www. haygroup. com/ca。

②　廖志豪:《基于素质模型的高校科技创新型人才培养研究》,博士学位论文,华东师范大学,2012 年,第 93 页。

续　表

序号	素质词项	定　义	关键行为特征的描述	所属维度
12	洞察力（INS）	能够透过复杂现象之间的联系，看到事物的本质规律，洞察并捕捉到有利信息，对科学前沿有敏感性、敏锐性和前瞻性或预见性的能力	注意选取具有重大理论价值和实用价值的课题作为研究目标。跟踪科学前沿，保持思维敏锐。善于发现细微之处的变化	创造与创新能力
13	策略性思考能力（ST）	将日常工作与长远规划和愿景结合起来，思考具有逻辑性和结构性，从而有利于科学目标实现和达成的能力	为达成科研目标，从总体上详细制订每一步的步骤和策略；思考所采取的策略，思考具有逻辑性和系统性以及结构性。提出科学建议和策略、能在实际中得到有效实现和验证	创造与创新能力
14	分析和综合能力（AIA）	能将认识对象分解成不同部分或要素，并能以此认识对象在整体中的性质和作用，又能再度将其组合成整体的能力①	在科学研究过程中，不只是按原先设计那样去印证，而是仔细观察每一个现象，并加以分析，从而深刻认识事物本质，甚至有新的发现。能对各种现象和问题整合分析从而得出新的理论和发现	创造与创新能力
15	团队合作（TW）	愿意与他人合作，并作为团队中的一分子去共同完成一项科研任务，愿意发挥创造性才能	愿意合作，搞协同攻关；鼓励他人、同时表达对团队的正向期望；关注他人观点并善于建立团队精神，创造良好的科研环境和氛围	创造与创新能力
16	理论与实践相结合（THP）	将理论知识同实践需要相结合从事科学研究	注重调查研究、教学实践、临床实践、科研实践、勤于动手、注重实验（实验设计和实验技术）	创造与创新能力

---

① 廖志豪：《基于素质模型的高校科技创新型人才培养研究》，博士学位论文，华东师范大学，2012 年，第 93 页。

序号	素质词项	定　义	关键行为特征的描述	所属维度
17	坚持真理实事求是（PER TRU）	一切从实际出发，探求事物内部联系及其发展规律性，并按照事物本质和规律进行思考和解决问题	坚持真理，不盲从权威；独立思考、不唯书、唯人、唯事，只唯实；力求客观，以反映事物的本质和规律作为出发点思考；不断探索与揭示未知世界；科学研究的生命在于不断创新，获得普遍性真理	创造与创新能力
18	多样化经历（RICH EXP）	科研上接受了内容丰富的科学训练，具有多样化的经历，形成具有独特意义的科研经验	从科学家成长影响的外部要素进行评价，主要包括：社会生活经验丰富、获得较多的科研实践和锻炼能在不同科学领域坚持不懈地探索并有所建树；经历人生许多磨难和艰辛；早期的求学经历的丰富性	创造与创新能力
19	人才培养和学科建设（TRA&DIS）	为使学科发展保持持续性创造力和创新性，使得学科发展后继有人，通过营造学习气氛、绩效管理和辅导，从事人才培养和培育工作的能力	分享与科研任务相关的建议和专长；创造学习机会以使年轻人获得技能提高；重视年轻人的教育和培养、提携；亲自辅导和提供建议；提供深度辅导；营造成长和发展的各种条件。善于将培养人才和促进学科建设相结合	创造与创新能力
20	协同创新团结一致（COLL）	在跨度较大的学科领域或从事"大科学研究项目"时，愿意和来自不同领域内的研究人员通过不断努力，共同创新从而分享科研成果，朝着为实现更高层次、更进一步的科学发现而努力	善于和不同领域内的人共事；善于分享自己的科研成果；注重团队合作并为之努力；通过协作创新实现总目标；不盲目单干，注重团队效率和总目标的整体一致性	创造与创新能力

续　表

序号	素质词项	定　义	关键行为特征的描述	所属维度
21	信息检索（INF）	能通过传播媒介以及其他途径、方法和手段获取和检索信息，并能对信息进行采集、分析和评价	善于有效获取本学科领域内的前沿科技信息和发展动态；能对各种信息进行整合、分析、消化吸收和利用，保证科学研究活动达到更高水准	创造与创新能力
22	善于提出科学假设（HYP）	善于从事实和问题出发，提出对科学问题的假设和猜想，提出新观测和新实验的智力活动和思维方法	大胆设想、敢于提出假设；善于对问题提出假设，然后进行实验研究，从而验证假设。能对问题进行猜想并善于对各种假设条件进行设定，并在实验过程修正和调整。综合运用不同的思维方法，有策略性地提出可能"不被实际接受"的问题	创造与创新能力
23	推理能力（REA）	在理性认识阶段逻辑思维综合运用能力的体现，综合运用概念、判断等知识体系，由一个或几个已知的判断而推导演绎出一个新的判断的能力①	善于从事实或问题中推断出新的结论、获取新的线索和依据从而受到启发；通过对事实的判断、推理和演绎进而获得科学创见和发现	创造与创新能力
24	知识 & 经验的迁移（MIG）	能够将所掌握的知识和经验影响到其他同类或相似的事物上去的能力	善于对已有经验进行思考、反复比较与权衡，利用已有经验对新事物进行思考和实验。过去的经历和经验对现在所从事的工作具有一定的影响	创造与创新能力

---

① 廖志豪：《基于素质模型的高校科技创新型人才培养研究》，博士学位论文，华东师范大学，2012 年，第 93 页。

序号	素质词项	定　义	关键行为特征的描述	所属维度
25	注意力（ATT）	心理活动指向和集中于当前的认识对象,通过对事物始终保持的高度集中和注意,从而对有价值的信息进行挖掘和筛选的能力	有意识有目的地对研究对象产生和保持注意力;能在较长时间内保持对同一个问题的持续性关注和抗干扰性。能从不同的问题中看到相似之处;能对各种问题指向的复杂信息进行合理筛选并做出价值选择	创造与创新能力
26	想象力（IMA）	想象力是在直觉和形象思维的基础上创造出新形象的能力,是一切希望和创造性灵感的源泉	善于充分运用直觉和形象思维的方法对事物进行改造,并得到新的形象。在对事物幻想时经常能看见比眼前的更伟大、更奇、更美的事物,还能觉察到事物的缺陷。认为想象力比知识更为重要。能充分运用想象,提出对各类问题的猜想和设想	创造与创新能力
27	理解力（UND）	借助积极的思维活动,对事物本身及其之间的联系、本质和规律进行认知的能力,是人们从事科学活动的重要认知能力	能够理解事物本身的意义,并对事物进行整体性和系统性的思考;洞察到事物之间的相互联系;深刻理解并能抓住事物的本质和规律;对事物做出合理解释以及重组认知结构;能使不同的知识和经验之间融会贯通,触类旁通,产生新的认知	创造与创新能力
28	条理性（RAT）	能按照一定的逻辑规则和法则,对事物做出全面科学的安排和划分、分类	做事有条不紊,有章可循;能提出逻辑性强,层次清晰可见的实验研究设计和方案;在科学创新过程中能对目标达成进行科学规划,有策略性地制定详细而具体的步骤	创造与创新能力

续　表

序号	素质词项	定　义	关键行为特征的描述	所属维度
29	兼收并蓄博采众长（WIDE）	能对不同性质和类别的科学见解和创见进行改造和消化吸收，并转化为自身优势的能力	师于前人但又不拘泥于前人；采百家之所长，为我所用；包容各种思想和创见，并不失时机改造和创新，提出新的科学思想。智力互补，教学相长	创造与创新能力
30	由模仿以创造（IMIT-CREA）	在从事科学研究的过程中，通过模仿、学习的方式最终实现创造创新的能力	善于利用已有经验和技巧"仿效"式研究工作，将学到的科学研究方法、技巧用以解决问题，为创造性研究奠定基础。善于从"模仿"一些著名的科学工作"入手"到真正实现创造①	创造与创新能力
31	大科学研究工程的研究经验（LARP）	具有国际公认的、原始科学创新所必须具备的工程项目的研究经验。"大科学工程"建设能力，标志着一个国家核心的、原始的创新能力，是国家综合竞争力的重要体现②	具备参加国家确立的"大科学工程"项目如"两弹一星""神舟五号"、打造"航空母舰"等科学研究活动等方面的经验，能通过学科交叉和渗透进行原始创新。整个研究团队具有创新意识和能力	创造与创新能力
32	不放过"异常"现象（DON'T PASS）	对科学研究中出现的"异常"现象进行严谨而审慎分析的科学态度	对实验中出现的"异常"数据、反常规现象，不轻易放过并认真分析	创造与创新能力

---

① 卢嘉锡等主编：《院士思维》（第一卷），何祚庥撰《思路理清业自精，功夫更在物理外》，安徽教育出版社 2001 年版，第 243—245 页。

② 参阅潘教峰、李成智、周程、张柏春主编《重大科技创新案例》，山东教育出版社 2011 年版。

序号	素质词项	定　义	关键行为特征的描述	所属维度
33	创造性思维（CRT）	创造性思维是以感知、记忆、思考、联想、理解等能力为基础，独立提出创新性思想并能在实践中验证的思维方法	善于独立思考、创造新概念，提出新理论、新方法、不囿于前人、不照搬他国做法，力图提出新的创见，走自己的学术之路；具有学术思想上的创新；实验设计追求既缜密，又刻意求新；具有创新意识、创新思维和创新方法	思维风格类型
34	系统思维/综合思维/宏观战略思维①（SYST）	系统思维也叫整体思维，是用系统和整体眼光从结构和功能的角度来重新审视多样化世界。宏观战略性思维善于从全局观点思考部分在全局中的地位和作用。综合思维即通过多种思维方式整合思考事物的本质和规律并对其作出综合判断的思维	善于通过组成事物的要素来认识整体、从整体上去把握事物；对要素进行优化组合；将材料进行综合，包括方法综合；将整体目标分解为小阶段，利用事物的关联性解决问题；善于认识到整体与局部之间的关系；具有规划局部和管理的思维，统筹规划，合理布局，尤其在参与"大科学工程项目"时，具有"科技帅才"②的领导才能	思维风格类型
35	逻辑思维（抽象思维）（LT）	逻辑思维也叫抽象思维，是人们借助概念、判断和推理展开思维的基本形式，以分析、综合、比较、抽象、概括和具体化作为思维的基本过程揭露事物的本质特征和规律联系，它的主要表现形式为演绎推理、回溯推理与臻合显同法。运用逻辑思维可以透过现象看本质	善于通过演绎推理的方法把握事物的本质和规律；透过现象看到本质；采用回溯法由"果"推"因"；"不完全归纳法"的臻合显同法；善于顺藤摸瓜揭示事实真相；运用逻辑思维对信息进行提取和甄别	思维风格类型

① 这三者具有相似性，故归于一类。

② "科技帅才"思想是钱学森提出来的，他认为"科技帅才"不只是一方面的专家，要具有全面组织指挥的领导才能，就必须有广博的知识，而且要能敏锐地看到未来的发展。他说："要培养一批科技帅才，即是一批工程师加科学家加思想家的人才"；"当帅才的，在领导实现一个明确的目标时，应该从基础应用到工程实践，都能考虑到"。这是全面落实"科学技术是第一生产力"和"科学发展观"，建设创新型国家的重要环节，是新时代的新问题。详见王文华《学术思想》，四川科学技术出版社2007年版。

续　表

序号	素质词项	定　义	关键行为特征的描述	所属维度
36	纵向思维（VET）	将思考对象从事物发展的历史方向上，依照其各个发展阶段进行深入思考，从而推断出事物进一步发展趋向的思维	不满足于当前事物发展的状态；在研究中善于发现新的问题，提出新的要求和主张；经常问"为什么"进行深入思考；坚持自己的观点不动摇，不改变当初的策略最后取得成功；脚踏实地，一步一个脚印	思维风格类型
37	横向思维/水平思维/平行思维/平面思维（LAT）	横向思维又被称作"水平思维""平行思维""平面思维"，所谓"横向"主要是针对"纵向"而言。纵向思维主要依据逻辑，只是沿着一条固定的思路走下去，而横向思维则是偏向多思路多侧面地进行思考	"换个地方打井"①；能够摆脱固有观念的束缚；多角度多侧面地看待事物；不必要求每一步都正确；不只钟爱一种方案；重视偶然发生的事件；换过一条思路和路径，最终走向成功	思维风格类型
38	联想思维（AST）	是指人们将一种事物的形象与另一种事物的形象联系起来，探索它们之间共同的或类似的规律，由表及里、由此及彼、由近及远从而解决问题的思维方法②	善于将不同的事物进行比较，找出相似性和相关性，从而获得更多的科学设想、预见和推论；敢于幻想，激发创造性的联想。如由一种事物联想到它可能潜藏着广阔而重要的应用前景，再进一步联想到可否将这种事物与其他事物结合起来，那样或许会发现新的现象	思维风格类型

① 注释：这是爱德华·德·波诺将"水平思维"形象化的说法，意指如果在一个地方打井打不到水，那就换一个地方打井，是运用水平思维的一种形象比喻。

② 问道、王非：《思维风暴》，华文出版社 2009 年版，第 91 页。

续　表

序号	素质词项	定　义	关键行为特征的描述	所属维度
39	类比思维（ANT）	根据两类事物的相似或相同属性，进而推导出它们在其他属性上也有相同或类似的思维方法。常用的类比思维有：直接类比法、间接类比法、形状类比法、功能类比法等	善于通过比较的方法，揭示出两个事物之间属性上的相似或相近之处，从而提出具有创造性的设想和观点，帮助问题得到解决	思维风格类型
40	转化思维（TRT）	将矛盾发展过程中两个对立面在一定条件下对换主次地位，从而使事物发生质的变化的思维方法	善于将复杂的现象转化为抽象的思维和数学模型；能看到事物两个对立面之间的相互转化；善于将不熟悉的事物转化为熟悉的事物；善于将研究成果转化为现实的生产力；善于站在事物的另一个面来分析思考问题，从而得出具有创造性的结论和想法	思维风格类型
41	理论思维（THT）	抽象思维一般有经验型与理论型两种类型。以理论为依据，运用科学的概念、原理、定律、公式等进行判断和推理。科学家和理论工作者的思维多属于这种类型	善于从科学一般的原理、定律、公式等抽象的逻辑判断和推理从而得出新的结论，得到新的发现	思维风格类型
42	辩证思维（DT）	辩证思维是指以变化发展的、联系和发展的、对立与统一的视角来认识事物的思维方式	以下是运用辩证思维的不同表现形式①，如：善于分析与综合统一、微观与宏观相结合、合成与分解、进与退、专注与发散思维结合、辩证看待科学发现中偶然与必然的关系、科学理论普遍性与具体生产实践特殊性的有机结合和辩证统一。科学思维方法与科学思想的创新的统一。继承与发展；西医重实证和定量化与思辨相结合。一般与个别相结合的方法；整体与局部；战略与战术、提纲与挈领、林与木的关系；正确认识改造与创新	思维风格类型

① 本书作者根据卢嘉锡主编《院士思维》（第一卷）院士自撰资料整理而成。

续　表

序号	素质词项	定　义	关键行为特征的描述	所属维度
43	辐合思维（CT）	辐合思维，也称聚合思维或者集束思维，它相对于发散性思维而言，以某个思考对象为中心，尽可能运用已有经验和知识，将各种信息重新进行组织，从不同方面和角度，将思维集中指向这个中心点，从而达到解决问题的目的	善于"层层剥笋，揭示事物的核心"，能够根据目标进行判断得出结论；用"此"手段达到"彼"目的；在科学研究中盯住一个目标不放；善于从众多的复杂的现象中找到问题的症结，并进行有针对性的实验和研究	思维风格类型
44	逆向思维（RT）	逆向思维又称为反向思维，为了实现某一创新或解决某一用常规思路难以解决的问题，而采用反向思维解决问题的方法	不循规蹈矩，经常通过"反其道而行之"的方法取得异乎寻常的效果；擅长利用现象与现象之间的相互作用关系，进行反方向思考和探索，往往取得一些意想不到的效果。利用事物的缺点将缺点变为可利用的资源，化被动为主动，化不利为有利	思维风格类型
45	非线性思维（NT）	相对于直线的、单向的、单维的、缺乏变化的线性思维方式。非线性思维则是相互连接、非平面的、立体化的、无中心、无边缘的网状思维结构，也是一种更加接近自然、接近实际的思维和研究方式	对于不能单纯依靠逻辑思维来解决的问题，善于利用非线性思维来思考；依靠思维的直觉性和跳跃性；常常利用想象、灵感、直感思维来思考问题	思维风格类型
46	灵感思维（IT）	灵感也叫顿悟，从长期观察和思考的事物中忽然得到认识与启发，表现出突然迸发出来的启迪，是随机性、非线性的领悟和理解方式	突然受到某种启发而对事物的认识变得豁然开朗起来；受到他人点拨突发灵感；善于充分调动潜意识因素，当常规的逻辑因素受阻时以强烈解决问题的欲望为驱动；利用偶然事件的诱发、刺激从而解决悬而未决的难题	思维风格类型

续　表

序号	素质词项	定　义	关键行为特征的描述	所属维度
47	直觉思维（INT）	直觉是指对事物的一种突如其来的领悟或理解,当人们不自觉地想着某一题目时,虽不确定但却常常跃入意识的一种使问题得到澄清的思想。灵感、启示、预感常常被用来形容这种现象①	能够对事物作出敏锐而迅速的假设和判断,凭直觉和预感对可能的方案作出快速的判断和选择;曾有过事前预测某事的经验;碰到重大问题时内心会有强烈的触动和预感;在大家都支持一个观念时,持有反对意见而又找不到原因;曾梦到问题的解决方法;做成的大事都是凭感觉做成的	思维风格类型
48	形象思维（IMT）	形象思维又称右脑思维,主要是用直观形象和表象解决问题的思维	常常利用直观的形象思维来思考并揭示事物内部之间的本质和规律。善于运用想象从兴趣中激发形象思维。将创意通过可视化手段和方法呈现出来。通过想象自己完成某个"目标",然后在现实中真正获得成功	思维风格类型
49	批判性思维（CT）	为决定信什么或做什么而进行的合理的、反省的思维②,包括解释、分析、评估、推理、说明和自我调控	常常能站在事物的另一面进行审慎的反思;对事物常规状态提出不同的见解并给出论据和解释。对一个观点总是持有"不同的理解",不断质疑,并能指出不足之处	思维风格类型
50	双向思维（BOT）	在思考问题时不是选择一个方向思考,而是从两个方向思考。如线性思维与非线性思维相互结合。形象与逻辑思维相结合	在行为上的表现有:在思考问题时采用逻辑的和非逻辑的思考;善于直观和抽象;线性思维和非线性思维的相互结合。在思维方式上呈现出不同性质的两个方面。总结与推理、定性与定量相结合	思维风格类型

① ［英］W. I. B. 贝弗里奇:《科学研究的艺术》,陈捷译,科学出版社 1972 年版,第 72 页。

② Robert H. Ennis. , "Critical Thinking:A Streamlined Conception", *Teaching Philosophy*,1991.

续　表

序号	素质词项	定　义	关键行为特征的描述	所属维度
51	坚忍执着（PER）	通过长期坚持不懈的努力，凭借非凡的毅力和锲而不舍的精神意志来实现自己所追求的目标的一种优良的个性品质特征	表现为一种穷追不舍、持之以恒，几十年如一日的坚持和意志；为完成或达到科学目标，克服一切困难，勇敢面对挑战，矢志不移。全身心投入，具有锐意创新的勇气和执着的精神	个性和动机
52	规律探索（EPL）	为了能够从自然中获得规律，通过深入钻研和学习，调查研究、实验等活动以获求认识客观事物的内在本质和运动规律的精神风貌	在极其艰苦和简陋的条件下，坚持不懈探讨前沿科学课题；为获得科学发现，常常寻找不同的方法和路径；胸怀科学理想信念克服重重困难，开拓新的科学领域和方向	个性和动机
53	变革创新（INN）	不受传统思维和方法的束缚，不墨守成规和死守教条，不断通过创新实践来获得对事物对象认识的一种个性特征	在科学研究中不守旧，不抱残守缺，不拘泥于传统的研究方法，勇于创新，集各学科之长为己所用；敢于挑战权威，对一些定理定律、方法和技术等方面做出全新的突破和创新	个性和动机
54	求知欲（TFK）	对知识及未知事物内在本质规律的强烈渴望，是学习的动力来源，反映一个人对知识和科学奥秘探索的欲望和追求	长期关注与自身兴趣相符的事物，通过不断学习获取新知；经常性思考并产生疑问从而激发进一步探索求知的愿望和渴望；受到某个问题的诱惑吸引，为寻找答案，不断进行探索性学习。在强烈求知欲望驱动下，为获得新知，往往废寝忘食、秉烛夜读	个性和动机

续　表

序号	素质词项	定　义	关键行为特征的描述	所属维度
55	兴趣驱动和好奇心（CUR）	对于新事物产生的注意、操作、提问的个性心理倾向，是个体学习与寻求知识的内在动机之一	某个科学问题对科学家而言具有强大诱惑力，为获得答案，常使其梦绕魂牵；特别喜欢某个学科并在某一方面具有优势，能对科学的未解之谜保持浓厚兴趣和好奇心，同时愿意分配更多的资源在上面	个性和动机
56	挑战性（CHA）	为获取自然世界的知识和奥秘，揭示事物内在本质与规律，不断提出科学难题并试图获取胜利的个性品质	经常选择那些极富有挑战性的前沿课题进行研究；获取了某项研究发现之后又从事新的领域；下定决心攻克某一个世界性的科学难题；不轻信权威，对前人观点和结论进行挑战，并获得新的认识和发现	个性和动机
57	勤勉性（DIL）	为了获得对事物的认识，坚持不懈地付出艰辛的劳动，遇到困难时也能激励自己保持勤奋的个性品质	具有锲而不舍，持之以恒的毅力；每当确定了一项研究课题，或确立了某一个目标后，就不畏艰难，不怕挫折，坚持不懈地去为之奋斗	个性和动机
58	科学进取性（AGG）	敢于向自然索取知识，敢于面对重大科学研究课题，克服一切困难，从一个领域到另一个领域，进行跨学科的不断创新的个性特征	主要表现为：主动性、积极、敢为性、创新、永不满足、拓展新的领域、创业精神。它常常比喻为：攻克了一个山头又向另一个山头进攻	个性和动机
59	严谨求实（AR）	在认识或实践过程中表现出来的严密谨慎、客观细致、求真务实的精神风貌和力求达到准确、客观地认识事物本质特征的个性品质特征①	遵循"求实、勤奋、创新"的人生格言；通过反复测试和实验力求研究发现的准确性和可靠性。不轻率、不武断，始终保持严格审慎的科学态度；具有严谨的工作作风和精益求精的工作态度	个性和动机

---

① 廖志豪：《基于素质模型的高校科技创新型人才培养研究》，博士学位论文，华东师范大学，2012年，第95页。

续　表

序号	素质词项	定　义	关键行为特征的描述	所属维度
60	独立自主（IND）	从本国的实际出发，走自己的路，不受制于他人，只依靠自身的努力，自我发展进而获得科研成果的个性	通过努力独立完成一批重大科研成果；独立开展研究和实验，不受制于他国和他人；自主研制本国需要的科学技术，形成具有原始创新的科研成果。不屈服于外在压力而放弃自己的主张	个性和动机
61	质疑性（QUE）	面对认知对象时，表现出习惯性的思考并提出质疑的品格特征	不满足于既有观点和思想，不相信唯一的解释，不迷信权威；敢于对前人或同代人的工作提出质疑，特别是那些与实验不符的结果，常在脑海中打个问号。不放过一个小疑点，不做任何一点主观臆测，仔细分析疑点，通过这些疑点发现新问题，开拓新内容，使研究工作不断地深入完善	个性和动机
62	自信心（CON）	对自己个性心理与社会角色进行的自我评价，也表现为个体对自身成功应付特定情境的能力的估价	相信自己能够胜任某项科学研究工作并一定能够完成的积极肯定。相信自己具备在某种情境下解决问题的能力	个性和动机
63	成就导向（ACH）	下定决心立志有所作为并以此为导向，通过不懈的努力从而实现自我价值的一种优良的人格特质	选择一批可能获得突破性进展的研究课题，凭借开放的心态，勇敢地走向世界，善于吸收新知识，掌握科学最前沿的最新成果，在研究领域有所建树；从小立志做一个有学问的人；尽管困难重重，但获得了令人瞩目的科学成果	个性和动机

续　表

序号	素质词项	定　义	关键行为特征的描述	所属维度
64	灵活性（FLX）	能够根据事物运动变化的规律特点从而调整自身的思考和行为方式的一种个性品质	在复杂的情境下善于根据变化的情形做出科学合理的选择。不拘泥于固有思维和行为方式，表现为思路灵活多样，善于变化并适时变通取得良好的效果	个性和动机
65	专业敏感性（SEN）	对所从事的专业领域和研究方向，具有敏锐的思维和细致的观察，同时作出迅速反应的一种个性特质	对专业领域内学科发展及国际前沿问题能够迅速作出反应；对有价值的问题具有深刻的洞察力和敏锐性；对科学问题具有前瞻性和敏锐的预见性，善于把握学科发展的重要趋势	个性和动机
66	敢于突破和创新、超越（SUR）	不囿于权威和既有的发现，敢于突破现有的理论框架进行创造性的探索和发现的一种个性品质	不迷信学术权威，对"学术禁区"敢于发起进攻，并提出新的问题；敢于超越现有理论框架，"跨越雷池一步"，表现为追求科学真理、勇往直前、无所畏惧的科学献身的精神。在面对责难时仍然坚持自己的科学主张，最后验证科学发现	个性和动机
67	开放包容（OPEN）	对待周围的事物或现象表现出来的一种豁达、胸怀开阔、兼容并蓄的姿态与气度，突出地表现为接受新事物、新思想①	对科学领域中出现的新思想、新观点、新技术以及出现的新的科学前沿动态都保持包容的态度。能以开阔的胸襟对待不同己见的"科学思想"。对学生的新思路，总是采取积极鼓励的态度；以开放的心态，掌握科学最前沿的最新成果，从而取得好的科研成果	个性和动机

---

① 廖志豪：《基于素质模型的高校科技创新型人才培养研究》，博士学位论文，华东师范大学，2012年，第96页。

序号	素质词项	定　义	关键行为特征的描述	所属维度
68	爱国情怀（PAT）	对祖国和人民怀有深刻、炽热的感情并愿意为之奋斗、献身的爱国主义情感	谨奉"天下兴亡,匹夫有责;振兴中华,从我做起"的格言;将自己对科学事业的追求与国家命运结合起来。对赶超世界先进水平具有坚定的信念;具有为实现中华民族的伟大复兴之梦奋斗的强烈情感;具有为国争光的荣誉感、努力为祖国做出贡献、回报人民	情感—价值
69	社会责任感（SOR）	是科学家对所从事的科学活动与社会关系的一种理解与觉悟。不同发展阶段的科学,科学家的社会责任有着不同的内涵	科学活动既要追求真理,也要造福于人类,推动科学应用于人类的和平事业;遵循自然的科学规律,推动社会向前发展;能够审视和评估科学活动对人类带来的伦理与道德的影响,避免可能的伦理冲突。能够与"伪科学"做斗争,弘扬社会正义和科学精神	情感—价值
70	科学献身精神（DED）	为追求科学真理而献身于科学研究事业的一种执着的科学精神	拒绝一切名利诱惑而专心致力于科学研究,甘于寂寞和奉献,孜孜不倦;在科学研究中表现出了赤子般的勇于献身的精神。将毕生精力放在科学研究工作上。"春蚕到死丝方尽,蜡炬成灰泪始干"是献身精神真实而生动的写照	情感—价值

续　表

序号	素质词项	定义	关键行为特征的描述	所属维度
71	人文关怀（HUM）	人们在从事科学研究活动中为实现某种良性目标所进行的"价值追求"①。它是一种超越个体、超越种族、超越国家，从人类整体甚至整个宇宙来思考世界的思想观和价值观	能深刻认识到所从事科学活动与社会发展、民族、人类乃至整个宇宙和谐共存的意义；表达出对人的关心、尊重以及对个体生命的关怀；爱护人、以人为本；意识到自身科学活动对人类社会发展的重要价值和意义	情感—价值
72	科学理想（SCI）	是对未来要实现目标的一种美好想象和假定，常常能鼓舞人获得强大的精神动力，它是人们世界观、人生观和价值观在奋斗目标上的集中体现	在早期生活经历中树立并构筑远大美好的科学图景，并为之而奋斗；为了理想，愿意付出艰苦劳动和努力	情感—价值
73	科学道德（SCM）	是在科研活动中必须遵守的行为规范和伦理准则的总和，包括所遵循的道德规范以及科学家自身的道德品质	遵循诚实守信、不欺骗不隐瞒不夸张的原则；平等对待他人的研究成果，不迷信权威，重视他人意见，与合作伙伴平等相处、协同研究；遵循正义原则，追求"真善美"；遵循无私原则，对自己严于律己、对同行真诚友善、平等谦虚、科研过程一丝不苟、对待科研结果客观理性，开放公正②	情感—价值
74	学术民主和科学民主（DEMO）	在学术活动过程中遵循民主的理念和原则，讲求公平、公正、合理、讲求真理面前人人平等，学术面前人人平等，其核心体现就是学术研究者话语权的平等和科研资源分配制度的公平合理	学术民主和科学民主属于一种价值观体系，它表明科学家对于学术所持的一种态度和理念，即学术民主或科学民主有利于营造科学创新气氛，符合科学发展自身规律，科学研究者在这种宽松民主气氛中更容易取得科学成就，有利于科学创造和创新	情感—价值

---

①　"良性目标"指的是有利于人的自由全面发展及人与其所赖以安身立命的民族、社会、自然乃至人类的和谐互动。具体参阅季国良《民国科学家的人文关怀——以地质学四大奠基人为中心的考查》，硕士学位论文，华中师范大学，2005 年，第 3 页。

②　邱润萍、鄢万春：《论科学道德的基本问题及教育视角》，《长江师范学院学报》2011 年第 5 期。

续　表

序号	素质词项	定　义	关键行为特征的描述	所属维度
75	学术共同体的影响和作用（COMM）	受到来自一群志同道合学者的影响，遵守共同的学术范式、道德准则，相互联系、相互影响，共同推动学术发展，由此而形成群体的影响和作用①	不仅受到科学共同体内的组织成员的影响，还包括共同体外与科学创新者本人有密切相关的人物，其中包括：师长、家庭成员、同事和朋友。换言之，是所有能够在科学创新道路上有密切关联且有重要影响的人，这些人对于创新具有重要影响和作用	学术共同体内的交流与合作
76	学术合作与交流（COOP）	通过学术合作与交流了解科学技术前沿，从而进一步实现学科发展、人才培养、相互促进和合作	学术合作与交流包括国际和国内的学术交流与合作，通过合作有助于提升科技工作者的学术视野并促使其做出有创造性的科研成果。	学术共同体内的交流与合作
77	领导管理能力（LEAD）	在一个课题组内领导团队成员，为完成某个科学研究目标所进行的计划、执行、控制、行动、协调以及作出决策方面的能力	善于对项目做出统筹规划；善于协调课题组成内成员的各种矛盾和利益关系；能够带领组员开展分工协作；有具体可达的目标和任务愿景；对科学研究目标具有一定的预见性和前瞻性。对于课题出现的新问题，善于组织一切力量开展合作、协同攻关；具备很好的沟通技巧	能力维度
78	人际沟通（INTERCOMM）	是人们有意识、有目的在共同活动中彼此交流思想、感情和知识等信息的过程	善于通过各种沟通形式，与学术同行开展交流，获得有价值信息，从中受到启发，形成智慧，帮助解决科学中的问题	能力维度

---

① 在这里该概念被拓展为受到包括某个具体专门领域内浓厚的学术氛围、科学价值观以及深厚的教育科研的训练、浸润和熏陶；受到研究团队成员和同事支持；同时还有导师、家庭成员（如父母）等重要人物对科学素养培育和形成所起的重要作用。

附件3：高校科技创新型人才 BEI 访谈提纲

一、基本信息	姓　　名		工作单位	
	研究专长		技术职称	
	访谈日期		访谈地点	
	开始时间		结束时间	
二、访谈说明	1. 自我介绍 首先对受访者能够在繁忙的科研工作间隙抽出宝贵的时间接受本次采访表示由衷的感谢，并做简要的自我介绍。 2. 访谈的目的及其说明 （1）今天对您进行访谈的目的主要是想了解科技创新型人才的素质特征的有关问题。我们想了解根据您多年以来从事科学研究的实际情况，要想成长为像您一样优秀的科技人才，应该需要具备哪些关键的素质特征要素。为此，我们通过多种途径联系到一批科技创新绩效突出的科技工作者，您就是其中之一。 （2）我们想通过对您这样一批优秀科技人才的访谈，构建一个科技创新型人才素质结构模型，了解您在科学研究活动时的关键行为特征，从而为科学评价科技创新型人才提供参考和依据。 （3）此次访谈主要采用 BEI 技术对您本人的科技职业生涯中所发生的一些代表性的科技创新事件进行回顾，主要了解您在科研活动中具有代表性的一些事件及当时科研活动发生的背景、情境、任务、思想动机、采取的行动以及最后达成的结果。 （4）为便于研究整理，我会将此次访谈的全部内容进行录音，但我保证不会对此次访谈中所取得的所有信息资料作个别披露，并向您承诺绝对保密，请您放心。整个访谈大约需要持续90分钟。谢谢您的理解和支持！

三、正式访谈	第一项，受访者的成长背景
	请您介绍一下您个人的学习与成长经历，其间有哪些事件对您后来的科技职业生涯产生了重大影响；
	您目前正在进行的主要科研项目以及您在其中的主要职责。
	第二项：关键的行为事件
	我们已经知道您在过去的科技生涯中取得了很多创新成果，现在想请您回顾一下其中最具代表性的三项成果取得时的具体情境，包括从工作开始到结束时的环境背景、涉及的人物、遭遇的困难、您当时的思想和行动及最终结果。主要反思是哪些素质特征对于科研创新活动产生了积极影响。
	您认为一个杰出的科技创新人才需要具备哪些素质要素，比如思维特征、个性品质、知识和专业的准备、情感上的支持、理想和信念价值观等（根据具体情况进行追问）。
	第三项：其他补充性问题
	您认为有哪些必备的知识、技能、个性品格是您做好工作不可或缺的因素，或者说促使您获得了好的科研成果（如果受访者提出的一些素质特征在前面的行为事件访谈中没有出现过，则请其列举一个工作过程中的实例来说明其具体内涵，以补充前面的行为事件访谈中所忽略的内容）
四、访谈结束	向受访者致谢道别（略）

附件4：半结构化访谈提纲

主要目的：从受访者角度，谈一谈促进或阻碍科学创新的主要因素。社会或政府应当提供何种条件帮助他们实现更好的原始科学成果的创新，为改进政府的工作提供建议和参考。

以下是主要问题，可以贯穿在访谈过程中适时提问：

1. 您作为一名优秀的科技创新型人才，国家、政府和您所在的单位应该提供什么样的发展条件以帮助您更好地从事科技创新？

2. 就您的科研经历来说，现实中阻碍或促进（主要是让受访者谈阻碍）创新的因素有哪些？试举例。

3. 从您的角度来看，应当如何评价科技创新型人才？即评价的标准是什么？（如对方不能很好回答，可作提示：如科研成果的应用能力、道德、能力还是其他？）然后紧接第4个问题。

4. 以下要素（仅供参考，具体提问时可灵活）中，您比较看重的是哪些？并请说明理由。

（1）品德；

（2）科研能力；

（3）科研绩效（如考查一项科研成果要以是否真正能对社会产生实际效益为考量标准）；

（4）政府授予的各种荣誉称号和奖励。如"长江学者、院士"；

（5）提供公平竞争的创新环境、平台和资源条件；

（6）学术民主；

（7）其他。

附件5：高校科技创新型人才素质与行为特征评价问卷

尊敬的老师：

您好！非常感谢您在百忙之中参与我们的问卷调查！

本问卷调查的目的是：了解科技创新型人才在科学创新活动中的关键素质特征，并以此来建构科技创新型人才的素质结构，为我省高校科技创新型人才评价提供实证研究的依据。因此您的评价对于我们的研究至关重要。

本调查为无记名调查。对于您的回答，我们将严格保密并承诺仅用于研究之目的。

再一次感谢您的大力支持与参与！

《高校科技创新型人才素质结构及其评价》课题组

第一部分：个人基本资料

请您根据个人实际情况，在"□"内画"√"，在横线上写上相应的数字。

1. 性别：□男　　□女；

2. 年 龄：□29岁以下；□30—39岁；□40—49岁；□50—59岁；□60岁及以上；

3. 职称：□讲师（或相当）；□副教授（或相当）；□教授（或相当）；其他（自填）_____；

4. 您所在学科和研究方向：_____；

5. 学术背景：□专科；□本科；□硕士；□博士；□博士后；

6. 所在单位（研究机构）：_____；

7. 是否属于以下类别人员：□中国科学院院士；□中国工程院院士；□长江学者；□百人计划入选者；□千人计划入选者；□百千万人才工程国家级人选；□地方学者称号（如珠江学者、井冈学者、"555"赣鄱人才等）；□国家杰出青年基金获得者；其他：_____；

8. 您主持国家级项目_____项；参与国家级项目_____项；

9. 您主持省部级以上项目_____项；参与省部级以上项目_____项；

10. 您在 SCI、EI、ISTP 等重要检索的刊物上以通讯作者发表的论文_____篇；其中被 SCI 收录且影响因子大于 1.0 的论文有_____篇；

11. 您作为第一申请人获得国内发明专利共有_____项，获得美、日、欧三方专利_____项；

12. 您作为主持人或核心成员所开发的国家级重点新产品_____项；

13. 您获得国家自然科学奖、科技发明奖、科技进步奖三等奖以上奖励_____项；

14. 您或您的科研团队获得省部级科技进步奖三等奖_____项；二等奖_____项；一等奖_____项；您获得的其他重要科技成果还有：_____。

第二部分：科技创新型人才素质与行为特征评价问卷

　　填写说明：根据您从事科研的实际经验和感受，请您对以下列出的素质特征词及其相关的行为进行评价，并在空格内打"√"。一道题只选一次，不要多画，也不要少画。如：选"1"表示的是该项素质及关键行为"不符合"您所从事的科技创新活动；选"2"表示该项素质项目及其所描述的行为特征"较不符合"您从事的科技创新活动；选"3"表示所描述的素质项目及关键行为"符合"您所从事的科技创新活动过程。以此类推，共五个级别。

序号	素 质 项 目	关 键 行 为 特 征 描 述	不符合	较不符合	符合	很符合	极其符合
			1	2	3	4	5
1	专业知识	我精通并掌握了本学科领域内的专业知识和技能					
2	掌握学科前沿	我能掌握世界科学研究发展的学科前沿来开展课题研究					
3	正确的科学研究方法	我善于利用本学科内的研究方法或者科学哲学方法论来指导我的科研实践					
4	学科交叉	我经常能运用一门学科或多门学科的概念、理论和方法去研究科学问题并找到科学创新点					
5	理论知识	我具备了掌握本学科领域内相关的基础理论知识和方法并用于解决科学实际问题					
6	重视实验设计和方法	我在研究中养成了广泛收集事实材料、细心观察、重视实验设计和方法的良好习惯					

续　表

序号	素质项目	关 键 行 为 特 征 描 述	不符合	较不符合	符合	很符合	极其符合
			1	2	3	4	5
7	实践应用能力	我注重科学研究的实验和应用,并通过大量的调查研究来开展科学活动					
8	创造性问题解决和决策能力	我善于打破传统思维影响和束缚,权衡利弊,采取创造性的方法解决科学中的难题					
9	问题发现	我善于从复杂的现象中发现问题,从常规中提出问题,并能抓住具有普遍性的问题					
10	立足实际,解决国家社会需求课题	我经常从实际出发,立足于国家、社会的需求来考虑我的科学研究活动、解决实际的问题					
11	持续性学习和思考	在任何环境之下我都能主动自觉地进行学习和思考并形成了良好的习惯					
12	洞察力	我能凭借自己敏锐的判断跟踪到科学发展的最前沿并能发现有价值的科学问题					
13	策略性思考能力	我总是能够详细制订出每一步要进行的步骤和策略,思考具有逻辑性和系统性					
14	分析和综合能力	我仔细观察并分析每一个问题和现象并能从各种现象和问题中综合得到新的理论和发现					
15	团队合作	我愿意与他人一起合作,协同攻关,并对团队表达出正向期望,建立健康有序的团队精神					
16	理论与实践相结合	我将理论与实践相结合来开展研究。如勤动手、调查研究、做实验、从事临床和教学实践					
17	坚持真理、实事求是	我经常按照事物的本质和规律出发来思考和从事科学研究活动,排除其他外在因素的干扰,努力探索与揭示未知世界					
18	多样化的经历	我的社会生活阅历丰富,获得过许多科研的实践和锻炼机会,人生经历比较丰富					

续 表

序号	素质项目	关 键 行 为 特 征 描 述	不符合 1	较不符合 2	符合 3	很符合 4	极其符合 5
19	培养人才和学科发展	我重视年轻人的教育和培养，提供深度辅导并营造各种条件帮助年轻人获得提升和发展的机会，同时努力开拓本学科领域建设的新方向，促进学科的建设和发展					
20	团结一致、协同创新	我善于团结同事或同行，不盲目单干，始终通过协同创新的方式朝着既定科研目标迈进，实现课题的总目标					
21	信息检索	我善于通过各种传播媒介手段来获取科研发展的动态信息，抓住前沿，以保证科研活动的高水平性					
22	善于提出科学假设	我善于从各种事实和问题出发，提出问题的假设和猜想，有时还提出"不切实际"的问题					
23	推理能力	我善于从事实或问题中推导出新的结论并获取有价值的线索，从而获得新的发现和创见					
24	知识—经验迁移	我善于从已有知识和经验出发，经过综合分析运用于相似或同类事物对象中去，实现不同知识和经验的融会贯通					
25	注意力	我对所感兴趣的研究问题始终能保持持续的专注，并保持注意力的集中					
26	想象力	我善于充分运用直觉和形象思维的方法创造出新的形象，善于"奇思妙想"					
27	理解力	我能将认识对象纳入并重组到我的认知结构中，对认知对象和事物能够理解其来龙去脉					
28	条理性	我做事有条不紊，经常能提出逻辑性强、层次清晰的实验设计和方案并按计划进行					
29	兼收并蓄/博采众长	我善于采百家之所长为我所用，能包容不同的思想和创见并提出新的科学思想					

续　表

序号	素质项目	关键行为特征描述	不符合	较不符合	符合	很符合	极其符合
			1	2	3	4	5
30	由模仿以创造	我善于从"模仿"一些著名的科学工作入手,通过创新活动以实现创造					
31	"大科学研究工程"研究经验	我从事过"大科学工程"项目的经验,具有利用学科交叉和相互渗透进行原始创新的经验					
32	不放弃"异常"(偶然)现象	我绝不轻易放过科学实践中的"异常"数据或偶发现象并对其进行有目的和针对性的具体分析					
33	创造性思维	我能在科研实践中不囿于前人已有的结论,具有创新意识和想法、综合运用创新思维和方法,独立提出新的概念、理论、方法,并很好地解决科学问题					
34	综合思维/系统思维/宏观战略思维	我善于用系统和总揽全局的战略思维来分析思考各种事物之间的关系,并作出决策判断					
35	逻辑(抽象)思维	我善于通过演绎推理的方法去把握事物的本质和规律,如采用回溯法、不完全归纳法等					
36	纵向思维	不满足当前事物发展状态,经常问"为什么"进行深入思考,依照事物发展阶段步步推进					
37	横向思维/水平思维/平行思维	我经常能够摆脱固有观念束缚,多角度多侧面思考;问题不能解决时,能"换个地方打井"					
38	联想思维	我善于将不同事物进行联想,找出他们之间的相似性和相关性,从而获得更多的科学设想					
39	发散性思维	我善于克服心理定式和常规思维并从多个新视角来观察和分析问题					
40	类比思维	我善于通过比较的方法揭示事物属性上的相似性和相近性,从而使问题得以解决					

续　表

序号	素质项目	关键行为特征描述	不符合	较不符合	符合	很符合	极其符合
			1	2	3	4	5
41	应用转化思维	我善于将科学研究成果自觉应用到生产实践中去，并转化为实际需要的有价值产品					
42	理论思维	我善于从一般的科学原理、定律、公式等进行抽象的逻辑判断和推理来得出结论					
43	辩证性思维	我经常利用变化发展的、联系的、对立与统一的方法来全面认识事物并指导我的科学实践					
44	辐合思维/聚合思维	我善于从众多复杂的问题和现象中找到问题的关键和症结，从而达到解决问题的目的					
45	逆向思维	我经常利用反向思维——"反其道而行之"的方法取得异乎寻常的效果					
46	非线性思维	我经常对不能单纯依靠逻辑思维来解决的难题，利用想象、灵感和直觉思维进行"跳跃性"的思考					
47	灵感思维	我常常因突然受到某种启发而对事物的认识变得豁然开朗起来，解决了悬而未决的难题					
48	直觉思维	我常常凭直觉和预感对事物作出敏锐而迅速的假设和判断，使问题得到解决					
49	形象思维	我擅长将事物具体化、形象化从而使问题得以解决					
50	批判性思维	我常常能站在事物的另一面进行审慎反思，提出质疑并指出其不足之处					
51	双向思维	在思考问题时不只是选择一个方向进行思考，而是同时采用两个方向思考。如形象与逻辑					
52	坚忍执着	我为了完成或实现某一科学目标和目的，凭借毅力克服一切困难，全身心投入、矢志不渝					
53	探索规律	我坚持不懈，克服一切困难，寻找不同路径方法钻研科学难题					
54	勤勉性	我常常锲而不舍，坚持不懈，勤奋付出艰辛的劳动					

续　表

序号	素质项目	关键行为特征描述	不符合 1	较不符合 2	符合 3	很符合 4	极其符合 5
55	科学进取性	我主动积极,敢于向大自然不断索取知识、勇于创新;具有强烈的事业心,永不满足,能直面困难和挑战,努力追求卓越,不断开拓新的科学领域					
56	严谨求实	我在科学研究中始终保持严格审慎、客观细致、求真务实的科学态度和工作作风					
57	独立自主	我总是通过自身的条件和努力来独立开展实验和研究,不依靠他人,经常独立完成科学研究任务					
58	变革创新	我不拘泥于既有的方法和研究结论,勇于创新,敢于挑战权威,并得出新的突破和创新					
59	求知欲	我对未知事物有着强烈的探索愿望和渴求,并为之付出努力					
60	挑战性	我经常选择那些极富有挑战性的前沿课题进行研究,决心攻克某个科学难题,不轻信权威					
61	兴趣驱动和好奇心	某个科学问题对我有着强大的吸引力使我经常对它产生持久的注意力,努力寻求解决之道					
62	质疑性	我常将那些与实验不符的结果或者已有研究结果打上一个问号,并仔细分析疑点,使研究不断深入					
63	自信心	我相信自己能够胜任科学研究工作并一定能够完成好					
64	成就导向	我下定决心在某个科学领域内有所建树,成为一个有成就的人					
65	灵活性	我经常能在复杂的情境下采取灵活多样的思考方式,并因地制宜地调整思考和行为方式					
66	专业敏感性	我能迅速发现与专业相关且具有普遍性的科学问题,对问题具有前瞻性和敏锐的预见性					

续 表

序号	素质项目	关键行为特征描述	不符合	较不符合	符合	很符合	极其符合
			1	2	3	4	5
67	敢于突破和超越、创新	我敢于突破"学术禁区"，敢于发起进攻提出新的创见和问题，超越现有理论框架进行创新					
68	开放包容	我对科学领域出现的新事物持包容的态度，以开放和包容的心态面对学术批评					
69	爱国情怀	我将科学事业与国家前途命运结合起来，热爱祖国，具有为国争光的荣誉感和使命感					
70	社会责任感	我追求真理，造福社会，推动科学应用于人类和平，同"伪科学"作斗争，避免伦理冲突					
71	科学献身精神	为了追求科学真理，孜孜不倦，甘愿献身于科学研究事业，"春蚕到死丝方尽"					
72	人文关怀	我深刻认识到从事的科学活动与社会、民族、人类乃至宇宙之间具有和谐共存的价值					
73	崇高的科学理想	我在青少年时期就树立并构筑了崇高而美好的科学愿景，愿为实现它而付出艰辛的劳动					
74	科学道德	我在科研活动中遵守科学行为规范和伦理准则，严于律己，真诚友善、平等谦虚、科研过程一丝不苟，对待科研结果客观理性，追求"真善美"					
75	学术共同体的作用	我认为"学术共同体"对我从事科学研究活动具有重要的影响和作用					
76	学术合作与交流以及援助	我认为国内外的学术合作与交流能了解学科发展前沿和最新的科学技术，促进学科发展、人才培养和科学创新					
77	学术民主	我认为科学工作者在真理面前人人平等，人人都有话语权；国家和社会分配科研资源应做到公平公正合理；还应当营造和创设宽松、和谐、民主的科研环境和氛围					

第三部分：补充性回答

　　您认为除了以上所列的素质特征及其行为表述外，作为一名科技创新型人才您认为还需要具备怎样的素质或能力？请您详细列出并给出具体事例说明。

　　　答：

　　★最后温馨提醒您检查一遍是否存在漏答项。感谢您能够参与本课题的调查，然后将调查问卷以电子邮件的方式发送至问卷的始发邮箱。祝您工作顺利！生活愉快！预祝您取得更多更好的科研成果，谢谢！

附件6：77 项素质概念词的
缩写词及维度划分

题号	素 质 项 目	英文缩写词	注 释	维度划分
1	专业知识	EXP	Expertise	知识与技能（Q1—Q6）
2	掌握学科前沿	FRK	Frontier Knowledge	
3	正确的科学研究方法	SRM	Scientific Research Methodology	
4	学科交叉	MK	Multidisciplinary Knowledge	
5	理论知识	THK	Theory Knowledge	
6	重视实验设计和方法	TED	Test Design	
7	实践应用能力	APP	Applied Ability	创造—创新能力（Q7—Q32）
8	创造性问题解决和决策能力	CPDM	Creative Problem Solving and Decision Making	
9	问题发现	PRF	Problem Finding	
10	立足实际,解决国家急迫问题	PRA	Practice Ability	
11	持续性学习和思考	LRN	Learning	
12	洞察力	INS	Insight Ability	
13	策略性思考能力	ST	Strategic Thinking Ability	
14	分析和综合能力	AIA	Analysis & Synthesis	

题号	素质项目	英文缩写词	注　　释	维度划分
15	团队合作	TW	Teamwork and Cooperation	
16	理论与实践结合	T&P	Theory & Practice Combination	
17	坚持真理、实事求是	PER TRU	Persist Truth	
18	多样化的经历	RICH EXP	Rich Experience	
19	培养人才和学科建设	TRA&DIS	Training and Discipline Construction	
20	团结一致、协同创新	COLL	Collaboration	
21	信息检索	INF	Information Seeking	
22	善于提出科学假设	HYP	Scientific Hypothesis	
23	推理能力	REA	Reasoning	创造—
24	知识—经验迁移	MIG	Experience Migration	创新
25	注意力	ATT	Attention	能力
26	想象力	IMA	Imagination	(Q7—Q32)
27	理解力	UND	Understanding	
28	条理性	CO	Concern for Order	
29	兼收并蓄/博采众长	WIDE	Learning Widely	
30	由模仿以创造	IMIT-CREA	From Imitate to Create	
31	"大科学研究工程"的研究经验	LARP	Large Science Project	
32	不放过"异常"（偶然）现象	DONT PASS	Dont pass exceptions phenomenon	
33	创造性思维	CRT	Creative Thinking	创新思维
34	综合思维/系统思维/宏观战略思维	SYST	System Thinking	风格 (Q33—Q51)

题号	素 质 项 目	英文缩写词	注 释	维度划分
35	逻辑（抽象）思维	LT	Logic Thinking	
36	纵向思维	VET	Vertical Thinking	
37	横向思维/水平思维/平行思维	LAT	Lateral Thinking	
38	联想思维	AST	Associative Thinking	
39	发散性思维	DIVT	Divergent Thinking	
40	类比思维	ANT	Analogical Thinking	
41	转化思维	TRT	Translation Thinking	
42	理论思维	THT	Theoretical Thinking	创新思维风格（Q33—Q51）
43	辩证性思维	DT	Dialectical Thinking	
44	辐合思维/聚合思维	CT	Convergent Thinking	
45	逆向思维	RT	Reverse Thinking	
46	非线性思维	NT	Nonlinear Thinking	
47	灵感思维	IT	Inspiration Thinking	
48	直觉思维	INT	Intuitive Thinking	
49	形象思维	IMT	Imaginary Thinking	
50	批判性思维	CT	Critical Thinking	
51	双向思维	BOT	Both-way Thinking	
52	坚忍执着	PER	Persevere	
53	探索规律	RUS	Rules Seeking	
54	勤勉性	DIL	Diligent	个性—动机（Q52—Q68）
55	科学进取性	AGG	Aggressiveness	
56	严谨求实	AR	Accurate and Realistic	

续　表

题号	素 质 项 目	英文缩写词	注　　释	维度划分
57	独立自主	IND	Independence	个性—动机（Q52—Q68）
58	变革创新	INN	Innovation	
59	求知欲	TFK	Thirst for Further Knowledge	
60	挑战性	CHA	Challenging	
61	兴趣驱动和好奇心	CUR	Curiosity	
62	质疑性	QUE	Questioned	
63	自信心	CON	Self-Confidence	
64	成就导向	ACH	Achievement Orientation	
65	灵活性	FLX	Flexicity	
66	专业敏感性	SEN	Sensibility	
67	敢于突破和超越、创新	SUR	Surpass	
68	开放包容	OPE	Open-minded	
69	爱国情怀	PAT	Patriotic	情感—道德（价值观）（Q69—Q74）
70	社会责任感	SOR	Social Responsibility	
71	科学献身精神	DED	Dedication	
72	人文关怀	HUM	Humanistic Care	
73	科学理想	SCI	Scientific Ideal	
74	科学道德	SCM	Scientific Morality	
75	学术共同体的作用	COMM	Academic Community	学术共同体内的交流与协作倾向（Q75—Q77）
76	学术合作与交流	COOP	Cooperation and Communication	
77	学术民主/科学民主	DEMO	Academic Democracy	

附件7：学科分类及调查高校编码表

序号	学科分类	英文表述（缩写词）	编码
1	数学	Mathematics	Math
2	物理	Physics	Phy
3	化学	Chemistry	Chem
4	生物	Biology	Bio
5	工学	Engineering	Eng
6	计算机信息科学	Computing and Information Science	Com
7	农学	Agriculture	Agr
8	医学	Medical Science	Med
9	医药	Medicine	Medi
10	建筑学	Architecture	Arc
11	地理科学	Geo-science	Geo

序号	学　校	简　称	编码
1	中山大学	SYU	zsdx
2	华南理工大学	SCEU	hnlg
3	暨南大学	JNU	jndx

续　表

序号	学　校	简　称	编码
4	华南师范大学	SCNU	hnsd
5	华南农业大学	SCAU	hnny
6	广东工业大学	GDEU	gdgy
7	广东省中医学院	ITCM	gdzy
8	广州医学院附属二院	SMGZ	gzyx
9	惠州学院	CHZ	hzxy
10	中科院广州地化所	GIGCAS	zky
11	广州大学	GZU	gzdx
12	韩山师范学院	HSNU	hssf
13	广东药学院	GDPU	gdyxy
14	南方医科大学	SMU	nfykdx
15	广东医学院	GDMC	gdyxy
16	南昌大学	NCU	ncdx
17	东华理工大学	ECUT	dhlg
18	南昌航空航天大学	NCHU	nchkdx
19	江西理工大学	JXUCT	jxlgdx
20	江西师范大学	JXNU	jxsf
21	井冈山大学	JGSU	jgsdx
22	江西中医药大学	JXUTCM	jxzydy
23	南昌工程学院	NCIT	ncgcxy
24	江西农业大学	JXAU	jxny
25	江西科技师范大学	JCTNU	jxkjsf

附件8：高校科技创新型人才素质与行为特征评价问卷（修订稿）

尊敬的老师：

您好！非常感谢您在百忙之中参与我们的问卷调查！

本问卷调查的目的是：了解科技创新型人才在科学创新活动中的关键素质特征，并以此来建构科技创新型人才素质结构，为我国科技创新型人才评价提供实证研究的依据。因此您的评价对于我们的研究至关重要。

本调查为无记名调查。对于您的回答，我们将严格保密并承诺仅用于研究之目的。

再一次感谢您的大力支持与参与！

《高校科技创新型人才素质结构及评价》课题组

第一部分：个人基本资料

请您根据个人实际情况，在"□"内画"√"，在横线上写上相应的数字。

1. 性别：□男　　□女；

2. 年龄：□29 岁以下；□30—39 岁；□40—49 岁；□50—59 岁；□60 岁及以上；

3. 职称：□讲师（或相当）；□副教授（或相当）；□教授（或相当）；其他（自填）_____；

4. 您所在学科和研究方向：_____；

5. 学历：□专科；□本科；□硕士；□博士；□博士后；

6. 所在单位（研究机构）：

7. 是否属于以下类别人员：□中国科学院院士；□中国工程院院士；□长江学者；□百人计划入选者；□千人计划入选者；□百千万人才工程国家级人选；□地方学者称号（如珠江学者、井冈学者、"555"赣鄱人才等）；□国家杰出青年基金获得者；其他：_____；

8. 您主持国家级项目_____项；参与国家级项目_____项；

9. 您主持省部级以上项目_____项；参与省部级以上项目_____项；

10. 您在 SCI、EI、ISTP 等重要检索的刊物上以通讯作者发表的论文_____篇；其中被 SCI 收录且影响因子大于 1.0 的论文有_____篇；

11. 您作为第一申请人获得国内发明专利共有_____项，获得美、日、欧三方专利_____项；

12. 您作为主持人或核心成员所开发的国家级重点新产品_____项；

13. 您获得国家自然科学奖、科技发明奖、科技进步奖三等奖以上奖励_____项；

14. 您或您的科研团队获得省部级科技进步奖三等奖_____项；二等奖_____项；一等奖_____项；

15. 您获得的其他重要科技成果还有：_____。

第二部分：科技创新型人才素质及行为特征评价问卷

填写说明：根据您从事科研的实际经验和感受，请您对以下列出的素质特征词及其相关行为进行评价，并在空格内打"√"。一道题只选一次，不要多画，也不要少画。如选"1"表示该项素质及关键行为"不符合"您从事的科技创新活动；选"2"表示该项素质项目及其所描述行为特征"较不符合"您从事的科技创新活动；选"3"表示所描述的素质项目及关键行为"符合"您所从事的科技创新活动。以此类推，共五个级别。

序号	素质项目	关 键 行 为 特 征 描 述	不符合	较不符合	符合	很符合	极其符合
			1	2	3	4	5
S1	掌握学科前沿	我能掌握世界科学研究发展的学科前沿来开展课题研究					
S2	正确的科学研究方法	我善于利用本学科内的研究方法或者科学哲学方法论来指导我的科研实践					
S3	学科交叉	我经常能运用一门学科或多门学科的概念、理论和方法去研究科学问题并找到科学创新点					
S4	理论知识	我掌握了本学科领域内相关的基础理论知识和方法并用于解决科学实际问题					
S5	实践应用能力	我注重科学研究的实验和应用，并通过大量的调查研究来开展科学活动					

序号	素质项目	关 键 行 为 特 征 描 述	不符合	较不符合	符合	很符合	极其符合
			1	2	3	4	5
S6	创造性问题解决和决策能力	我善于打破传统思维影响和束缚,权衡利弊,采取创造性的方法解决科学中的难题					
S7	问题发现	我善于从科学复杂的现象中发现问题,从常规中提出问题,并能抓住具有普遍性的问题					
S8	立足实际,解决国家社会需求课题	我经常从实际出发,立足于国家、社会的需求来考虑我的科学研究活动、解决实际的问题					
S9	持续性学习和思考	在任何环境之下我都能主动自觉地进行学习和思考并形成了良好的习惯					
S10	洞察力	我能凭借自己敏锐的判断跟踪到科学发展的最前沿并能发现有价值的科学问题					
S11	策略性思考能力	我总是能够详细制订出每一步要进行的步骤和策略,思考具有逻辑性和系统性					
S12	分析和综合能力	我仔细观察并分析每一个问题和现象并能从各种现象和问题中综合得到新的理论和发现					
S13	培养人才和学科发展	我重视年轻人的教育和培养,提供深度辅导并营造各种条件帮助年轻人获得提升和发展的机会,同时努力开拓本学科领域建设的新方向,促进学科的建设和发展					
S14	信息检索	我善于通过各种传播媒介手段来获取科研发展的动态信息,抓住前沿,以保证科研活动的高水平性					
S15	善于提出科学假设	我善于从各种事实和问题出发,提出问题的假设和猜想,有时还提出"不切实际"的问题					

续　表

序号	素质项目	关 键 行 为 特 征 描 述	不符合 1	较不符合 2	符合 3	很符合 4	极其符合 5
S16	推理能力	我善于从事实或问题中推导出新的结论并获取有价值的线索，从而获得新的发现和创见					
S17	知识—经验迁移	我善于从已有知识和经验出发，经过综合分析运用于相似或同类事物中去，实现不同知识和经验的融会贯通					
S18	想象力	我善于充分运用直觉和形象思维的方法创造出新的形象，善于"奇思妙想"					
S19	理解力	我能将认识对象纳入并重组到我的认知结构中，对认识的对象和事物能够理解其来龙去脉					
S20	条理性	我做事有条不紊，经常能提出逻辑性强、层次清晰的实验设计和方案并按计划进行					
S21	兼收并蓄/博采众长	我善于采百家之所长为我所用，能包容不同的思想和创见并提出新的科学思想					
S22	创造性思维	我能在科研实践中不囿于前人已有的结论，具有创新的意识和想法、综合运用创新的思维和方法，独立提出新的概念、理论、方法，并很好地解决科学问题					
S23	综合思维/系统思维/宏观战略思维	我善于用系统和总揽全局的战略思维来分析思考各种事物之间的关系，并做出决策判断					
S24	逻辑（抽象）思维	我善于通过演绎推理的方法去把握事物的本质和规律，如采用回溯法、不完全归纳法等					
S25	发散性思维	我善于克服心理定式和常规思维并从多个新视角来观察和分析问题					

序号	素质项目	关　键　行　为　特　征　描　述	不符合	较不符合	符合	很符合	极其符合
			1	2	3	4	5
S26	类比思维	我善于通过比较揭示事物属性上的相似性和相近性,从而使问题得以解决					
S27	理论思维	我善于从一般的科学原理、定律、公式等进行抽象的逻辑判断和推理来得出结论					
S28	辩证性思维	我经常利用变化发展的、联系的、对立与统一的方法来全面认识事物并指导我的科学实践					
S29	辐合思维/聚合思维	我善于从众多复杂的问题和现象中找到问题的关键和症结,从而达到解决问题的目的					
S30	逆向思维	我经常利用反向的思维——"反其道而行之"的方法取得异乎寻常的效果					
S31	灵感思维	我常常因突然受到某种启发而对事物的认识变得豁然开朗起来,解决了悬而未决的难题					
S32	直觉思维	我常常凭直觉和预感对事物作出敏锐而迅速的假设和判断,使问题得到澄清解决					
S33	形象思维	我擅长将事物具体形象化从而使问题得以解决					
S34	批判性思维	我常常能站在事物的另一面进行审慎反思,提出质疑并指出其不足之处					
S35	坚忍执着	我为了完成或实现某一科学目标和目的,凭借毅力克服一切困难,全身心投入、矢志不渝					
S36	探索规律	我坚持不懈,克服一切困难,寻找不同路径和方法钻研科学难题					

续　表

序号	素质项目	关键行为特征描述	不符合	较不符合	符合	很符合	极其符合
			1	2	3	4	5
S37	勤勉性	我常常锲而不舍,坚持不懈,付出艰辛的劳动					
S38	科学进取性	我主动积极,敢于向大自然不断索取知识、勇于创新;具有强烈的事业心,永不满足,能直面困难和挑战,努力追求卓越,不断开拓新的科学领域					
S39	严谨求实	我在科学研究中能始终保持严格审慎、客观细致、求真务实的科学态度和工作作风					
S40	独立自主	我总是通过自身的条件和努力来独立开展实验和研究,不依靠他人,经常独立完成科学研究任务					
S41	变革创新	我不拘泥于既有的方法和研究结论,勇于创新,敢于挑战权威,并作出新的突破和创新					
S42	求知欲	我对未知事物有着强烈的探索新知的愿望和渴求,并为之付出努力					
S43	挑战性	我经常选择那些极富有挑战性的前沿课题进行研究,决心攻克某个科学难题,不轻信权威					
S44	兴趣驱动和好奇心	某个科学问题对我有着强大的吸引力使我经常对它产生持久的注意力,努力寻求解决之道					
S45	质疑性	我常将那些与实验不符的结果或者已有研究结果打上一个问号,并仔细分析疑点,使研究不断深入					
S46	自信心	我相信自己能够胜任科学研究工作并一定能够完成好					
S47	成就导向	我下定决心在某个科学领域内有所建树,成为一个有成就的人					

续　表

序号	素质项目	关 键 行 为 特 征 描 述	不符合	较不符合	符合	很符合	极其符合
			1	2	3	4	5
S48	敢于突破和超越、创新	我敢于突破"学术禁区",敢于发起进攻提出新的创见和问题,超越现有理论框架进行创新					
S49	开放包容	我对科学领域中出现的新事物都持包容的态度,以开放和包容的心态面对学术批评					
S50	爱国情怀	我将科学事业与国家前途命运相结合起来,热爱祖国,具有为国争光的荣誉感和使命感					
S51	社会责任感	我追求真理,造福社会,推动科学应用于人类和平,同"伪科学"作斗争,避免伦理冲突					
S52	人文关怀	我深刻认识到从事的科学活动与社会、民族、人类乃至宇宙之间具有和谐共存的价值					
S53	崇高的科学理想	我在青少年时期就树立并构筑了崇高而美好的科学愿景,并愿意为实现它而付出艰辛的劳动					
S54	科学道德	我在科研活动中努力遵守科学行为规范和伦理准则,严于律己,真诚友善、平等谦虚、科研过程一丝不苟,对待科研结果客观理性,追求"真善美"					
S55	学术共同体的支持	我愿意接受来自学术共同体内的成员(包括我的家人、亲朋好友、导师、学术同行等)的建设性意见和各种支持,因为我觉得这能促进我更好地从事科学创新					
S56	学术合作与交流	我愿意并善于同国内外的同行进行学术合作与交流来促进学科发展、人才培养以及科学创新					
S57	学术民主	我在科学创新活动中总是善于营造和创设宽松、和谐、民主的科研环境和氛围,并努力做到科研资源的分配公平、公正、合理					

第三部分：补充性回答

您认为除了以上所列的素质特征及其行为表述外，作为一名科技创新型人才您认为还需要具备怎样的素质或能力？请您详细列出并给出具体事例说明。

答：

★最后温馨提醒您检查一遍是否存在漏答项。感谢您能够参与本课题的调查，请将调查问卷以电子邮件的方式发送至问卷的始发邮箱。祝您工作顺利！生活愉快！预祝您取得更多更好的科研成果，谢谢！

参考文献

一 专著、编著类

[1]［美］托马斯·库恩：《科学革命的结构》，金吾伦、胡新和译，北京大学出版社2013年版。

[2]［英］约翰·阿代尔：《创造性思维艺术——激发个人创造力》，吴爱明、陈晓明译，中国人民大学出版社2009年版。

[3]陈吉明主编：《创造力开发与实践》，武汉理工大学出版社2009年版。

[4]［日］大前研一：《创新者的思考——发现创业与创意的源头》，机械工业出版社2013年版。

[5]［美］霍华德·加德纳：《大师的创造力》，沈致隆等译，中国人民大学出版社2012年版。

[6]［美］罗伯特·斯腾伯格、陶德·陆伯特：《创意心理学》，曾盼盼译，中国人民大学出版社2009年版。

[7]［美］罗伯特·斯腾伯格：《智慧 智力 创造力》，王利群译，北京理工大学出版社2007年版。

[8]林崇德：《创新人才与教育创新研究》，经济科学出版社2009年版。

[9]［美］罗伯特·斯腾伯格主编：《创造力手册》，施建农等译，北京理工大学出版社2005年版。

[10]［奥］约瑟夫·熊彼特：《经济发展理论》，何畏、易家详等译，商

务印书馆 1990 年版。

［11］［英］大卫·史密斯：《创新》，秦一琼译，上海财经大学出版
社 2008 年版。

［12］庄寿强、戎志毅：《普通创造学》，中国矿业大学出版社 1997
年版。

［13］石亚军：《人文素质论》，中国人民大学出版社 2008 年版。

［14］陈剑：《人口素质概念》，辽宁人民出版社 1988 年版。

［15］彭剑峰、荆小娟：《员工素质模型设计》，中国人民大学出版社
2003 年版。

［16］中国人才研究会编写：《人才研究论文集》，辽宁人民出版社
1985 年版。

［17］陆红军：《人员功能测评》，上海人民出版社 1986 年版。

［18］庄驹：《人的素质通论》，山东大学出版社 2000 年版。

［19］萧鸣政、［英］Mark Cook：《人员素质测评》，高等教育出版社
2003 年版。

［20］王通讯：《人才学通论》（第二卷），中国社会科学出版社 2001
年版。

［21］傅世侠、罗玲玲：《建构科技团体创造力评估模型》，北京大学
出版社 2005 年版。

［22］［美］周京、克里斯蒂娜·E. 莎莉主编：《组织创造力研究全
书》，北京大学出版社 2010 年版。

［23］［美］J. P. 吉尔福德：《创造性才能》，施良方、沈剑平、唐晓
杰译，人民教育出版社 2006 年版。

［24］卢嘉锡等主编：《院士思维》，安徽教育出版社 2001 年版。

［25］中共中央宣传部宣传教育局、教育部基础教育司、科技部政策
法规与体制改革司组织编写：《中国古代 100 位科学家故事》，

人民教育出版社 2006 年版。

[26] [美] 约翰·西蒙斯：《科学家 100：历史上最具影响力的科学家排行榜》，王首燕、姜栋译，当代世界出版社 2007 年版。

[27] 赵志远主编：《科学巨匠》，新疆美术摄影出版社 2012 年版。

[28] 赵志远主编：《科技发明》，新疆美术摄影出版社 2012 年版。

[29] 王梓坤：《科学发现纵横谈》，北京师范大学出版社 2009 年版。

[30] [美] 格罗夫·威尔逊：《威尔逊讲大科学家》，王敏译，新世界出版社 2011 年版。

[31] [日] 伊藤隆二：《世界名人成才之路》，方东译，苏昆校，北京教育出版社 1987 年版。

[32] 龙柒主编：《世界上最伟大的 50 种思维方法》，金城出版社 2011 年版。

[33] [英] 爱德华·德·博诺：《水平思考法》，冯杨译，山西人民出版社 2008 年版。

[34] 陈向明：《质的研究方法与社会科学》，教育科学出版社 2000 年版。

[35] 吴明隆：《结构方程模型——AMOS 的操作与应用》，重庆大学出版社 2010 年版。

[36] [美] 理查德·A. 克鲁杰、玛丽·安妮·凯西：《焦点团体：应用研究实践指南》，林小英译，重庆大学出版社 2007 年版。

[37] 董奇：《心理与教育研究方法》，北京师范大学出版社 2004 年版。

[38] 中国科学院院士工作局主编：《科学的道路》（上下卷），上海教育出版社 2005 年版。

[39] 中国科学院学部联合办公室编：《中国科学院院士自述》，上海教育出版社 1995 年版。

[40] 戴海崎、张锋、陈雪枫主编：《心理与教育测量》，暨南大学出

版社 1999 年版。

[41] 余建英、何旭宏编著：《数据统计分析与 SPSS 应用》，人民邮电出版社 2003 年版。

[42] 侯杰泰、温忠麟、成子娟：《结构方程模型及其应用》，教育科学出版社 2004 年版。

[43] [英]W. I. B. 贝弗里奇：《科学研究的艺术》，科学出版社 1979 年版。

[44] 徐春玉、李绍敏：《以创造应对复杂多变的世界》，中国建材出版社 2003 年版。

[45] 陈洪、吕淑琴：《诺贝尔奖得主的哲学思考》，科学出版社 2012 年版。

[46] 潘教峰、李成智、周程、张柏春主编：《重大科技创新案例》，山东教育出版社 2011 年版。

[47] 王文华：《钱学森学术思想》，四川科学技术出版社 2007 年版。

[48] 问道、王非：《思维风暴》，华文出版社 2009 年版。

[49] 钱学森：《钱学森讲谈录——哲学、科学、艺术》，九州出版社 2009 年版。

[50] [美] 杰夫·戴尔、赫尔·葛瑞格森、克莱顿·克里斯坦森：《创新者的基因》，曾佳宁译，中信出版社 2013 年版。

[51] [美] 张纯如：《钱学森传》，鲁伊译，中信出版社 2011 年版。

[52] 祁淑英：《钱伟长传》，山西人民出版社 2010 年版。

[53] 林承谟主编：《钱三强的故事》，华中科技大学出版社 2013 年版。

[54] 梁思礼口述：《一个火箭设计师的故事——梁思礼院士自述》，清华大学出版社 2006 年版。

[55] [英] 巴兹尔·马洪：《麦克斯韦：改变一切的人》，肖明译，湖南科学技术出版社 2011 年版。

[56] [丹] 赫尔奇·克劳：《狄拉克：科学和人生》，肖明等译，湖

南科学技术出版社 2009 年版。

[57]［美］沃尔特·艾萨克森：《爱因斯坦传》，张卜天译，湖南科学技术出版社 2013 年版。

[58] 徐琰编：《爱因斯坦》，北京师范大学出版社 2012 年版。

[59] 陈其荣、廖文武：《科学精英是如何造就的——从 STS 的观点看诺贝尔自然科学奖》，复旦大学出版社 2011 年版。

[60] 中国科协发展研究中心：《国家创新能力评价报告》，科学出版社 2009 年版。

[61] 中国社会科学院语言研究所词典编辑室编：《现代汉语词典》（第 6 版），商务印书馆 2013 年版。

[62] 林传鼎：《心理学词典》，江西科技出版社 1987 年版。

[63] 胡锦涛：《坚持走中国特色自主创新道路为建设创新国家而努力奋斗》，人民出版社 2006 年版。

[64] 胡中锋：《教育评价学》，中国人民大学出版社 2008 年版。

[65] 李建军：《创造发明学导引》，中国人民大学出版社 2002 年版。

二　论文类

[1] 邢亮、乔万敏：《文化视阈下的高校创新人才培养》，《教育研究》2012 年第 1 期。

[2] 刘彭芝：《关于培养创新人才的几点思考》，《教育研究》2010 年第 7 期。

[3] 岳晓东、龚放：《创新思维的形成与创新人才的培养》，《教育研究》1999 年第 10 期。

[4] 赵伟等：《创新型科技人才评价理论模型的构建》，《科技管理研究》2012 年第 24 期。

[5] 李思宏、罗瑾琏、田瑞雪：《科技人才评价与选拔体系构建思

路》，《科技进步与对策》2009 年第 14 期。

［6］胡卫平、林崇德：《青少年的科学思维能力研究》，《教育研究》
2003 年第 12 期。

［7］胡卫平、罗来辉：《论中学生科学思维能力的结构》，《学科教
育》2001 年第 2 期。

［8］胡卫平：《论科学创造力的结构》，《教育科学研究》2001 年第
4 期。

［9］吴江：《尽快形成我国创新型科技人才优先发展的战略布局》，
《中国行政管理》2011 年第 3 期。

［10］苑玉成：《创新学理论体系的构建》，《唐山师范学院学报》
2003 年第 6 期。

［11］李庆领、吕耀中：《实践是创新的基石》，《中国教育报》2007
年 7 月 3 日第 3 版。

［12］段晓红、张国民：《简论创新人才及品质特征》，《山西农业大学
学报》（社会科学版）2004 年第 3 期。

［13］梁拴荣、贾宏燕：《创新型人才概念内涵新探》，《生产力研究》
2011 年第 10 期。

［14］钟德康：《创新型人才的特征与培养开发》，《西南石油大学学
报》（社会科学版）2009 年第 3 期。

［15］李嘉曾：《高等教育大众化与建立创新人才培养机制》，《科学学
与科学技术管理》2001 年第 7 期。

［16］龚怡祖：《关于创新人才培养理念的探讨》，《中国大学教学》
2003 年第 10 期。

［17］和学新：《基于创新人才培养的教育理念探讨》，《中国教育学
刊》2008 年第 8 期。

［18］吴贻春、刘花元：《论创造型人才的培养》，《南京师范大学学

报》（社会科学版）1985 年第 2 期。

[19] 刘宝存：《创新人才理念的国际比较》，《比较教育研究》2003
　　　年第 5 期。

[20] 吴江：《尽快形成我国创新型科技人才优先发展的战略布局》，
　　　《中国行政管理》2011 年第 3 期。

[21] 杜谦、宋卫国：《科技人才定义及相关统计问题》，《中国科技论
　　　坛》2004 年第 5 期。

[22] 易经章、胡振华：《科技人才测评指标研究》，《湖南工程学院学
　　　报》2003 年第 3 期。

[23] 原锟霞：《科技资源配置效率与科技型人才聚集效应关系研究》，
　　　硕士学位论文，太原理工大学，2010 年。

[24] 周济：《人才学研究纲要》，《人才》1982 年第 9 期。

[25] 王莉芳：《创造性人才的特征及其培养途径》，《山西高等学校社
　　　会科学学报》2002 年第 5 期。

[26] 麻盼盼：《创新型科技人才及其素质特征》，《山东省农业管理干
　　　部学院学报》2012 年第 2 期。

[27] 房国忠、王晓钧：《基于人格特质的创新型人才素质模型分析》，
　　　《东北师大学报》（哲学社会科学版）2007 年第 3 期。

[28] 廖志豪：《创新型科技人才素质模型构建研究》，《科技进步与对
　　　策》2010 年第 9 期。

[29] 罗辑壮：《科技人才创新素质的构成与培养》，《科技与管理》
　　　2003 年第 4 期。

[30] 王养成、赵飞娟：《基于 3Q 的四维度创新型科技人才素质模
　　　型》，《科技进步与对策》2010 年第 9 期。

[31] 吴冰：《未来企业人才素质特征》，《人才开发》2002 年第 12 期。

[32] 邢永君等：《浅谈企业创新人才素质及培养》，《鲁石油化工》

2004 年第 3 期。

[33] 刘晓农：《企业科技创新人才内涵及素质特征分析》，《生产力研究》2008 年第 1 期。

[34] 黎志华：《创新人才的素质特征与高等学校人才培养改革》，《大学研究与评价》2007 年第 3 期。

[35] 翁庆余：《科技创新人才的素质特征》，《现代大学教育》2002 年第 5 期。

[36] 孙首臣：《浅议高校学科带头人的人才特征与成才环境》，《江汉石油学院学报》（社会科学版）2002 年第 3 期。

[37] 彭晨阳、周蒲荣：《创新型高级人才培养模式探讨》，《研究与发展管理》2008 年第 1 期。

[38] 李嘉曾：《拔尖人才基本特征与培养途径探讨》，《东南大学学报》（哲学社会科学版）2002 年第 3 期。

[39] 王广民、林泽炎：《创新型科技人才的典型特质及培育政策建议》，《科技进步与对策》2008 年第 7 期。

[40] 陈韶光、徐天昊、袁伦渠：《优秀中青年科技人才评价研究与应用》，《科技管理研究》2001 年第 2 期。

[41] 李光红、杨晨：《高层次人才评价指标体系研究》，《科技进步与对策》2007 年第 4 期。

[42] 刘振华等：《科技人才绩效评估方法研究》，《科研管理》2007 年第 3 期。

[43] 徐福缘等：《企业员工知识创新能力模糊综合评价体系》，《科学管理研究》2004 年第 2 期。

[44] 李思宏、罗瑾琏等：《科技人才评价与选拔体系构建思路》，《科技进步与对策》2009 年第 14 期。

[45] 丁月华：《基于层次分析法的创新型人才评价体系》，《中北大学

学报》（社会科学版）2011 年第 2 期。

［46］武青艳、张慧敏：《国外关于创造力理论与思考》，《中国科技信息》2010 年第 17 期。

［47］肖德武：《当代科学家的社会责任》，《山东师范大学学报》（人文社会科学版）2004 年第 5 期。

［48］邱润萍、鄢万春：《论科学道德的基本问题及教育视角》，《长江师范学院学报》2011 年第 5 期。

［49］廖志豪：《基于素质模型的高校科技创新型人才培养研究》，博士学位论文，华东师范大学，2012 年。

［50］朱国锋：《船长胜任力结构模型研究》，博士学位论文，大连海事大学，2007 年。

［51］许世红：《影响教师绩效的非能力特征的因素分析》，博士学位论文，华南师范大学，2011 年。

三　英文参考文献

［1］Amabile, T. M. , *Social psychology of creativity*, New York：Springer Verlag, 1983.

［2］Gruber, H. E. , "The evolving systems approach to creative work", *Creativity Research Journal*, January 1988.

［3］Berelson B. , *Content Analysis in Communications Research*, Macmillan Pub Co. , June 1971.

［4］Betje, P. , *Technological Change in the Modern Economy：Basic Topics and New Development*, Edward Elgar, Cheltenham, 1998.

［5］Boyatzis, R. E. , *The competent manager：a model for effective performance*, New York：John Wiley & Sons, 1982.

［6］Bourdieu, P. , "The forms of social capital", In J. G. Richardson

（Ed. ）, *Handbook of theory and research for the sociology of education*, New York: Greenwood. 1981.

[7] Coleman, J. , *Foundation of social theory*, Cambridge M. A. : Belknap Press of Harvard University Press, 1990.

[8] Clapham MM. , "The Convergent Validity of the Torrance Tests of Creative thinking and Creativity Interest Inventories", *Educational and Psychological Measurement*, Vol. 64, No. 5, Oct 2004.

[9] Drucker, P. F. , *The Discipline of Innovation*, *Harvard Business Review*, May-Jun 1985.

[10] Dubois, D. , *The competency casebook: twelve studies in competency-based performance improvement*, Washington, DC. , Amhrest Mass: HRD Press, 1998.

[11] Dubois, D. , *Competency-based performance improvement: a strategy for organizational change*, Amherst, Mass: HRD, 1993.

[12] DTI. , *Succeeding through Innovation*, *Creating Competitive Advantage through Innovation: A Guide for small and Medium Sized Business*, London: Department of Trade and Industry, 2004.

[13] Feldhusen, J. F. , "Creativity: a knowledge base meta cognitive skills, and personality factors", *Journal of Creative Behavior*, Vol. 29, No. 4, 1995.

[14] Freeman, C. and L. Soete, *The Economics of Industrial Innovation*, 3th edn. , Continuum, London, 1997.

[15] Fletcher, S. N. , *Standards and competence: a practice guide for employers management and trainers*, London: Kogan, 1992.

[16] Green, P. C. , *Building robust competencies: Linking human resource systems to organizational strategies*, San Francesco: Jossey-

Bass, 1999.

[17] Gardner, H. , *Art, mind, and brain: A cognitive approach to creativity*, New York: Basic Books, 1982.

[18] Harriet Zuckman, *Scientist Elite: Nobel Laureates in the United States*, New York: The Free Press, A Division of Macmillan Publishing Co. Inc. , 1977.

[19] Kassarjian H. H. , "Content Analysis in Consumer Research", *The Journal of Consumer Research*, April 1997.

[20] Markoff, Shapiro G. Weitman S. R. , "Toward the integration of Content Analysis and General Methodology", *Sociological Methodology*, June 1975.

[21] Mansfield, B. & Mitchell, L. , *Towards a Competent Workforce*, Hampshire Aldershot: Gower Pub Co. , 1996.

[22] McLagan, P. A. , "Competency Models", *Training and Development Journal*, 1980.

[23] McLagan, P. A. & Christo, N. , "A new leadership style for genuine total quality", *Journal for Quality & Participation*, Vol. 19, No. 3, 1996.

[24] Mcclelland, D. C. , "Testing for competence rather than for intelligence", *American Psychologist*, August 1973.

[25] Michael A. Mcdaniel, Deborah L. Whetzel, Frank L. Schmidt, Steven D. Maurer. , "The Validity of Employment Interviews: A Comprehensive Review and Meta-Analysis", *Journal of Applied Psychology*, Vol. 79, No. 4, Aug 1994.

[26] Mirabile, R. J. , "Everything you wanted to know about competency modeling", *Training and Development*, 1997.

[27] Mumford M. D. & Gustafson, S. B. , "Creativity Syndrome: Integration, Application, and Innovation", *Psychology Bulletin*, Vol. 103 (1), Jan 1988.

[28] Parry, S. B. , "Just what is a competency? And why should you care?" *Training*, 1998.

[29] Plcker, J. , "Generalization of creativity across domains: Examination of the method effect hypothesis", *Journal of Creative Behavior*, Vol. 38, 2004.

[30] Portes, A. , "Social Capital: Its origins and application in modern sociology", *Annual Review of Sociology*, Vol. 24, 1998.

[31] Plucker, J. , "Exploratory and confirmatory factor analysis in gifted education: Examples with self-concept data", *Journal for the Education of the Gifed*, 2004.

[32] R. J. & Lubart, T. I. , *Handbook of creativity*, New York: Cambridge University Press, 1999.

[33] Rogers, E. M. , *Diffusion of Innovation*, 4th edn. , NY: The Free Press, 1995.

[34] Sternber, R. J. (Ed.), *Handbook of creativity*. New York: Cambridge University Press, 1999.

[35] Sternberg R. J. , "Implicit theories of intelligence, creativity and wisdom", *Journal of Personality and Social Psychology*, Vol. 49 (3), Sep 1985.

[36] Sternberg, R. J. & Lubart, T. I. , *Handbook of Creativity*, New York: Cambridge University Press, 1999.

[37] Sternberg, R. J. & Lubart, T. I. , "An investment theory of creativity and its development", *Human Development*, Vol. 34, No. 1, Jan

1970.

［38］ Sternberg, R. J. , *Thinking Style*, Cambridge University Press, 1997.

［39］ Shippman, J. S. & Ash, R. D. , "The practice of competency modeling", *Personal Psychology*, Vol. 53, No. 3, 2000.

［40］ Spencer L. M. & Spencer, S. M. , *Competence at work*, New York: John Wiley and Sons, 1993.

［41］ Spencer, L. M. & Spencer, S. M. , *Competence at work*: *models for superior performance*, New York: John Wiley & Sons, 1993.

［42］ Sanchez, J. A. , Lucia D. & Richard L. , "The Art and Science of Competency Models: Pinpointing Critical Success Factors", *Personnel Psychology*, Vol. 53, No. 2, 2000.

［43］ Tardif, T. Z. & Sternberg, R. J. , *What do we know about creativity?* In R. J. Sternberg (ed), The nature of creativity New York, Cambridge University Press, 1988.

［44］ Viney L. L. , "The Assessment of Psychology States Through Content of Verbal Communication", *Psychological Bulletin*, Vol. 94 (3), Nov 1983.

［45］ Woodruffe, C. , *Competent by and other name*, Personnel Management, 1995.

［46］ Nordhaug, O. , *Competence Specificities in Organizations*, Studies of Management & Organization, 1998 (28) .

［47］ Wang, C. L. & Ahmed, P. K. , *Emotion*: *the missing part of system methodologies*, Emerald Kybernetes, 2003.

［48］ Weisberg, R. W. , *Creativity and knowledge*: *A challenge to theories*, In Sternberg.

［49］ Weber R. P. , *Basic Content Analysis*, Beverly Hills, C. A. :

Sage，1985.

［50］ Zhang，L. F. & Sternberg，R. J.，"Are learning approaches and thinking styles related? A study in two Chinese populations"，*The Journal of Psychology*，Vol. 134，Issue 5，Sep 2000.

［51］ Zhang，L. F.，"Thinking styles and models of thinking：Implications for education and research"，*The Journal of Psychology*，2003.

四 网站、博客

［1］ 中华人民共和国国务院：《国家中长期科学和技术发展规划纲要 (2006—2020 年)》，中华人民共和国中央人民政府网站(http：// www. gov. cn/jrzg/2006 – 02/09/content_ 183787. htm)。

［2］ 胥和平：《超前部署基础科学和前沿技术，提高持续创新能力》，新华网(http：// news. xinhuanet. com/newmedia/2006 – 03/22/content_ 4331667. htm)。

［3］ 中华人民共和国教育部：(http：// www. moe. gov. cn/publicfiles/ business/htmlfiles/moe/A16_ zcwj/201204/134371. html)。

［4］ 中共中央、国务院：《国家中长期人才发展规划纲要 (2010— 2020)》 (http：// www. gov. cn/jrzg/2010 – 06/06/content _ 1621777. htm)。

［5］ 朱小丹：《广东省 GDP 去年增长 10. 2% ? 经济总量继续居全国首位》，新华网 (http：// gd. people. com. cn/n/2013/0125/c123932 – 18078048. html)。

［6］ 中国政协新闻网：《科教协同，助推高校创新》 (http：// cppcc. people. com. cn/n/2012/0830/c34948 – 18869709. html)。

［7］ 千人计划网：(http：//www. 1000plan. org/news)。

［8］ 方新：《谈国家中长期科技发展规划》，新华网 (http：//

www. people. com. cn/GB/keji/1056/2697820. html）。

[9] 全国科技信息服务网：《江苏省高层次创新型科技人才队伍建设研究》（http：// www. hninfo. gov. cn/govpublic/zlzx/zlyjbg/200911/t20091127_ 143387. htm）。

[10] 王建民、杨木春：（http：// blog. sina. com. cn/s/blog_ 48be0131 0102e1wa. html）。

[11] Hay Group 官方网站：（http：// www. haygroup. com/）。

[12] 维普网：（www. wip. ddiworld. com_ pdf_ ddi_ selection_ ts_ wp. P2. ）。

[13] 新华网：《大亚湾中微子实验发现新的中微子振荡》，（http：// www. xinhuanet. com/politics/ft20120427/）。

[14]《梅里亚姆-韦伯斯特辞典》，见维基百科（http：// zh. wikipedia. org/ wiki/）。

[15] 百度百科（http：// baike. baidu. com/view/1110073. htm）。

[16] 2009 年 9 月 8 日，全国人大常委会副委员长、中国科协主席韩启德在第十一届中国科协年会致开幕词，详见（http：// www. cast. org. cn/n35081/n35593/n38815/11482350. html）。

后　记

本书是在我博士学位论文的基础上修改、完善并成稿的，同时还加入我主持的相关课题研究的部分研究成果。回首读博期间选博士论文选题时，当时我的博士生导师胡中锋教授敏锐地指出并建议我从事"科技创新型人才"评价方面的研究，并积极鼓励我申报省软科学课题，幸运的是最终成功获得立项。现在看来，以"科技创新型人才"为对象的研究已成为当下研究探讨的热点，并成为国人热切关注的焦点。

在本书即将付梓之际，回想起我五年前读博时的情景，我心潮澎湃，难以平静！我不禁想起家门口那副对联"唯俭唯勤创业，亦耕亦读传家"。这副对联是我博士学习期间的座右铭。

衷心感谢给予本书写作支持的以下人员。首先要感谢我的导师胡中锋教授，是老师不弃我愚笨招我入门，使我能在教育评价与测量的专业领域游目骋怀于学海，领略其中的深刻和奥妙。胡老师严谨的治学态度、渊博的学识涵养、宽宏大度的胸怀、真诚友善的待人之风、灵活果断的行事风格给我留下了极为深刻的印象。我的博士学位论文的选题、开题、研究过程得益于胡老师悉心指导，才使本书得以顺利完成。感谢邓中娅师母，师母在问卷调查过程中给予我极大帮助和支持，在此一并向他们表达我最真挚的感谢！

还要感谢我的硕士生导师戴海琦教授。本书写作过程中，戴老师及时给予我测量方法和技术上的点拨，帮助我解决数学模型建构过程中的技术难题，并给予我鼓励。戴老师严谨求实、思维缜密、博观约取、慎思求新的精神和态度是我学习的榜样，衷心感谢戴老师的谆谆教导。

感谢研究过程中参与访谈的24位专家和学者、教授，他们大多数都是知名的专家学者，有的是海外归来的青年俊才，有的是耄耋之年的资深院士……在他们身上我领略到了从事科学研究严谨的科学态度、求实创新的科学精神以及高尚的人格魅力，他们为本书的研究提供了最为生动而鲜活的研究素材。

感谢华南师范大学公共管理学院的老师们给予我的智力支持。这里要特别感谢王建军教授、戴健林教授、赵敏教授、林天伦教授、陈晓平教授、王磊教授等对本书写作提供的帮助和建议。同时还要感谢师弟邓亮为我在大学城期间的住和行提供的方便；许世红师姐在天津基础教育评价会议期间给予我思路上的点拨；师妹谭翠敏、余彬琼、刘慕容在数据资料采集过程中给予我的帮助；薛超睿、夏永声、周健等博士同学给我提供的各种方便和支持，在此一并表达我的谢意！

最后要感谢的是我的家人。我的妻子何艳萍女士，用她柔弱的身体和坚强的意志承担起对幼子的看管和照顾。虽身心倦乏，却从无怨怼！在我烦闷之时，她总是给予我精神上的莫大支持和鼓舞！感谢我的父母、岳父岳母给予我的关爱和支持以及精神上的慰藉！

本书能顺利完成并出版得到了中国社会科学出版社的大力支持，郭晓鸿编辑为本书的出版付出了辛勤的劳动，他们的敬业和热情使我备受感动，在此一并表示感谢！

本书的出版同时得到了江西师范大学博士文库和江西师范大学教师教育研究中心的资助。本书也是广东省科技厅重点软科学研究项目（项目编号：2012B070300050）、江西省科技厅软科学项目（项目编号：20151BBA10031）、教育部人文社会科学研究青年基金项目（项目编号：15YJC880024）、江西省社科规划项目（项目编号：15JY06）、江西省学位与研究生教改项目（项目编号：JXYJG－2015－04）、江西省高校党建研究青年项目（项目编号：JXGXDJKT. QN－201544）、江西师范大学2015年度校级教改革课题资助研究成果。

期望本书的出版，能为我国科技创新型人才的评价和培养提供一定的理论依据和借鉴参考。本书虽经反复校审，然而书中定有错误和疏漏之处，恳请广大读者批评指正。

此时，我不禁想起启功先生给北师大毕业生的寄语"入学初识门庭，毕业非同学成。涉世或始今日，立身却在生平"，愿与大家共勉！

黄小平

2016年4月于江西师范大学瑶湖校区